普通高等教育"十一五"国家级规划教材 计算机系列教材
"国家级一流本科课程"配套教材
第四届中国大学出版社图书奖优秀教材一等奖配套教材

宋金玉 郝建东 陈刚 编著

数据库原理与应用
学习和实验指导

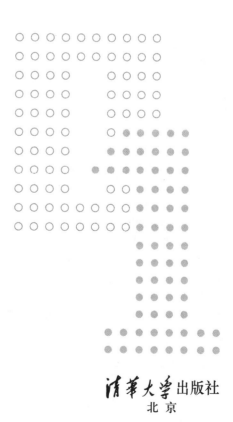

清华大学出版社
北京

内 容 简 介

本书内容包括学习指导和实验指导两部分。学习指导包括第 1～10 章内容，涉及关系数据库理论、关系数据库标准查询语言 SQL、关系数据库管理系统实现技术、数据库设计及数据库编程等内容，归纳总结了各章所涉及的学习内容和知识点，利用概念图绘制知识图谱，提供了强化知识点学习的习题及参考解答。实验指导包括第 11～13 章，分别介绍课程实验要求、课程实验内容、实验用 DBMS 介绍，给出 11 个建议课程实验的目的、内容、方法与步骤等，介绍建议采用的实验系统 SQL Server 2019 Express 和 MySQL Server 8.0 的基本操作。

本书以教育部高等学校计算机类专业教学指导委员会和全国高等学校计算机教育研究会编制的《培养计算机类专业学生解决复杂工程问题的能力》为指导，符合其中"数据库原理"课程的教学内容要求。本书适合作为高等学校计算机及其相关专业数据库课程的辅助教材，也可作为从事数据库应用系统的设计与开发，以及数据库管理与维护等工作人员的参考用书。

图书在版编目（CIP）数据

数据库原理与应用学习和实验指导/宋金玉，郝建东，陈刚编著. —北京：清华大学出版社，2023.7
计算机系列教材
ISBN 978-7-302-64173-5

Ⅰ．①数…　Ⅱ．①宋…　②郝…　③陈…　Ⅲ．①关系数据库系统－教材　Ⅳ．①TP311.132.3

中国国家版本馆 CIP 数据核字（2023）第 135180 号

责任编辑：张瑞庆　常建丽
封面设计：常雪影
责任校对：郝美丽
责任印制：沈　露

出版发行：清华大学出版社
　　　　　网　　　址：http://www.tup.com.cn，http://www.wqbook.com
　　　　　地　　　址：北京清华大学学研大厦 A 座　　　　　　　邮　　编：100084
　　　　　社 总 机：010-83470000　　　　　　　　　　　　　邮　　购：010-62786544
　　　　　投稿与读者服务：010-62776969，c-service@tup.tsinghua.edu.cn
　　　　　质量反馈：010-62772015，zhiliang@tup.tsinghua.edu.cn
　　　　　课件下载：http://www.tup.com.cn，010-83470236
印 装 者：三河市龙大印装有限公司
经　　销：全国新华书店
开　　本：185mm×260mm　　　　　印　　张：16.5　　　　　字　　数：423 千字
版　　次：2023 年 9 月第 1 版　　　　　　　　　　　　　印　　次：2023 年 9 月第 1 次印刷
定　　价：49.80 元

产品编号：097734-01

前　言

　　数据库技术是一门重要的计算机应用技术,已经成为现代计算环境中数据管理的基础技术。数据库课程的教学目标是帮助学生理解数据库技术的基本概念和理论,掌握数据库系统的实现技术,具备应用数据库设计的能力,培养计算思维。

　　本书学习指导部分的内容组织结构与编者的"十一五"国家级规划教材《数据库原理与应用(第3版)》(主教材)保持一致,基本涵盖教育部高等学校计算机类专业教学指导委员会和全国高等学校计算机教育研究会研制的《培养计算机类专业学生解决复杂工程问题的能力》对"数据库原理"课程的教学内容要求。"数据库原理"的内容以关系数据模型为基础,包括关系数据库理论、关系数据库标准查询语言SQL、关系数据库管理系统实现技术;"数据库应用"的内容主要包括设计满足应用需求的关系数据库的方法与步骤,以及在应用程序中实现对关系数据库访问的方法。

　　本书学习指导部分归纳总结了主教材《数据库原理与应用(第3版)》各章涉及的内容和知识点,并利用概念图绘制知识图谱,帮助学生构建课程知识内涵体系;利用覆盖知识点的习题及答案解析,帮助学生进行自我训练和学习评估,加深对理论知识的理解和掌握。

　　本书实验指导内容根据理论知识点进行划分,包括10个基本实验和1个综合实验。实验指导帮助学生学会将理论与实践结合,借助某种DBMS,实现数据库的操作、设计与管理,提高数据库管理系统软件的操作能力,以及分析和解决数据库系统应用问题的能力。

　　由于学习指导中构建了课程知识图谱并加以解读,实验指导中侧重实验内容设计和实验方法指导,对每个实验涉及的SQL语句的语法进行了介绍,并不过分依赖实验系统,因此本书可脱离理论教材独立使用。但仍建议与主教材《数据库原理与应用(第3版)》配套使用,这样效果会更好,主教材已由清华大学出版社于2022年1月出版。

　　本书在《数据库原理与应用(第2版)实验指导与习题解答》的基础上进行修改完善,宋金玉负责第1~12章的内容编写,并完成书稿统编和审校;郝建东负责第13章的内容编写,并参与了其他章节的编写;陈刚参与了部分章节编写。编者所在大学和学院给予了大力的支持和保障,在此表示感谢! 同时向使用前版教材和提供宝贵意见的师生表示感谢!

　　望学术同仁不吝赐教,继续给予支持,并在使用过程中多提宝贵意见,我们将不胜感激。在中国大学MOOC平台上也开设了同名的MOOC课程(网址为 https://www.icourse163.org/course/PAEU-1003647009),可前往学习相关理论知识和下载实验资源。

编　者

2023年3月于南京

目　录

第一部分　学习指导

第二部分　实 验 指 导

第一部分

学 习 指 导

　　学习是主动形成认知结构的过程,包括知识的获取、转化和评价。学习指导旨在帮助学生通过课程学习完成知识的获取后,促进学生对课程知识结构的理解,完成自我评价。

　　本部分内容组织基于《数据库原理与应用》教材,归纳总结了教材各章应学习的主要内容,涉及的知识点,利用概念图绘制知识图谱并加以解读,帮助学生构建课程知识内涵体系;利用覆盖知识点的习题及答案解析,帮助学生进行自我训练和学习评估,加深对理论知识的理解和掌握。

第 1 章 数据库系统概论

1.1 知识图谱

1. 学习内容

数据库系统概论的学习内容主要包括数据库管理技术的发展历史,数据库技术相对于人工管理和文件系统管理这两种数据管理方式所具有的优点;数据库系统的构成;主流数据库管理系统(DBMS)的功能及其遵循的 ANSI/SPARC 体系结构,三级模式结构概念以及二级映射机制的作用,数据独立性的概念等。

2. 知识点

本章涉及的知识点主要包括:
(1)计算机系统中数据管理的 3 个阶段(或 3 种方式):人工管理、文件系统管理和数据库系统管理。
(2)数据库系统管理数据的优点。
(3)数据库、DBMS、数据库系统(DBS)概念。
(4)数据库管理系统的功能。
(5)数据库系统的三级模式结构以及二级映射机制,概念模式、外模式和内模式的概念。
(6)数据独立性、逻辑独立性、物理独立性的概念。

3. 知识点概念图

知识点涉及的概念及其概念间内涵可用概念图呈现,如图 1-1 所示。

4. 概念图解读

数据库技术是研究如何组织、存储和管理数据的计算机应用技术。计算机系统中的数据管理经历了人工管理、文件系统管理和数据库系统管理三个阶段。文件系统管理数据方式利用操作系统(OS)中的文件系统管理数据。数据库系统管理数据方式,用数据库组织和存储数据,利用 DBMS 在操作系统的支持下,统一管理和控制存储在磁盘上的数据库,向应用系统(程序)提供数据支持,数据库管理员、应用程序员、专业人员、终端用户等通过不同的方式借助 DBMS 管理或访问数据库中的数据。数据库、DBMS、应用系统、数据库管理员等构成数据库系统。

DBMS 作为数据库系统的核心,大多遵循 ANSI/SPARC 三级体系结构,将 DBMS 从逻辑上分成内部级、概念级和外部级三级结构,为用户提供数据在不同层次上的抽象视图,通常采用三级模式结构描述三个级别的数据抽象。DBMS 支持一个内模式、一个概念模式和多个外模式,在三级模式之间提供二级映射机制,完成各层间数据请求和结果转换。用户对数据库的操作是由 DBMS 将对外模式的请求转换为一个面向概念模式的请求,然后再转换为一个面向

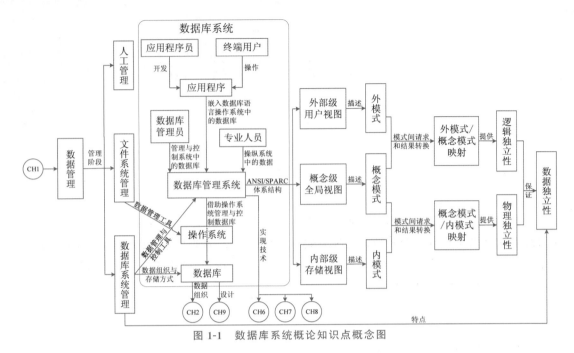

图 1-1　数据库系统概论知识点概念图

内模式的请求,进而通过操作系统操纵存储器中的数据。外模式/概念模式间的映射存在于外部级和概念级之间,用于定义用户的外模式和概念模式的对应关系,保证应用程序与数据库中数据的逻辑独立性;概念模式/内模式间的映射存在于概念级和内部级之间,用于定义概念模式和内模式的对应关系,保证应用程序与数据库中数据的物理独立性,使得数据独立性成为数据库系统管理数据方式的显著特点。

1.2　习题

一、填空题

1. 计算机系统中的数据管理技术的发展依次经历了人工管理、_____管理和_____管理三个阶段。

2. 数据管理技术发展的三个阶段中,_____管理阶段没有专门的软件对数据进行管理。

3. 数据库是长期存储在_____内、有组织的、统一管理的、可共享的相关数据的集合。

4. 数据库系统一般由数据库、_____、应用系统、数据库管理员等构成。

5. 在数据库系统中,数据由_____统一管理和控制。

6. 数据库系统的用户一般包括_____、_____、_____和_____4类用户。

7. 数据库_____描述数据库中数据的结构及其联系,是相对稳定的。

8. 数据库_____是一个特定时刻的数据库中的即时数据。

9. ANSI/SPARC 体系结构将数据库系统的结构从逻辑上分成_____级、_____级和_____级三级结构,DBMS 分别采用_____、_____和_____三级模式结构来描述。

10. 在数据库的三级模式结构中,对单个用户使用的数据视图的描述,称为_____;对所有用户的公共数据视图的描述,称为_____;对物理存储数据视图的描述,称为_____。

11. DBMS 在数据库的三级模式之间提供了二级_____,完成不同层级间数据请求和结果转换。

12. 数据_____是指用户的应用程序与数据的逻辑结构和物理结构是相互独立的,包括数据的_____独立性和数据的_____独立性。

13. 数据库的三级模式和两级映射有力地保证了数据_____的实现。

14. 当数据库的概念模式改变时,可通过修改_____与概念模式的映射,保证数据库中数据的_____独立性。

15. 数据库的内模式改变时,可通过修改_____与内模式的映射,保证数据库中数据的_____独立性。

二、选择题

1. 在数据管理技术发展的三个阶段中,_____阶段数据可以长期保存。
Ⅰ. 人工管理　　Ⅱ. 文件系统管理　　Ⅲ. 数据库系统管理
　A. 只有Ⅰ　　　　　B. 只有Ⅱ　　　　　C. Ⅰ和Ⅱ　　　　　D. Ⅱ和Ⅲ

2. 数据库系统管理与文件系统管理的主要区别是_____。
　A. 数据库系统管理复杂,而文件系统管理简单
　B. 文件系统管理不能解决数据冗余和数据独立性问题,而数据库系统管理可以解决
　C. 文件系统管理只能管理程序文件,而数据库系统管理能够管理各种类型的文件
　D. 文件系统管理的数据量较少,而数据库系统管理可以管理庞大的数据量

3. 数据库系统管理的优点之一是数据的共享,严格地讲,这里的数据共享是指_____。
　A. 同一应用中的多个程序共享一个数据集合
　B. 多个用户、同一种语言共享数据
　C. 多个用户共享一个数据文件
　D. 多种应用、多种语言、多个用户相互覆盖地使用数据集合

4. _____是位于用户与操作系统之间的一层数据管理软件。
　A. 数据库管理系统　　　　　　　　B. 数据库系统
　C. 数据库　　　　　　　　　　　　D. 数据库应用系统

5. DBMS 提供_____实现对数据库中数据的查询和更新等操作。
　A. 数据定义语言(DDL)　　　　　B. 数据管理语言
　C. 数据操纵语言(DML)　　　　　D. 数据控制语言

6. 数据库系统组成的核心是_____。
　A. 数据库　　　B. 数据库管理系统　　C. 数据模型　　　D. 软件工具

7. 数据库系统管理的优点是数据共享、数据独立、减少数据冗余、_____和加强数据保护。
　A. 避免数据不一致　　　　　　　　B. 数据存储
　C. 数据应用　　　　　　　　　　　D. 数据保密

8. 数据独立性是指_____。
　A. 数据之间相互独立
　B. 应用程序与数据库的结构之间相互独立
　C. 数据的逻辑结构与物理结构相互独立
　D. 数据与磁盘之间相互独立

9. 数据库技术管理数据的特点不包括_____。
    A. 采用数据模型表示数据　　　　　　　B. 数据由 DBMS 统一管理
    C. 数据控制能力弱　　　　　　　　　　D. 数据面向整个应用领域

10. 在数据库系统中,DBMS 和操作系统(OS)之间的关系是_____。
    A. 相互调用　　　　　　　　　　　　　B. DBMS 调用 OS
    C. OS 调用 DBMS　　　　　　　　　　D. 并发运行

11. 下列关于数据库系统的叙述,正确的是_____。
    A. 数据库系统减少了数据冗余
    B. 数据库系统避免了一切冗余
    C. 数据库系统中数据的一致性是指数据类型一致
    D. 数据库系统比文件系统能管理更多的数据

12. 在数据库系统的用户中,_____负责监控数据库系统的运行情况,及时处理运行过程中出现的问题。
    A. 数据库管理员　　　　　　　　　　　B. 系统分析员
    C. 数据库设计者　　　　　　　　　　　D. 应用程序员

13. 下列说法不正确的是_____。
    A. 数据库是长期存储于计算机内、有组织的、统一管理的、可共享的相关数据的集合
    B. 数据库管理系统是位于用户与操作系统之间的一层数据管理软件
    C. 数据库系统采用数据库技术存储、维护数据,向应用系统提供数据支持
    D. 数据库系统一旦建成,可以不需要人员进行管理

14. ANSI/SPARC 体系结构将数据库系统的结构从逻辑上分为_____。
    A. 外部级,概念级,内部级　　　　　　B. 外部级,中部级,内部级
    C. 概念级,中部级,内部级　　　　　　D. 外部级,中部级,概念级

15. 对概念级数据视图进行描述的是_____。
    A. 外模式　　　　B. 内模式　　　　C. 模式　　　　D. 存储模式

16. 在数据库系统的三级模式中,_____。
    A. 内模式只有一个,而模式和外模式可以有多个
    B. 模式只有一个,而内模式和外模式可以有多个
    C. 模式和内模式分别只有一个,而外模式可以有多个
    D. 均只有一个

17. 在数据库系统的三级模式中,描述数据库物理存储方式的是_____。
    A. 内模式　　　　B. 模式　　　　C. 外模式　　　　D. 逻辑模式

18. 在数据库系统的三级模式结构中,描述数据库中数据的全局逻辑结构和特征的是_____。
    A. 外模式　　　　B. 内模式　　　　C. 存储模式　　　　D. 模式

19. 在数据库系统的三级模式结构中,描述数据库用户使用的局部数据的逻辑结构和特征的是_____。
    A. 外模式　　　　B. 概念模式　　　　C. 存储模式　　　　D. 模式

20. 数据库系统三级模式体系结构的划分,有利于保持数据库的_____。
    A. 数据独立性　　　B. 数据安全性　　　C. 结构规范化　　　D. 操作可行性

21. 数据库系统的数据独立性表现为_____。

    A. 不会因为数据的变化而影响应用程序

    B. 不会因为数据的存储结构与逻辑结构的变化而影响应用程序

    C. 不会因为存储策略的变化而影响存储结构

    D. 不会因为某些存储结构的变化而影响其他存储结构

22. 要保证数据库系统的数据独立性,可通过修改_____实现。

    A. 三级模式之间的两级映射   B. 模式与内模式

    C. 模式与外模式   D. 三层模式

23. 数据的逻辑独立性是指_____的能力。

    A. 内模式改变,模式不变

    B. 模式改变,内模式不变

    C. 模式改变,外模式和应用程序不变

    D. 内模式改变,外模式和应用程序不变

24. 物理独立性是指修改_____的能力。

    A. 外模式,保持模式不变   B. 内模式,保持模式不变

    C. 模式,保持外模式不变   D. 模式,保持内模式不变

三、简答题

1. 利用计算机系统进行数据管理经历了哪三个阶段?各阶段的特点如何?
2. 利用数据库技术进行数据管理有哪些优点?
3. 什么是数据库系统的数据独立性?包括哪两方面?
4. 数据库系统通常由哪些部分组成?
5. 数据库管理系统主要有哪些功能?
6. 数据库管理员通常应具备的职责有哪些?
7. 数据库系统从逻辑上分为哪三级结构?每级所对应的模式结构描述的内容是什么?

1.3 参考答案

一、填空题

1. 文件系统、数据库系统　　2. 人工　　3. 计算机
4. 数据库管理系统(DBMS)　　5. 数据库管理系统(DBMS)
6. 数据库管理员(DBA)、专业用户、应用程序员、终端用户
7. 模式　　8. 实例
9. 外部、概念、内部、外模式(用户模式)、概念模式(逻辑模式、模式)、内模式(存储模式)
10. 外模式(用户模式)、概念模式(逻辑模式、模式)、内模式(存储模式)
11. 映射　　12. 独立性、逻辑、物理　　13. 独立性
14. 外模式、逻辑　　15. 概念模式、物理

二、选择题

题号	1	2	3	4	5	6	7	8	9	10
答案	D	B	D	A	C	B	A	B	C	B
题号	11	12	13	14	15	16	17	18	19	20
答案	A	A	D	A	C	C	A	D	A	A
题号	21	22	23	24						
答案	B	A	C	B						

三、简答题

1. 介绍利用计算机系统进行数据管理经历的三个阶段，以及各阶段的特点。

答：利用计算机系统进行数据管理经历了人工管理、文件系统管理和数据库系统管理三个阶段。

（1）人工管理数据具有如下特点。

① 数据面向应用程序。数据需要由应用程序自己设计、说明（定义）和管理，程序员在编写程序时自己规定数据的存储结构、存取方法、输入方式等。

② 数据不保存。计算机中没有磁盘等直接存取的存储设备把数据单独保存在计算机系统中。程序中的数据，随着程序的运行完成，其占用的内存空间同指令所占用的内存空间一起被释放，退出计算机系统。

③ 数据不能共享。数据完全面向特定的应用程序，数据的产生和存储依赖于定义和使用数据的程序。一个程序所使用的数据并不能为另一个程序所知，多个程序使用相同数据时，也必须各自定义，重复存储，不能共享。

④ 数据不具有独立性。没有专门的软件对数据进行管理，程序直接面向数据的逻辑结构与物理结构，借助某种计算机语言，采用一定的算法实现对数据的存取、查询和更新等操作。当数据的逻辑结构或物理结构发生变化时，必须由应用程序做相应的修改，对数据进行重新定义。应用程序与其所处理的数据是相互依赖的，数据不具有独立性。

（2）文件系统管理数据具有如下特点。

① 由文件系统管理数据。操作系统中的文件系统可把应用程序管理的数据组织成相互独立的数据文件，保存在磁盘等外部存储器上，应用程序可通过文件系统对磁盘上的文件中的数据进行管理。利用"按文件名访问、按记录进行存取"的文件管理技术，实现对数据的修改、插入和删除等操作。

② 数据是面向应用的。仍然需要由应用程序实现数据的定义、查询和更新等操作，程序员在编写程序时不仅要规定数据的逻辑结构，还要设计数据的物理结构，以及数据的存取方法和输入方式等，数据文件中只存储数据，不存储文件记录的结构描述信息。

（3）数据库系统管理数据呈现如下特点。

① 采用数据模型表示数据。采用数据模型描述数据库中的数据，数据模型不仅描述数据本身的特征，还描述数据之间的联系。

② 数据面向整个应用领域。数据库系统采用数据模型创建整个业务领域的全局数据逻辑结构,组织集成各应用所涉及的不同数据,被整个业务领域内不同的应用共享。任意一个应用都可从中共享其所需要的数据,这些数据可能只是整个数据库的一小部分。

③ 数据由 DBMS 统一管理和控制。应用程序中的数据由 DBMS 进行专门的管理,DBMS 采用数据模型分类组织数据,将数据存储在磁盘的数据库文件中,并实现用户对数据库中数据的操作。用户只需使用终端命令、查询语言或用程序方式操作数据库。

2. 阐述利用数据库技术进行数据管理的优点。

答:利用数据库技术进行数据管理,不仅可实现对大量数据的长期存储、高效存取,其优点更多地体现在如下方面。

(1) 数据的共享性高,冗余度低,易扩展。

数据库系统采用数据模型从全局的角度描述数据库中的数据,数据模型不仅描述数据本身的特征,还描述数据之间的联系,实现全局数据的结构化,数据不再是面向某个特定应用,而是面向整个系统或业务领域,数据可以被多个用户、多个应用共享,减少了数据冗余,节省了存储空间,避免了数据之间的不相容性和不一致性。应用系统功能易于扩充,新的应用所需的数据均可从数据库中获取。

(2) 数据独立性高。

DBMS 将对数据的结构的定义从应用程序中分离出来,把用数据模型描述的数据逻辑结构和数据间联系的信息存储在 DBMS 的数据字典(data dictionary)中,数据库中的数据在磁盘上的存储由 DBMS 管理。用户不需要了解数据库的物理存储结构,各类应用可通过 DBMS 从数据字典中得到数据库中数据的结构及其联系的信息,来存取存储在磁盘上的数据库中的数据记录,甚至是记录中的一个或一组数据项。DBMS 实现了在数据库的物理结构改变时,可不影响数据库的整体逻辑结构、用户的逻辑结构以及应用程序;或在数据库的整体逻辑结构改变时,可不影响用户的逻辑结构以及应用程序。

(3) 对数据的控制能力强。

DBMS 不仅在数据库建立、使用和维护时对数据库进行统一管理和控制,还提供了完整性机制、安全性控制和事务管理等,加强了对数据库中数据操作的控制,提高了数据的完整性、安全性、持久性,实现了数据操作(事务)的原子性、并发数据操作(事务)的隔离性等。

3. 阐述数据库系统的数据独立性及其包含的两方面。

答:数据独立性是指用户的应用程序与数据库中数据的逻辑结构和物理结构是相互独立的,当数据的逻辑结构或物理结构发生变化时,应用程序保持不变的特性。数据独立性是数据库领域中一个常用术语和重要概念,说明程序与数据的分离程度,包括逻辑独立性和物理独立性两方面。

逻辑独立性是指用户的应用程序与数据库的逻辑结构是相互独立的,即数据的整体逻辑结构改变时,可不影响用户的局部逻辑结构以及应用程序。数据的逻辑结构是用户可见的数据组织方式,有表结构、树结构和图结构等。

物理独立性是指用户的应用程序与存储在磁盘上的数据库的物理结构是相互独立的,即当数据的物理结构改变时,可不影响整体逻辑结构、用户的逻辑结构以及应用程序。数据的物理结构是数据在物理存储空间中的组织方式和存取方法,如顺序存储、链式存储等。

当用模式定义语言对数据库的各层结构进行描述后,数据独立性还可定义为在数据库系统中的某个层次修改模式而无须修改上一层模式的能力。数据的逻辑独立性就是指修改数据库的概念模式而无须修改用户外模式或应用程序的能力;数据的物理独立性就是指修改数据库的内模式而无须修改概念模式(相应地,也无须修改外模式)的能力。

4. 介绍数据库系统的组成部分。

答:数据库系统(DBS)是采用数据库技术在计算机中长期存储大量的相关数据,由DBMS在数据库建立、运用和维护时对数据库进行统一控制,并向应用系统提供数据支持的计算机硬件、软件和数据资源组成的系统。它一般由数据库、操作系统(OS)、数据库管理系统(DBMS)、应用系统、应用开发工具和数据库管理员构成,如图1-2所示。

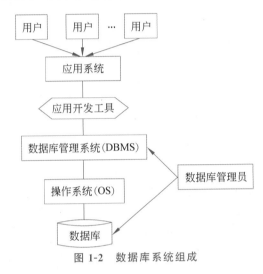

图 1-2 数据库系统组成

(1) 数据库。数据库是某一信息应用领域内与各项应用有关的全体数据的集合。可独立于应用由 DBMS 单独创建和维护,创建的数据库存储在磁盘等物理存储介质上,向应用系统提供数据支持。

(2) 数据库管理系统(DBMS)。DBMS 是数据库系统中最重要的软件,实现对数据库的管理与控制。目前常用的商用 DBMS 有 Oracle、SQL Server、MySQL 等,国产 DBMS 有人大金仓(KINGBASE)、达梦(DM)等。

(3) 支持 DBMS 运行的 OS。DBMS 要在操作系统的支持下才能工作。目前常用的操作系统有 Windows 和 Linux 等。

(4) 以 DBMS 为核心的应用开发工具。应用开发工具是系统为应用开发人员和用户提供的高效率、多功能的应用生成器、第四代语言等各种软件工具,为数据库应用的开发提供了良好的、多功能的交互式环境。目前,典型的数据库应用开发工具有 Visual Studio、MyEclipse 和 Android Studio 等。

(5) 为特定应用环境开发的数据库应用系统,如图书管理系统、民航订票系统、银行业务系统等。

(6) 用户。开发、管理和使用数据库系统的用户主要有数据库管理员(DBA)、专业用户、应用程序员和终端用户等,各类用户采用不同的方式通过 DBMS 与数据库进行交互。其中,DBA 可使用 DBMS 提供的一些特权命令,进行创建账户、设置系统参数、授予账户权限、修改模式以及重组数据库存储结构等具体的工作,还可担当数据库设计人员,直接使用数据定义语言(DDL)定义数据库模式;专业用户可使用数据操纵语言(DML)直接操作数据;应用程序员主要使用宿主语言编写应用程序嵌入数据库子语言访问数据库;终端用户通过应用系统的用户界面存取数据库。

5. 介绍数据库管理系统的主要功能。

答:数据库管理系统的主要功能如下。

(1) 数据库的定义功能。DBMS 提供了 DDL,用户可以使用 DDL 对数据库中的数据对象进行定义,指定其数据结构、类型和约束等。

(2) 数据操纵功能。DBMS 提供了 DML,用户可以使用 DML 操纵数据库中的数据,查询数据库以获得所需数据,更新数据库以反映现实世界的变化等。

(3) 数据的组织、存储和管理。DBMS 可分类组织、存储和管理各种数据,包括数据字典、用户数据、数据的存取路径等,并确定在存储器上组织这些数据的文件结构和存取方式等。

(4) 数据库的事务管理和运行管理(控制功能)。DBMS 对数据库的建立、运用和维护等进行统一管理和控制,实现数据的安全性、完整性、多用户的并发操作和发生故障后的系统恢复等功能。

(5) 数据库的维护功能。DBMS 带有一些实用(utility)程序或管理工具实现对数据库的维护,完成数据库数据的载入、转换,数据库的转储、恢复、重组、性能监视和分析等。

(6) 其他功能。DBMS 还提供了一些其他功能,如与网络中其他软件系统的通信、与其他软件的接口、不同 DBMS 间数据的转换、异构数据库之间的互操作等。

综上所述,DBMS 实现了从最底层的存储管理、缓冲区管理、数据存取操作、语言处理,到最外层的用户接口、数据表示、开发环境的支持等功能。

6. 说明数据库管理员通常应具备的职责。

答:数据库管理员(DBA)负责全面管理和控制数据库,其具体职责包括:确定数据库中的信息内容和逻辑结构;确定数据库的存储结构和存取策略;定义数据的安全性和完整性约束;监控数据库的使用和运行;进行数据库的改进和重组重构。

7. 阐述数据库系统的三级体系结构,以及每级所对应的模式结构描述的内容。

答:1978 年,美国 ANSI 的 DBMS 研究组发表的 SPARC(Standards Planning And Requirements Committee)报告,把数据库系统的结构从逻辑上分成外部级(external level)、概念级(conceptual level)和内部级(internal level)三级结构(称为 ANSI/SPARC 体系结构)。

具有 ANSI/SPARC 体系结构的 DBMS 为用户提供数据在不同层级上的抽象视图,采用三级模式结构对应三个级别的数据抽象,参见表 1-1。

表 1-1　数据库系统的三级体系结构及对应模式结构

ANSI/SPARC 体系结构的层级	对应的抽象视图	对应的模式结构
外部级	用户视图	外模式(子模式)
概念级	全局视图(概念视图)	概念模式(逻辑模式、模式)
内部级	存储视图	内模式(存储模式)

(1) 概念模式(conceptual schema)。数据库系统模式结构的中间层,是数据库中全体数

据的逻辑结构和特征的描述,是对概念级数据视图的描述。概念模式以某一种数据模型为基础,定义数据的逻辑结构、数据之间的联系、与数据有关的安全性、完整性要求等。

(2) 外模式(external schema)。数据库用户(包括应用程序和最终用户)能够看见和使用的局部数据的逻辑结构和特征的描述,是对外部级用户数据视图的描述。不同的用户数据视图需要不同的外模式来描述。

(3) 内模式(internal schema)。数据库的物理存储结构和存储方式的描述,是数据在数据库系统内部的表示方式。一个数据库只有一个内模式,内模式独立于具体的存储设备。

第 2 章　数　据　模　型

2.1　知识图谱

1. 学习内容

数据模型的学习内容主要包括数据的抽象与建模过程；概念模型的概念，数据库领域常用的实体-联系模型（E-R 模型）；数据模型的组成要素，以及数据模型的演变过程。

2. 知识点

本章涉及的知识点主要包括：
(1) 事物的抽象层次及模型转换过程。
(2) 概念模型、数据模型（逻辑数据模型）和物理模型的概念。
(3) 概念模型中实体、属性和联系的概念。
(4) 实体-联系模型（E-R 模型）的基本元素及表示方法。
(5) 数据模型的组成要素，数据模型的演变。

3. 知识点概念图

知识点涉及的概念及其概念间内涵可用概念图呈现，如图 2-1 所示。

4. 概念图解读

计算机不能直接处理现实世界中的具体事物，若要将现实世界中的事物及其相互联系转换成数据库系统中计算机能够处理的数据，需要借助概念模型、数据模型（逻辑数据模型）和物理模型完成对具体事物的抽象和建模过程。

客观世界由事物及其联系组成，每个事物都有自己的特征，事物通过特征相互区别。现实世界中的客观事物通过选择、命名、分类等方法抽象为不依赖于具体的计算机系统的概念模型，完成对事物的第一层抽象；再由数据库设计人员将概念模型转换为某一类 DBMS 支持的数据模型，完成对事物的第二层抽象；数据模型最终还要由 DBMS 转换为面向计算机系统的物理模型。

概念模型按用户的观点对信息建模，从现实世界中抽取出对一个目标应用系统来说最有用的事物、事物的特征以及事物之间的联系，用实体、属性、实体间的联系等概念精确地加以描述。根据实体是否依赖其他实体，实体分为常规实体（强实体）和弱实体。根据参与联系的实体的个数，联系分为一元联系、二元联系和多元联系。参与联系的实体有的是全员参与，有的是部分参与，根据参与联系的实体成员数量，两个实体间的联系又有一对一（1：1）、一对多（1：n）、多对多（m：n）和 ISA 几种类型。实体有若干属性和至少一个关键字，关键字由一个或多个能唯一标识实体的属性组成。属性有属性值和属性域，根据属性是否具有原子性，分为简单属

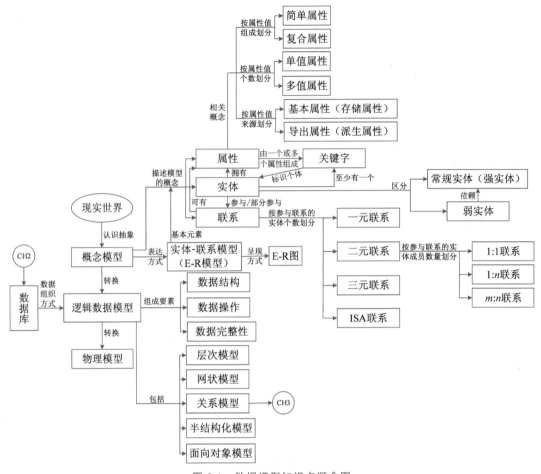

图 2-1　数据模型知识点概念图

性和复合属性；根据实体成员某属性可取值的个数，分为单值属性和多值属性；根据属性是否可由其他属性导出，分为基本属性（存储属性）和导出属性（派生属性）。

　　概念模型是数据库设计人员与用户之间进行交流的语言，其表示方法有很多，数据库设计常用的是实体-联系模型，也称 E-R 模型，可以用 E-R 图描述概念模型。E-R 图由表示实体、属性和联系的基本元素的图形连接而成。

　　数据模型也称逻辑数据模型，按计算机的观点对数据建模，提供表示和组织数据的方法，通常由数据结构、数据操作和完整性约束三个要素组成，分别描述数据库应用系统的静态特性、动态特性和完整性约束条件。

　　数据模型的发展经历了层次模型、网状模型、关系模型等发展阶段。为了适应新一代数据库应用的需求，也出现了半结构数据模型、面向对象数据模型等。目前广泛使用的数据模型是关系数据模型。

　　有的教材将概念模型、逻辑数据模型和物理数据模型统称为数据模型，本教材中的数据模型均指逻辑数据模型。

2.2 习题

一、填空题

1. 对现实世界进行第一层抽象的模型,称为_____模型;对现实世界进行第二层抽象的模型,称为_____模型。

2. _____模型属于信息世界的模型,实际上是现实世界到机器世界的一个中间层次。

3. 数据库领域常用的概念模型是_____。

4. E-R 模型的三要素:_____、_____和_____。

5. 在 E-R 图中,用_____表示实体,用_____表示联系,用_____表示属性。

6. 在 E-R 模型中,描述实体间"包含"关系的联系名为_____。

7. 若某实体的存在依赖于其他实体,则称该实体为_____。

8. 在 E-R 模型中,弱实体和常规实体间存在着一种_____联系。

9. 学生社团可以接纳多名学生参加,但每名学生只能参加一个社团,实体社团和学生之间的联系类型是_____。

10. 数据模型包含三个组成要素:_____、_____和_____。

11. _____是严格定义的一组概念的集合,这些概念精确地描述了系统的静态特性、动态特性和完整性约束。

12. 数据模型的组成要素中,用_____描述数据库的组成对象以及对象之间的联系,反映系统的静态特性。

13. 数据库上的数据操作是对数据库中各种对象的_____执行操作,反映系统的动态数据变化。

14. 目前数据库领域使用最广泛的数据模型是_____。

15. 通常把_____和网状模型称为非关系模型。

16. _____用关系结构表示实体类型及实体间联系。

17. 适合数据集成的数据模型是_____。

18. 在面向对象数据模型中,通过_____实现对象之间的通信。

19. 在 XML 中,元素可以包括子元素和_____。

二、选择题

1. 在数据抽象与建模过程中,独立于计算机系统的模型是_____。
   A. E-R 模型　　　　B. 层次模型　　　　C. 关系模型　　　　D. 面向对象的模型

2. 反映现实世界中事物及事物间联系的信息模型是_____。
   A. 关系模型　　　　B. 数据模型　　　　C. 物理模型　　　　D. 概念模型

3. _____是按用户的观点对数据和信息建模,强调其语义表达功能,易于用户理解。
   A. 概念模型　　　　B. 数据模型　　　　C. 关系模型　　　　D. 物理模型

4. 对于现实世界中事物的特征,在 E-R 模型中用实体的_____描述。
   A. 属性　　　　　　B. 关键字　　　　　C. 二维表格　　　　D. 联系

5. 在概念模型中,用_____标识同一实体集中的两个不同实体值。

    A. 实体型   B. 关键字   C. 属性   D. 联系

6. 公司中有多个部门和多名职员,每名职员只能属于一个部门,一个部门可以有多名职员,实体职员和部门之间的联系类型是_____。

    A. 多对多   B. 一对一   C. 多对一   D. 一对多

7. 设一个体育项目可以有多名运动员报名,每名运动员可参加多个项目,实体运动员与体育项目之间的联系是_____。

    A. 一对一   B. 一对多   C. 多对一   D. 多对多

8. 在下列两个实体间,具有一对一联系的是_____。

    A. 年级与班级   B. 书籍与作者

    C. 国家与首都城市   D. 研究人员与项目

9. 假设企业信息管理系统中有部门、员工、岗位、项目、家属 5 个实体,每个部门有若干名员工;每名员工承担某一岗位工作;每名员工可有多名家属(如父亲、母亲、配偶等);每名员工可以参加多个项目,每个项目可以由多名员工参与。实体间具有弱实体对强实体的依赖联系的是_____。

    A. 员工与部门的"所属"联系   B. 员工与岗位的"担任"联系

    C. 家属与员工的"属于"联系   D. 员工与项目的"参与"联系

10. 下列关于数据模型三要素的描述,正确的是_____。

    A. 数据结构是刻画数据模型的最重要方面

    B. 数据结构描述了系统的动态特性

    C. 数据操作描述了系统的静态特性

    D. 数据的完整性约束可以不定义,没那么重要

11. 下列描述不正确的是_____。

    A. 层次模型可表示一对多的联系

    B. 网状模型能够表示出复杂的多对多的联系

    C. 目前应用最广泛的数据模型是面向对象数据模型

    D. 关系模型用单一的关系结构表示实体和实体间的联系

12. 数据模型的三个组成要素不包括_____。

    A. 数据结构   B. 数据操作   C. 完整性约束   D. 数据定义

13. 层次模型、网状模型和关系模型是按照_____的类型划分(命名)的。

    A. 数据结构   B. 数据查询操作   C. 完整性约束   D. 数据更新操作

14. 关系数据模型能表示_____。

    A. 实体间的 $1:1$ 关系   B. 实体间的 $1:n$ 关系

    C. 实体间的 $m:n$ 关系   D. 实体间的上述三种关系

15. _____不是面向对象数据模型中涉及的概念。

    A. 类   B. 属性   C. 消息   D. 关系

16. 关于 XML,以下说法中正确的是_____。

    A. 元素之间不能嵌套

    B. 同一元素中允许存在同名属性

    C. 可用文档类型定义(DTD)描述 XML 数据的结构

    D. 描述同类对象的数据结构必须相同

三、简答题

1. 简述数据模型的概念、数据模型的作用和数据模型的组成要素。

2. 简述概念模型的作用。

3. 定义并解释概念模型中的以下术语：实体、属性、关键字（码）、实体型、实体值（实例）。

4. 举出现实世界中两个实体间的联系，要求两个实体集之间分别具有 $1:1$、$1:n$、$m:n$ 的联系。

5. 什么是 E-R 模型？构成 E-R 模型的基本要素是什么？

6. 图书管理系统中的实体及其联系如下：

(1) 读者的信息，包括借书证号、姓名、身份证号、联系电话、注销标记等；

(2) 出版社的信息，包括出版社名称、地址、联系电话等；

(3) 采购图书的信息，包括 ISBN、书名、作者、出版社、出版时间、定价、数量等；

(4) 每种图书可同时上架多本进入流通环节，每本上架图书有内部编码（标识每一本书，每种图书的多本上架图书的内部编码不同）、用于检索每种图书的检索号、借阅状态（可借、借出）等信息；

(5) 读者和上架图书间存在 $m:n$ 的借阅联系，图书的借阅时间和归还时间需要被记录下来；

(6) 出版社和图书之间存在出版联系，每种图书只能在一个出版社出版，出版时需要记录出版时间。

请画出以上实体及其属性，以及实体间联系的 E-R 图。

2.3　参考答案

一、填空题

1. 概念、数据（逻辑数据）　　2. 概念　　3. 实体-联系模型（E-R 模型）

4. 实体、属性、联系　　5. 矩形、菱形、椭圆　　6. ISA

7. 弱实体　　8. 依赖　　9. $1:n$

10. 数据结构、数据操作、完整性约束　　11. 数据模型

12. 数据结构　　13. 实例（值）　　14. 关系数据模型（关系模型）

15. 层次模型　　16. 关系模型　　17. 半结构化数据模型

18. 消息　　19. 属性

二、选择题

题号	1	2	3	4	5	6	7	8	9	10
答案	A	D	A	A	B	C	D	C	C	A
题号	11	12	13	14	15	16				
答案	C	D	A	D	D	C				

三、简答题

1. 简述数据模型的概念、数据模型的作用和数据模型的组成要素。

答：数据模型是对现实世界事物以及事物之间联系的数据描述，是概念模型的数据化。数据模型按计算机的观点对数据建模，提供了表示和组织数据的方法，是严格定义的一组概念的集合。

数据库中的数据模型可把现实世界中的具体事物抽象、组织为某一 DBMS 支持的数据存储结构。DBMS 都是基于某种数据模型的，或者说是支持某种数据模型的。

数据模型通常包括数据结构、数据操作和完整性约束三个组成要素。

(1) 数据结构描述数据库的组成对象以及对象之间的联系，是所描述的对象类型的集合，反映的是系统的静态数据特性。

(2) 数据操作是指对数据库中各种对象(型)的实例(值)允许执行的操作及操作规则的集合，反映的是系统的动态数据变化。数据库主要有查询和更新(插入、删除和修改)两大类操作。数据模型必须定义这些操作的操作符号、确切含义、操作规则(如操作优先级)，以及实现操作的语言。

(3) 数据的完整性约束是一组完整性规则，用来制约数据库中的数据及有联系的数据的依存关系，限定基于数据模型的数据库状态以及状态的变化，防止不合语义的、不正确的数据进入数据库，以保证数据正确、有效和相容。

2. 简述概念模型的作用。

答：概念模型是从现实世界中抽取出对一个目标应用系统来说最有用的事物、事物特征以及事物之间的联系，通过各种概念精确地加以描述。因此，概念模型是沟通现实世界与计算机世界的桥梁，是数据库设计人员进行数据库设计的有力工具，也是数据库设计人员与用户之间进行交流的语言。

3. 给出概念模型中下列术语的定义。

答：实体(Entity)，现实世界中客观存在并能相互区分的事物经过加工而抽象出的信息世界的基本单位，可以是具体的，也可以是抽象的。

属性(Attribute)，现实世界中事物的特征在实体上的抽象反映，有确定的名称和值域。

关键字(Key，码)，实体属性中能唯一标识实体成员的最小属性集。

实体型(Entity Type)，用属性的集合抽象和刻画的同类实体。

实体值(Entity Value)，具有相同属性的同一类型的实体集内当前所有成员的值，也称为实例。

4. 举出现实世界中分别具有 $1:1$、$1:n$、$m:n$ 联系的两个实体集。

答：(1) 实体集 A 和 B 之间的 $1:1$ 联系，表示对 A 中每一个实体成员，在 B 中至多有一个实体成员与之对应，反之亦然。

例如，在中国法律上，男性公民和女性公民两个实体集间的配偶联系是 $1:1$ 的联系，表示在法律上每一个公民至多有一个配偶，一夫一妻。

(2) 实体集 A 和 B 之间的 $1:n$ 联系，表示对 A 中每一个实体成员，在 B 中可有多个实体成员与之对应，而 B 中每一个实体成员，在 A 中至多有一个实体成员与之对应。

例如，出版社和图书实体之间的版权联系是 $1:n$ 的联系，表示一个出版社可出版多种图书，对多种图书具有版权；而一种图书只能由一个出版社出版，版权归一个出版社所有。

（3）实体集 A 和 B 之间的 $m:n$ 联系，表示对 A 中每一个实体成员，在 B 中可有多个实体成员与之对应，反之亦然。

例如，学生和课程实体之间的选课联系是 $m:n$ 的联系，表示每名学生可以选修多门课程，每门课程又可由多名学生选修。

5. 介绍 E-R 模型及构成 E-R 模型的基本要素。

答：E-R 模型（Entity-Relationship Model）即实体-联系模型，是由美裔华人 P.P.Chen（陈平山）于 1976 年提出的，是数据库领域中常用的一种概念模型的表示方法。该方法使用 E-R 图描述概念模型中的概念，其基本元素就是实体、属性以及实体之间的联系。

在 E-R 图中，用矩形表示实体，矩形框内写明实体名；用椭圆形表示属性，并用无向边将属性与相应的实体连接起来；用菱形表示联系，菱形框内写明联系名，并用无向边分别与有关实体连接起来，同时在无向边旁标上联系的类型（$1:1,1:n,m:n$）。如果联系具有属性，则这些属性也要用无向边与该联系连接起来。

6. 画出图书管理系统的实体及其联系（E-R）图。

答：图书管理系统的实体及其联系（E-R）图参见图 2-2。

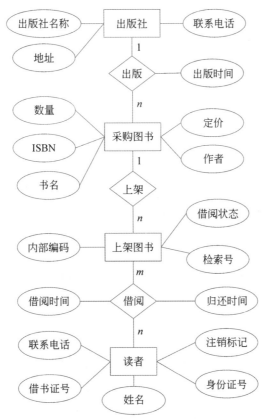

图 2-2　图书管理系统的实体及其联系（E-R）图

第 3 章　关系数据库理论

3.1　知识图谱

1. 学习内容

关系数据库理论的学习内容主要包括关系数据模型的三个组成要素,即关系数据模型所采用的数据结构、关系操作能力的表达方法、关系模型对于存储在数据库中的数据具有的约束能力;用关系代数表达式或关系演算表达式表达数据库操作。

2. 知识点

本章涉及的知识点主要包括:
(1) 关系模型中关系、关系模式、关系实例、关系数据库的概念。
(2) 关系模型的三种完整性约束规则。
(3) 关系代数的操作运算符及运算规则。
(4) 用关系代数表达式表达数据库操作的方法。
(5) 关系演算中关系的表达,关系演算公式的定义。
(6) 用关系演算表达式表达数据库查询操作的方法。

3. 知识点概念图

知识点涉及的概念及其概念间内涵可用概念图呈现,如图 3-1 所示。

4. 概念图解读

关系数据模型是目前大多数 DBMS 所采用的数据模型,用"关系"数据结构描述数据库模式,对关系进行查询和更新操作,对关系的操作结果进行实体完整性、参照完整性和用户定义完整性约束。

关系概念建立在集合论中笛卡儿积的概念基础之上,关系是元组的集合,某一时刻元组的集合称为关系实例,即该时刻关系的值。关系的逻辑结构用关系模式描述,包括关系名称、包含的属性、属性的域、属性向域的映像以及属性之间的数据依赖 5 个要素。

关系操作可用关系代数和关系演算表达,关系代数和关系演算在表达能力上是等价的。

关系代数用对关系的代数运算表达关系操作,关系代数运算包括传统的集合运算和专门的关系运算。传统的集合运算包括并、差、交、广义笛卡儿积等,专门的关系运算包括投影、选择、连接、除、重命名等,其中选择、投影、并、差、广义笛卡儿积是 5 种基本代数运算。包含关系代数运算符、关系名变量、元组集合常量,以及辅助代数运算的算术运算符、比较运算符和逻辑运算符的关系代数操作序列构成一个关系代数表达式,可表达数据库操作。

关系演算用关系操作的结果应满足的谓词条件表达关系操作,在关系演算表达式中,主要

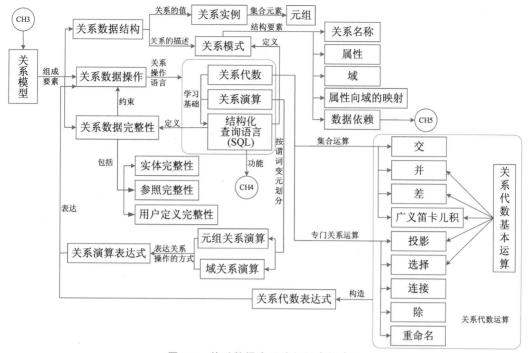

图 3-1 关系数据库理论知识点概念图

使用比较运算符、量词和逻辑运算符等构造谓词条件。根据谓词变元的不同,关系演算分为元组关系演算和域关系演算。

实际的关系数据库管理系统(RDBMS)产品使用 SQL 定义数据库的三级模式结构及完整性约束,实现数据库的查询、更新和控制等操作。SQL 吸纳了关系代数的概念和关系演算的逻辑思想,关系代数和关系演算是 SQL 学习的基础。

3.2 习题

一、填空题

1. 关系数据模型的三个组成要素是关系数据结构、_____、关系的完整性约束。

2. 关系模型用单一的数据结构,即_____,描述实体以及实体之间的联系。

3. 关系数据模型中的关系可用二维表表示,表中的一行对应关系的一个_____,表中的一列对应关系的一个_____。

4. 关系模型有_____、_____、_____三类完整性约束,其中_____完整性和_____完整性是关系数据库必须满足的完整性约束条件,应该由 RDBMS 默认支持。

5. 在关系数据库中,实体完整性通过定义关系的_____实现。

6. 在关系数据库中,两个关系中数据间的参照关系是通过定义_____实现的。

7. 包含在任何一个候选键中的属性称为_____。

8. 关系数据模型的实体完整性约束规则要求,关系的主属性_____。

9. 根据参照完整性约束规则,外键的值或者等于对应主键的关系中某个元组主键的值,或者取_____。

10. 在关系 $A(S,SN,D)$ 和 $B(D,CN,NM)$ 中，S 是 A 的主键，A 中的属性 D 与 B 中的主键 D 相对应，则 D 在 A 中称为_____，且 D 的取值可以为 NULL 值。

11. 对于关系：学生(学号,姓名,性别,专业号,年龄)，将属性"年龄"的取值范围定义在 18～30 岁属于_____完整性约束。

12. 设有学生关系 S(学号,姓名,班级)和学生选课关系 SC(学号,课程号,成绩)，为实现参照完整性，应定义关系 SC 中的"学号"为该关系的_____。

13. 对于关系：教学(学号、教工号、课程号)，若每名学生可以选修多门课程，每门课程可以由多名学生选修，每位老师只能讲授一门课程，每门课程可以由多位老师讲授，那么该关系的候选键是_____。

14. 假定关系"列车时刻表"中的属性有车次、始发站、发车时间、终点站、到达时间，且每辆列车有唯一的始发站和终点站，则该关系的主键是_____。

15. 关系模式的候选键可以有 1 个或多个，而主键只能有_____个。

16. 关系操作的结果是一个_____。

17. 早期的关系操作能力通常用_____和_____的方式表示。

18. 关系代数运算中的 5 种基本操作包括_____、差、笛卡儿积、投影和选择。

19. 在关系代数运算中，使用_____运算可从关系中得到满足条件的元组；如果只对关系中的某些属性感兴趣，则可用关系代数的_____运算选择这些属性。

20. 对于学生关系 $S(S\sharp,SNAME,SEX,AGE)$，若要用关系代数表达查询得到的某名学生的基本信息，需使用_____运算。

21. 设关系 R 和 S 分别有 m 和 n 个元组，k_1 和 k_2 个属性，若它们有 k_3 个相同的属性，则 $R \times S$ 的元组个数是_____，属性个数是_____；$R \bowtie S$ 的属性个数是_____。

22. 在关系代数中，从两个关系的笛卡儿积中选取它们属性间满足一定条件的元组的操作，称为_____操作。

23. 关系 R 和 S 做自然连接的前提条件是 R 和 S 有相同的_____。

24. 对图 3-2 中的关系 R 和 S 进行 $R \bowtie_{B<D} S$ 运算，则运算结果中含有_____个元组。

A	B	C		D	E
1	2	3	$\bowtie_{B<D}$	5	6
4	5	6		7	8
7	8	9		9	10

图 3-2 关系 R 与 S 的连接运算

25. 对关系 $R(A,B,C,D)$ 和 $S(A,C,D,E)$ 进行自然连接运算 $R \bowtie S$ 后，结果关系中有_____个属性。

26. 若把自然连接结果中舍弃的悬浮元组保留下来，并在这些悬浮元组新增的属性上赋空值 NULL，则这种连接称作_____。若只保留连接运算符左边关系中的悬浮元组，需要进行_____操作；若只保留连接运算符右边关系中的悬浮元组，则需要进行_____操作。

27. 关系 R 与 S 的实例如图 3-3 所示，关系 R 与 S 的左外连接、右外连接和完全外连接的元组个数分别为_____、_____、_____。

<table>
<tr><td colspan="3">关系R</td></tr>
</table>

关系R

A	B	C
1	2	3
2	1	4
3	4	4
4	6	7

关系S

A	B	D
1	9	1
2	1	8
3	4	4
4	8	3

图 3-3　关系 R 与 S 的实例 1

28. 对图 3-4 中的关系 R 进行关系代数运算后的结果如同关系 S,则对应的关系代数表达式为_____。

关系R

商品编号	商品名	单价
01020210	手绢	2
01020211	毛巾	18
01020212	毛巾	8
01020213	钢笔	5
02110200	钢笔	8

关系S

商品编号	商品名	单价
01020211	毛巾	18
01020212	毛巾	8
02110200	钢笔	8

图 3-4　关系 R 与 S 的实例 2

29. 根据谓词变元的不同,关系演算分为_____和_____。

二、选择题

1. 关于关系性质的描述,错误的是_____。
　　A. 关系中任意两个元组的值不能完全相同
　　B. 关系中任意两个属性的值不能完全相同
　　C. 关系中任意两个元组可以交换顺序
　　D. 关系中任意两个属性可以交换顺序

2. 下列概念模型与关系模型的对应概念,错误的是_____。
　　A. 联系→关系模式　　　　　　　　　B. 实体型→关系实例
　　C. 关键字→候选键　　　　　　　　　D. 属性→属性

3. 关系模型的数据结构是_____。
　　A. 层次结构　　　B. 关系结构　　　C. 网状结构　　　D. 树结构

4. 在关系数据库中,实现关系中任意两个元组不能相同的约束是依据关系的_____。
　　A. 外键　　　　　B. 属性　　　　　C. 候选键　　　　D. 列

5. 以下关于外键和对应的主键之间的关系,正确的是_____。
　　A. 外键并不一定与对应的主键同名

B. 外键一定要与对应的主键同名

C. 外键一定要与对应的主键同名而且唯一

D. 外键一定要与对应的主键同名,但并不一定唯一

6. 下面关于主键的描述,正确的是_____。

A. 不同的元组可以具有相同的主键值

B. 关系中的主键可以包含一个或多个属性

C. 关系中主键只可以是一个属性

D. 关系中的主键的数据类型必须定义为自动编号或文本

7. 在关系数据库中,关系与关系之间的参照是通过定义_____实现的。

A. 主键   B. 外键   C. 主属性   D. 值域

8. 在一个关系中,任意候选键中都不包含的属性称为_____。

A. 主属性   B. 非主属性   C. 主关键字   D. 主键

9. 若一个关系的元组的某属性(或属性组)的取值需与另一个关系的某个元组的主键值对应,则称该属性(或属性组)为这个关系的_____。

A. 候选键   B. 主键   C. 外键   D. 连接键

10. 关系模式中,一个候选键_____。

A. 可由多个任意属性组成

B. 只需由一个属性组成

C. 可由一个或多个其值能唯一标识该关系中一个元组的属性组成

D. 必须由多个属性组成

11. 设有关系模式 EMP(职工号,姓名,年龄,技能),假设职工号唯一,每个职工有多项技能,则关系 EMP 的候选键是_____。

A. 职工号   B. 姓名,技能   C. 技能   D. 职工号,技能

12. 若关系 $R(A,B,C,D)$ 的主键为全键,则关系 R 的主键是_____。

A. 由属性 A、B、C、D 组成的属性组

B. 在属性 A、B、C、D 中任选一个

C. 在属性组 AB,AC,AD,BC,BD,CD 中任选一个

D. 在属性组 ABC,ACD,ABD,BCD 中任选一个

13. 在关系模式 EMP(职工号,姓名,年龄,技能)中,假设职工号唯一,每个职工只能申报一项技能,则 EMP 表的主键是_____。

A. 职工号   B. 姓名,技能   C. 技能   D. 职工号,技能

14. 对于关系模式:学生(宿舍编号,宿舍地址,学号,姓名,性别,出生日期,专业),若每个宿舍可住多人,则候选键是_____。

A. 宿舍编号   B. 学号   C. 宿舍地址,姓名   D. 宿舍编号,学号

15. 关系中的主键不允许取空值,其受_____约束规则约束。

A. 实体完整性   B. 参照完整性

C. 用户定义完整性   D. 数据完整性

16. 若关系 $SC(SNO,CNO,GRADE)$ 的主键是 (SNO,CNO),则_____。

A. 只有 SNO 不能取空值   B. 只有 CNO 不能取空值

C. 只有 $GRADE$ 不能取空值   D. SNO 与 CNO 都不能取空值

17. 若要求关系：学生(学号,姓名,所在系)中"所在系"属性的值来源于另一个关系：系别(系名,主任)的"系名"属性值,则这一约束属于_____。

    A. 实体完整性约束   B. 参照完整性约束

    C. 用户定义完整性约束   D. 不属于任何约束

18. 若要求关系：学生(学号,姓名,性别)中"学号"属性的值是 8 个数字组成的字符串,则其规则属于_____。

    A. 实体完整性约束   B. 参照完整性约束

    C. 用户定义完整性约束   D. 关键字完整性约束

19. 对于图 3-5 中的供应商关系 S 和零件关系 P,主键分别是"供应商号"和"零件号",零件关系 P 的属性"供应商号"是外键,属性"颜色"的取值范围为(红,白,蓝)。

关系 S

供应商号	供应商名	所在城市
B01	红星	北京
S10	宇宙	上海
T20	黎明	天津
Z01	立新	重庆

关系 P

零件号	颜色	供应商号
010	红	B01
201	蓝	T20
312	白	S10

图 3-5 关系 S 与 P 的实例

(1) 向关系 P 中插入如下新元组,允许被插入的有_____。

Ⅰ. ('201','白','S10')   Ⅱ. ('301','红','T11')   Ⅲ. ('301','绿','B01')

    A. 只有Ⅰ   B. 只有Ⅰ和Ⅱ   C. 只有Ⅱ   D. 都不能

(2) 删除关系 S 中的如下元组,可能被限制删除的有_____。

Ⅰ. ('S10','宇宙','上海')   Ⅱ. ('Z01','立新','重庆')

    A. 只有Ⅰ   B. 只有Ⅱ   C. 都可以   D. 都不可以

(3) 如下更新操作能够被执行的有_____。

Ⅰ. 将 S 表中的供应商号的值'Z01'修改为'Z30'

Ⅱ. 将 P 表中的供应商号的值'B01'修改为'B02'

    A. 只有Ⅰ   B. 只有Ⅱ   C. 都可以   D. 都不可以

20. 关系 DML 以关系为操作对象,操作后的结果是_____。

    A. 元组   B. 关系   C. 属性   D. 域

21. 关系数据模型上的关系操作表示方式包括_____。

    A. 关系代数和集合运算   B. 关系代数和关系演算

    C. 关系演算和谓词演算   D. 关系代数和谓词演算

22. 5 种基本关系代数运算是_____。

    A. $\cup,-,\times,\pi$ 和 σ B. $\cup,-,\bowtie,\pi$ 和 σ

    C. $\cup,\cap,\times,\pi$ 和 σ D. $\cup,\cap,\bowtie,\pi$ 和 σ

23. 在关系代数的专门关系运算中,从关系中筛选满足条件的元组的操作称为_____。

    A. 选择   B. 投影   C. 连接   D. 扫描

24. 集合 R 与 S 的交可以用关系代数的基本运算表示为_____。

    A. $R-(R-S)$ B. $R+(R-S)$

    C. $R-(S-R)$ D. $S-(R-S)$

25. 能进行并运算的关系是_____。

    A. $R_1(A,B,C)$ 和 $R_2(A,B,C)$ B. $R_1(A,B,C)$ 和 $R_2(A,D,C)$

    C. $R_1(A,B,C)$ 和 $R_2(A,B,C,D)$ D. $R_1(A,B)$ 和 $R_2(A,B,C)$

26. 关系 R 与 S 的实例如图 3-6 所示。

关系R

A	B	C
1	2	3
1	4	5
6	4	3

关系S

A	B	C
1	4	5
1	7	5
6	4	3

图 3-6　关系 R 与 S 的实例

（1）$R-S$ 的结果中包含的元组有_____。

    A. $(1,4,5)$ B. $(6,4,3)$ C. $(1,2,3)$ D. $(1,7,5)$

（2）$R\cap S$ 的结果中包含的元组有_____。

    A. $(1,4,5)$ B. $(6,4,3)$ C. $(1,2,3)$ D. $(1,7,5)$

（3）$R\cup S$ 的结果中包含的元组有_____。

    A. $(1,4,5)$ B. $(6,4,3)$ C. $(1,2,3)$ D. $(1,7,5)$

27. 在关系代数中，对一个关系做投影操作后，新关系的元组个数_____原来关系的元组个数。

关系R

A	B	C
3	6	7
2	6	7
7	2	3
4	4	3

    A. 小于   B. 小于或等于

    C. 等于   D. 大于

28. 选取关系中的某些属性，并消去重复元组的关系代数运算为_____。

    A. 取列运算   B. 连接运算

    C. 投影运算   D. 选择运算

图 3-7　关系 R 的实例

29. 对于图 3-7 中的关系 R。

（1）运算 $\sigma_{B<6}(R)$ 的结果是_____。

A	B	C
7	2	3
4	4	3

A

B
2
4

B

A	C
7	3
4	3

C

A	B	C
2	6	7
7	2	3
4	4	3

D

（2）运算 $\pi_{3,2}(R)$ 的结果是_____。

A	B	C
2	6	7
7	2	3

C	B
7	6
3	4
3	2

A
3
2
7
4

B	C
6	7
6	7
2	3
4	3

A   B   C   D

30. 如果关系 R 中有 4 个属性和 3 个元组,关系 S 中有 3 个属性和 5 个元组,则 $R \times S$ 的属性个数和元组个数分别是_____。

    A. 7 和 8   B. 7 和 15   C. 12 和 8   D. 12 和 15

31. 在关系代数中,从两个关系的笛卡儿积中选取它们属性间满足一定条件的元组的操作,称为_____。

    A. 并   B. 选择   C. 除   D. 连接

32. 进行自然连接运算的两个关系必须具有_____。

    A. 相同属性个数   B. 公共属性   C. 相同关系名   D. 相同关键字

33. 设有关系 $R(A,B)$ 和 $S(C,D,E)$,那么 $R \underset{A<D}{\bowtie} S$ 等价于_____。

    A. $\sigma_{A<D}(R \times S)$ B. $\sigma_{A<D}(R \cap S)$ C. $\sigma_{A<D}(R \bowtie S)$ D. $\sigma_{A<D}(R \cup S)$

34. 学生选课数据库中的关系模式如下:

学生(学号,姓名,性别)
课程(课程编号,课程名称,学时)
成绩(学号,课程编号,分数)

(1) 若要查询选修课程名称为"数据库原理与应用",且分数低于 60 的学生姓名和分数,则需使用的关系代数运算包括_____。

    A. 选择、投影、连接   B. 选择、投影

    C. 选择、连接   D. 投影、连接

(2) 查询"至少一门课程成绩在 60 分以上的学生姓名"的关系代数表达式不能是_____。

    A. $\pi_{姓名}(\sigma_{分数>60}(SC) \bowtie S)$ B. $\pi_{姓名}(\sigma_{分数>60}(S \bowtie SC))$

    C. $\pi_{姓名}(\pi_{学号,姓名}(S) \bowtie (\sigma_{分数>60}(SC)))$ D. $\pi_{分数>60}(\pi_{姓名}(S) \bowtie SC)$

35. 把关系 R 和 S 进行自然连接时舍弃的元组保留到结果关系中的操作称为_____。

    A. 连接   B. 笛卡儿积   C. 外部并   D. 外连接

36. 对于图 3-8 中的关系 R 与 S,关系 T 中元组是通过 R 与 S 的_____操作得来的。

关系R

A	B	D
1	2	4
2	4	6
1	1	7

关系S

D	E
7	5
6	7
8	4

关系T

A	B	D	E
2	4	6	7
1	1	7	5
NULL	NULL	8	4

图 3-8   关系 R、S、T 的实例

    A. 自然连接   B. 全外连接   C. 右外连接   D. 左外连接

37. 学校数据库中有学生和宿舍两个关系：

学生 (学号, 姓名)
宿舍 (楼名, 房间号, 床位号, 学号)

假设有的学生不住宿, 床位也可能空闲。如果要查询所有学生住宿和宿舍分配的情况, 包括没有住宿的学生和空闲的床位, 则应对这两个关系进行_____操作。

    A. 全外连接   B. 左外连接   C. 右外连接   D. 自然连接

38. 在图 3-9 中, 关系 R 的属性 A 是主键, 属性 B 是外键且参照关系 S 的主键 B。

关系R

A	B	C
a_1	b_1	5
a_2	b_2	6
a_3	b_3	8
a_4	b_4	12

关系S

B	E
b_1	3
b_2	7
b_3	10
b_4	2
b_5	2

图 3-9　关系 R 和 S 的实例

(1) 操作结果为图 3-10 的关系代数操作是_____。

    A. $R \bowtie_{C<E} S$ B. $R \bowtie_{C>E} S$ C. $R \bowtie_{R.B=S.B} S$ D. $R \bowtie S$

(2) 操作结果为图 3-11 的关系代数操作是_____。

    A. $R \bowtie_{C<E} S$ B. $R \bowtie_{C>E} S$ C. $R \bowtie_{R.B=S.B} S$ D. $R \bowtie S$

A	$R.B$	C	$S.B$	E
a_1	b_1	5	b_2	7
a_1	b_1	5	b_3	10
a_2	b_2	6	b_2	7
a_2	b_2	6	b_3	10
a_3	b_3	8	b_3	10

A	B	C	E
a_1	b_1	5	3
a_2	b_2	6	7
a_3	b_3	8	10
a_4	b_4	12	2

图 3-10　关系 R 和 S 的操作结果 1　　　　图 3-11　关系 R 和 S 的操作结果 2

39. 能直接做除运算 $R \div S$ 的关系 R 和 S 是_____。

    A. $R(A,B,C)$,　$S(B)$ B. $R(A,B,C)$,　$S(B,D)$

    C. $R(A,B,C)$,　$S(D,E)$ D. $R(A,B)$,　$S(A,B,C)$

40. 关系演算用_____表达关系操作要求。

    A. 谓词   B. 关系的运算   C. 元组   D. 域

41. 下列与关系代数的基本运算等价的元组关系演算表达式，表达不正确的是_____。

   A. $R \cup S = \{t \mid R(t) \vee S(t)\}$

   B. $R - S = \{t \mid R(t) \wedge S(t)\}$

   C. $\sigma_F(R) = \{t \mid R(t) \wedge F'\}$

   D. $\pi_{i_1,i_2,\cdots,i_k}(R) = \{t^{(k)} \mid (\exists u)(R(u) \wedge t[1]=u[i_1] \wedge t[2]=u[i_2] \wedge \cdots \wedge t[k]=u[i_k])\}$

42. 对于图 3-12 中的关系 R 和 S，元组关系演算表达式 $\{t \mid R(t) \wedge (\forall u)(S(u) \to t[3] > u[1])\}$ 的运算结果是_____。

关系R

A	B	C
1	2	3
4	5	6
7	8	9
10	11	12

关系S

A	B	C
3	7	11
4	5	6
5	9	13
6	10	14

图 3-12 关系 R 和 S 的实例

A	B	C
1	2	3
4	5	6

A

A	B	C
3	7	11
4	5	6

B

A	B	C
7	8	9
10	11	12

C

A	B	C
5	9	13
6	10	14

D

三、简答题

1. 名词解释：属性，域，元组，候选键，主键，外键。

2. 简述关系模型的三个组成要素。

3. 简述关系模型的完整性约束规则。在参照完整性约束规则中，为什么外键属性的值也可以为空？什么情况下它不可以为空？

4. 关系代数的基本运算有哪些？如何用这些基本运算表示其他运算？

5. 说明关系的笛卡儿积、等值连接和自然连接的联系。

6. 假设有关系 $R(a,b)$ 和 $S(c,d)$，试把如下元组关系演算表达式用等价的关系代数表达式表示：

$$\{t \mid R(t) \wedge (\exists u)(S(u) \wedge u[1] \neq t[2])\}$$

7. 关系 R 和 S 的半连接(semijoin)写作 $R \ltimes S$，它表示由 R 中满足如下条件的元组 t 组成的集合：t 至少跟 S 中的一个元组在 R 和 S 的公共属性上相同。用三种不同的关系代数表达式给出 $R \ltimes S$ 的等价表示。

8. 设有关系 R 和 S，如图 3-13 所示，给出 $\pi_C(S)$、$\sigma_{B<'c'}(R)$、$\sigma_{A=C}(R \times S)$、$R \bowtie S$、$R \bowtie_{R.B<S.B} S$ 运算的结果。

关系R

A	B
a	b
c	b
d	c

关系S

B	C
b	c
e	a
b	d

图 3-13 关系 R 和 S 的实例

9. 设有关系 $R(A,B)$ 和 $S(A,C)$，使用常量 NULL 分别书写 R 与 S 的左外连接、右外连接和完全外连接的元组关系演算表达式。

四、查询实现题

1. 有一个学校教务管理系统中的数据库，数据库中有 6 个关系，分别是学生关系 $STUDENT$、班级关系 $CLASS$、课程关系 $LESSON$、教师关系 $TEACHER$、班级所选修课程信息的班级选课关系 $SELECTION$，以及学生所选修课程成绩的学生成绩关系 $GRADE$。表中主外键见标识，学分、分数、上课年度属性为 INT 类型，其余为 CHAR 类型。

$STUDENT$（学号，姓名，性别，班级号）

$CLASS$（班级号，所在院系，所属专业，班长学号）

$LESSON$（课程号，课程名，教材名，学分）

$TEACHER$（教师编号，姓名，所在院系）

$SELECTION$（班级号，课程号，教师编号，上课年度，上课学期）

$GRADE$（学号，课程号，分数）

试分别用关系代数、元组关系演算表达式表达如下查询操作：

(1) 查询"数据库"课程的课程号及相应教材。

(2) 查询所有班长的学号、姓名、所在班级号和所属专业。

(3) 查询选修了"数据库"或"软件工程"课程的班级号及所属专业。

(4) 查询学过"陈卫"老师讲的"数据结构"课程的班级号和上课年度。

(5) 查询至少选了"王武"同学所学过的所有课程的学生学号。

(6) 查询"软件学院"没讲授过"数据库"课程的教师编号。

(7) 查询 2020 年度讲授过两门和两门以上课程的教师编号和所教授的课程号。

2. 设有一个供应商-零部件-工程数据库，包括 S、P、J 和 SPJ 这 4 个关系模式，数据库模式如下。

S（Sno，$Sname$，$Status$，$City$）

P（Pno，$Pname$，$Color$，$Weight$）

J（Jno，$Jname$，$City$）

SPJ（Sno，Pno，Jno，Qty）

其中：

- 供应商关系 S 有供应商代码（Sno）、供应商姓名（$Sname$）、供应商状态（$Status$）、供应商所在城市（$City$）等属性，Sno 为主键。

- 零部件关系 P 有零部件代码（Pno）、零部件名称（$Pname$）、颜色（$Color$）、质量（$Weight$）等属性，Pno 为主键。

- 工程项目关系 J 有工程项目代码（Jno）、工程项目名称（$Jname$）、工程项目所在城市（$City$）等属性，Jno 为主键。

- 供应情况关系 SPJ 有供应商代码（Sno）、零部件代码（Pno）、工程项目代码（Jno）、供应数量（Qty）等属性，Qty 表示某供应商给某项工程供应某种零部件的数量，Sno、Pno、Jno 共同构成关系的主键，又分别是关系的外键。

供应商-零部件-工程数据库实例如图 3-14 所示。

关系S

Sno	Sname	Status	City
S1	松林	20	天津
S2	昭和	10	北京
S3	爱信宏达	30	上海
S4	凯吉	20	天津
S5	中昌	30	上海

关系P

Pno	Pname	Color	Weight
P1	变速箱	红	12
P2	减震器	绿	17
P3	转向器	蓝	14
P4	发动机	红	14
P5	制动器	蓝	40
P6	离合器	红	30

关系J

Jno	Jname	City
J1	比亚迪	上海
J2	一汽	长春
J3	通用	上海
J4	捷加	天津
J5	佳华	唐山
J6	利宝来	北京
J7	伟世通	南京

关系SPJ

Sno	Pno	Jno	QTY
S1	P1	J1	200
S1	P1	J3	100
S1	P1	J4	700
S1	P2	J2	100
S2	P3	J1	400
S2	P3	J2	200
S2	P3	J4	500
S2	P3	J5	400
S2	P5	J1	400
S2	P5	J2	100
S3	P1	J1	200
S3	P3	J1	200
S4	P5	J1	100
S4	P6	J3	300
S4	P6	J4	200
S5	P2	J4	100
S5	P3	J1	200
S5	P6	J2	200
S5	P6	J4	500

图 3-14　供应商-零部件-工程数据库实例

试分别用关系代数、元组关系演算表达式表达如下查询操作。

（1）检索上海供应商供应的所有零部件的代码。

（2）检索使用上海供应商供应的零部件的工程项目名称。

（3）检索给项目代码为 J1 的工程供应代码为 P1 的零部件的供应商代码。

（4）检索给项目代码为 J1 的工程供应红色零部件的供应商代码。

（5）检索项目代码为 J2 的工程使用的各种零部件的名称及其数量。

（6）检索没有使用天津供应商供应的零部件的工程项目代码。

（7）检索至少使用了供应商代码为 S1 的供应商所供应的全部零部件的工程项目代码。

3. 已知某公司数据库包含如下四个基本表。

$Department(\underline{Dept\_No}, Dept\_Name, Location)$ 存储员工所在部门的编号、名称和办公场所；

$Employee(\underline{Emp\_No}, Emp\_Name, Dept\_No)$ 存储员工的编号、姓名和所在部门编号；

$Project(\underline{Pro\_No}, Pro\_Name, Budget)$ 存储员工所参与的工程项目编号、名称和工程预算，预算单位是万元；

$Works(\underline{Emp\_No}, \underline{Pro\_No}, Job)$ 存储员工的编号、所参与的工程项目编号和员工在工程项目中承担的工作。

试分别用关系代数、元组关系演算表达式表达如下查询操作：

（1）查询参与预算大于 500 万元的工程项目的员工所在部门编号。

（2）查询员工"王广"和"王丽"都参与的预算超出 10 万元的工程项目名称。

（3）查询所在部门编号为 D2 的员工没有参与的工程项目编号及名称。

（4）查询所有部门都参与的工程项目编号和名称。

（5）查询所在部门编号为 D2 的所有员工的编号、姓名，及其参加的工程项目编号和承担的工作。

3.3 参考答案

一、填空题

1. 关系数据操作　　2. 关系　　3. 元组、属性

4. 实体完整性、参照完整性、用户定义完整性、实体、参照　　5. 主键

6. 外键　　7. 主属性　　8. 不可为空　　9. 空值(NULL)　　10. 外键

11. 用户定义　　12. 外键　　13.（学号，教工号）

14. 车次　　15. 1　　16. 关系(集合)　　17. 关系代数、关系演算

18. 并　　19. 选择、投影　　20. 选择　　21. $m\times n$、k_1+k_2、$k_1+k_2-k_3$

22. 连接　　23. 属性(或属性组)　　24. 6　　25. 5

26. 外连接、左外连接、右外连接　　27. 4、4、6　　28. $\sigma_{单价>5}(R)$ 或 $\sigma_{单价\geq 8}(R)$

29. 元组关系演算、域关系演算

二、选择题

题号	1	2	3	4	5	6	7	8	9	10
答案	B	B	B	C	A	B	B	B	C	C
题号	11	12	13	14	15	16	17	18	19(1)-(2)	
答案	D	A	A	B	A	D	B	C	D	A
题号	19(3)	20	21	22	23	24	25	26(1)-(3)		
答案	A	B	B	A	A	A	A	C	AB	ABCD
题号	27	28	29(1)-(2)	30	31	32	33	34(1)-(2)		
答案	B	C	A	B	B	D	B	A	A	D
题号	35	36	37	38(1)-(2)	39	40	41	42		
答案	D	C	A	A	D	A	A	B	C	

三、简答题

1. 对属性、域、元组、候选键、主键、外键等名词进行解释。

答：属性（Attribute），对关系中元组分量的描述，用属性名表示，与定义关系的域对应。其反映的是关系所描述的实体的属性，或实体间联系的属性。在同一关系中，属性名不能相同。

域（Domain），属性的取值范围，是一组具有相同数据类型的值的集合。不同的属性可以有相同的域，且关系数据模型要求所有的域都是原子数据的集合。

元组（Tuple），关系是给定一组域上的笛卡儿积的某个有一定语义的子集，其中每一个元素称为一个 n 元组（n-tuple），简称为元组（tuple）。

候选键（Candidate Key），若关系中的某一属性或属性集能唯一标识一个元组，而其任意一个真子集无此性质，则称该属性或属性集为关系的候选键。因此，候选键是能唯一标识一个元组的最小属性集，且每个关系都至少存在一个候选键。

主键（Primary Key），主键是数据库设计者选中用来在 DBMS 中区分一个关系中不同元组的候选键。主键的选择会影响某些实现问题，例如索引文件的建立等。

外键（Foreign Key），若关系 R 的一个属性（集）F 与关系 S 的主键 Ks 对应，即关系 R 中的某个元组的 F 上的值来自关系 S 中某个元组的 Ks 上的值，则称该属性（集）F 为关系 R 的外键。其中，关系 R 为参照关系（Referencing Relation，或引用关系），关系 S 为被参照关系（Referenced Relation）或目标关系（Target Relation），目标关系的主键 Ks 和参照关系 R 的外键 F 的命名可以不同，但必须定义在同一（或同一组）域上。关系 R 和关系 S 可以是同一个关系。

2. 简述关系模型的三个组成要素。

答：关系模型作为一种数据模型，包括数据结构、数据操作和完整性约束三个组成要素。

（1）关系模型用关系结构描述实体以及实体之间的联系。关系数据结构来自集合论中关系的概念，是给定一组域上的笛卡儿积的某个有一定语义的子集。

（2）关系模型的关系操作能力通常用关系代数（Relational Algebra）和关系演算（Relational Calculus）的方式表达。目前使用的是一种结构化的查询语言 SQL，它不仅具有丰富的数据操纵功能，而且具有数据定义和控制功能。

（3）关系模型有三类完整性约束：实体完整性、参照完整性和用户定义完整性。实体完整性和参照完整性是关系模型必须满足的完整性约束条件，被称为关系的两个不变性，一般由关系数据库管理系统（RDBMS）自动支持。用户定义完整性是针对具体应用定义的约束条件，体现了具体应用领域对数据的语义要求。

3. 简述关系模型的完整性约束规则。说明参照完整性约束规则为什么允许外键属性的值可以为空，什么情况下其值不能空。

答：实体完整性和参照完整性是关系的两个不变性，是关系模型必须满足的完整性约束条件，一般由 RDBMS 提供支持，要求对关系的操作遵循如下完整性约束规则。

- 实体完整性约束规则：若属性 A 是关系 R 的主属性，则属性 A 的值不能为空值。
- 参照完整性约束规则：若属性（或属性集）F 是关系 R 的外键，它与关系 S 的主键 Ks 对应，则 R 中元组在 F 上的取值只能有两种可能，即或者取空值，或者等于 S 中某个元组的 Ks 值。

外键不是候选键，是可以为空的，参照完整性只是要求当其有值时，其值必须是相应主键的某个值。但当外键属性是构成候选键的主属性时，根据实体完整性约束规则，其值是不允许为空的。

4. 说明关系代数有哪些基本运算，并用这些基本运算表示关系代数的其他运算。

答：关系代数有 5 种基本运算操作：并、差、笛卡儿积、投影和选择运算。其他运算，如交、连接和除等，可利用这些基本运算表达。

交：$R \cap S = R - (R - S)$ 或 $R \cap S = S - (S - R)$

连接：$R \underset{F}{\bowtie} S = \sigma_F(R \times S)$

连接运算是在两个关系的广义笛卡儿积中选取满足条件 F 的元组，F 是逻辑表达式，F 若形为 $R.A\theta S.B$，则是 θ 连接；若形为 $R.A = S.B$，则是等值连接；若在等值连接的结果上再做投影去掉重复列，则为自然连接。

除：$R \div S = \pi_X(R) - \pi_X((\pi_X(R) \times S) - R)$

X 是在 R 中但不在 S 中的属性组，即除运算结果中包含的属性。

5. 说明关系的笛卡儿积、等值连接和自然连接的联系。

答：关系的笛卡儿积是两个关系上的基本运算，是连接运算的基础。

等值连接是在笛卡儿积运算的结果上选取两个关系在某些属性上值相等的元组，计算等价式为

$$R \underset{A=B}{\bowtie} S \equiv \sigma_{R.A=S.B}(R \times S)$$

其中，A 和 B 分别是 R 和 S 上可包含多个属性的属性个数相等且可比的属性组，若包含的属性个数有 k 个，则 $A = B$ 表示 $R.A_1 = S.B_1 \wedge R.A_2 = S.B_2 \wedge \cdots \wedge R.A_k = S.B_k$。

自然连接是在两个关系的公共属性上进行等值连接，并去掉连接结果中的重复属性，计算等价式为

$$R \bowtie S \equiv \pi_{Z_1, Z_2, \cdots, Z_m}(R \underset{A=A}{\bowtie} S) \text{ 或 } R \bowtie S \equiv \pi_{Z_1, Z_2, \cdots, Z_m}(\sigma_{R.A=S.A}(R \times S))$$

其中 A 是两个关系的公共属性，$Z_1, Z_2, \cdots, Z_m$ 是从 $R \underset{A=A}{\bowtie} S$ 中去掉重复属性 $S.A_1, S.A_2, \cdots, S.A_k$ 后的属性。

6. 对于关系 $R(a,b)$ 和 $S(c,d)$，用等价的关系代数表达式表示如下元组关系演算表达式：

$$\{t \mid R(t) \wedge (\exists u)(S(u) \wedge u[1] \neq t[2])\}$$

答：表达式中涉及 R 和 S 两个关系中元组的属性值比较，需要用条件连接，结果元组来自关系 R，需要对连接结果在 R 的属性上进行投影，则等价的关系代数表达式可为

$$\pi_{a,b}(\sigma_{R.b \neq S.c}(R \times S))$$

7. 用三种不同的关系代数表达式给出关系 R 和 S 的半连接 $R \ltimes S$ 的等价表示。

答：假设关系 R 和 S 的属性集分别为 A_R 和 A_S，公共属性集为 $A = A_R \bigcap A_S$，则 $R \ltimes S$ 可用以下三种形式表示：

$$R \ltimes S = \pi_{A_R}(\sigma_{R.A=S.A}(R \times S))$$

$$R \ltimes S = \pi_{A_R}(R \underset{R.A=S.A}{\bowtie} S)$$

$$R \ltimes S = \pi_{A_R}(R \bowtie S)$$

8. 图 3-13 中关系 R 和 S 的 $\pi_C(S)$、$\sigma_{B<'c'}(R)$、$\sigma_{A=C}(R \times S)$、$R \bowtie S$、$R \underset{R.B<S.B}{\bowtie} S$ 运算的结果如图 3-15 所示。

答：

$\pi_C(S)$

C
c
a
d

$\sigma_{B<'c'}(R)$

A	B
a	b
c	b

$\sigma_{A=C}(R \times S)$

A	R.B	S.B	C
a	b	e	a
c	b	b	c
d	c	b	d

$R \bowtie S$

A	B	C
a	b	c
a	b	d
c	b	c
c	b	d

$R \underset{R.B<S.B}{\bowtie} S$

A	R.B	S.B	C
a	b	e	a
c	b	e	a
d	c	e	a

图 3-15 图 3-13 中关系 R 和 S 的运算结果

9. 设有关系 $R(A,B)$ 和 $S(A,C)$，使用常量 NULL 分别书写 R 与 S 的左外连接、右外连接和完全外连接的元组关系演算表达式。

答：左外连接：

$\{t^{(3)} \mid (\exists u)(R(u)(((\exists v)(S(v) \wedge u[1]=v[1] \wedge t[1]=u[1] \wedge t[2]=u[2] \wedge t[3]=v[2])) \vee$
$((\forall v)(S(v) \wedge u[1] \neq v[1] \wedge t[1]=u[1] \wedge t[2]=u[2] \wedge t[3]=\text{NULL}))))\}$

右外连接：

$\{t^{(3)} \mid (\exists v)(S(v)(((\exists u)(R(u) \wedge v[1]=u[1] \wedge t[1]=v[1] \wedge t[2]=u[2] \wedge t[3]=v[2])) \vee$
$((\forall u)(R(u) \wedge v[1] \neq u[1] \wedge t[1]=v[1] \wedge t[2]=\text{NULL} \wedge t[3]=v[2]))))\}$

完全外连接：

$$\{\,t^{(3)}\,|\,(\exists u)(R(u)(((\exists v)(S(v)\wedge u[1]=v[1]\wedge t[1]=u[1]\wedge t[2]=u[2]\wedge t[3]=v[2]))\vee$$
$$((\forall v)(S(v)\wedge u[1]\neq v[1]\wedge t[1]=u[1]\wedge t[2]=u[2]\wedge t[3]=\text{NULL}))))\vee$$
$$(\exists v)(S(v)((\forall u)(R(u)\wedge v[1]\neq u[1]\wedge t[1]=v[1]\wedge t[2]=\text{NULL}\wedge t[3]=v[2]))))\}$$

四、查询实现题

1. 分别用关系代数、元组关系演算表达式表达学校教务管理系统中的数据库查询操作。

（1）查询"数据库"课程的课程号及相应教材。

答：关系代数表达式：

$$\pi_{课程号,教材名}(\sigma_{课程名='数据库'}(LESSON))$$

元组关系演算表达式：

$$\{t^{(2)}\,|\,(\exists u)(LESSON(u)\wedge u[2]='数据库'\wedge t[1]=u[1]\wedge t[2]=u[3])\}$$

（2）查询所有班长的学号、姓名、所在班级号和所属专业。

答：关系代数表达式：

$$\pi_{学号,姓名,STUDENT.班级号,所属专业}(STUDENT\bowtie_{STUDENT.学号=CLASS.班长学号}CLASS)$$

元组关系演算表达式：

$$\{t^{(4)}\,|\,(\exists u)(\exists v)(STUDENT(u)\wedge CALSS(v)\wedge u[1]=v[4]\wedge t[1]=u[1]\wedge t[2]=u[2]\wedge t[3]=u[4]\wedge t[4]=v[3])\}$$

（3）查询选修了"数据库"或"软件工程"课程的班级号及所属专业。

答：关系代数表达式：

$$\pi_{班级号,所属专业}(\sigma_{课程名='数据库'\vee课程名='软件工程'}(LESSON)\bowtie SELECTION\bowtie CLASS)$$

元组关系演算表达式：

$$\{t^{(2)}\,|\,(\exists u)(\exists v)(\exists w)(CLASS(u)\wedge SELECTION(v)\wedge LESSON(w)\wedge u[1]=v[1]\wedge v[2]=w[1]\wedge(w[2]='数据库'\vee w[2]='软件工程')\wedge t[1]=u[1]\wedge t[2]=u[3])\}$$

（4）查询学过"陈卫"老师讲的"数据结构"课程的班级号和上课年度。

答：关系代数表达式：

$$\pi_{班级号,上课年度}(\sigma_{姓名='陈卫'\wedge课程名='数据结构'}(LESSON\bowtie SELECTION\bowtie TEACHER))$$

或

$$\pi_{班级号,上课年度}(\sigma_{姓名='陈卫'}(TEACHER)\bowtie SELECTION\bowtie(\sigma_{课程名='数据结构'}(LESSON)))$$

元组关系演算表达式：

$$\{t^{(2)}\,|\,(\exists u)(\exists v)(\exists w)(SELECTION(u)\wedge TEACHER(v)\wedge LESSON(w)\wedge u[3]=v[1]\wedge u[2]=w[1]\wedge v[2]='陈卫'\wedge w[2]='数据结构'\wedge t[1]=u[1]\wedge t[2]=u[4])\}$$

（5）查询至少选修了"王武"同学所学过的所有课程的学生学号。

答：关系代数表达式：

$$\pi_{学号,课程号}(GRADE)\div(\pi_{课程号}(\pi_{学号}(\sigma_{姓名='王武'}(STUDENT))\bowtie GRADE))$$

元组关系演算表达式：

$$\{t^{(1)}\,|\,(\exists u)(STUDENT(u)\wedge(\forall v)(GRADE(v)\wedge((\exists w)(STUDENT(w)\wedge v[1]=w[1]\wedge w[2]='王武')\rightarrow(\exists x)(GRADE(x)\wedge x[1]=u[1]\wedge x[2]=v[2])))\wedge t[1]=u[1])\}$$

（6）查询"软件学院"没讲授过"数据库"课程的教师编号。

答：关系代数表达式：

$$\pi_{教师编号}(\sigma_{所在院系='软件学院'}(TEACHER)) - \pi_{教师编号}(\sigma_{课程名='数据库'}(LESSON) \bowtie SELECTION)$$

或

$$\pi_{教师编号}(\sigma_{所在院系='软件学院'}(TEACHER)) - \pi_{教师编号}(\sigma_{课程名='数据库'}(LESSON \bowtie SELECTION))$$

元组关系演算表达式：

$$\{t^{(1)} \mid (\exists u)(TEACHER(u) \land u[3]='软件学院' \land (\forall v)(SELECTION(v) \land (v[3]=$$
$$u[1] \rightarrow \neg(\exists w)(LESSON(w) \land w[2]='数据库' \land v[2]=w[1]))) \land t[1]=u[1])\}$$

或

$$\{t^{(1)} \mid (\exists u)(\exists w)(TEACHER(u) \land u[3]='软件学院' \land LESSON(w) \land w[2]='数据库' \land$$
$$(\neg(\exists v)(SELECTION(v) \land v[3]=u[1] \land v[2]=w[1])) \land t[1]=u[1])\}$$

(7) 查询 2020 年度讲授过两门和两门以上课程的教师编号和所教授的课程号。

答：关系代数表达式：

$$\pi_{S1.教师编号,S1.课程号}(\sigma_{S1.课程号 \neq S2.课程号 \land S1.上课年度=2020 \land S2.上课年度=2020}$$
$$(\rho_{S1}(SELECTION) \bowtie_{S1.教师编号=S2.教师编号}(\rho_{S2}(SELECTION))))$$

注：其中 S1、S2 可以有一个为 SELECTION，若属性也作了修改，则前面的属性也相应地修改。

元组关系演算表达式：

$$\{t^{(2)} \mid (\exists u)(\exists v)(SELECTION(u) \land SELECTION(v) \land u[4]=2020 \land v[4]=$$
$$2020 \land u[3]=v[3] \land u[2] \neq v[2] \land t[1]=u[3] \land t[2]=u[2])\}$$

2. 分别用关系代数、元组关系演算表达式表达对供应商-零部件-工程数据库的查询操作。

(1) 检索上海供应商供应的所有零部件的代码。

答：关系代数表达式：

$$\pi_{Pno}(\sigma_{City='上海'}(S) \bowtie SPJ)$$

元组关系演算表达式：

$$\{t^{(1)} \mid (\exists u)(\exists v)(S(u) \land SPJ(v) \land u[4]='上海' \land u[1]=v[1] \land t[1]=v[2])\}$$

(2) 检索使用上海供应商供应的零部件的工程项目名称。

答：关系代数表达式：

$$\pi_{Jname}(\sigma_{City='上海'}(S) \bowtie SPJ \bowtie J)$$

元组关系演算表达式：

$$\{t^{(1)} \mid (\exists u)(\exists v)(\exists w)(S(u) \land SPJ(v) \land J(w) \land u[4]='上海' \land u[1]=$$
$$v[1] \land w[1]=v[3] \land t[1]=w[2])\}$$

(3) 检索给项目代码为 J1 的工程供应代码为 P1 的零部件的供应商代码。

答：关系代数表达式：

$$\pi_{Sno}(\sigma_{Jno='J1' \land Pno='P1'}(SPJ))$$

元组关系演算表达式：

$$\{t^{(1)} \mid (\exists u)(SPJ(u) \land u[3]='J1' \land u[2]='P1' \land t[1]=u[1])\}$$

(4) 检索给项目代码为 J1 的工程供应红色零部件的供应商代码。

答：关系代数表达式：

$$\pi_{Sno}(\sigma_{Color='红色'}(P) \bowtie (\sigma_{Jno='J1'}(SPJ)))$$

或

$$\pi_{Sno}(\sigma_{Jno='J1' \land Color='红色'}(SPJ \bowtie P))$$

元组关系演算表达式：

$$\{t^{(1)}|(\exists u)(\exists v)(SPJ(u) \land P(v) \land u[3]='J1' \land u[2]=v[1] \land v[3]='红色' \land t[1]=u[1])\}$$

（5）检索项目代码为 J2 的工程使用的各种零部件的名称及其数量。

答：关系代数表达式：

$$\pi_{Pname,Qty}(\sigma_{Jno='J2'}(SPJ) \bowtie P)$$

元组关系演算表达式：

$$\{t^{(2)}|(\exists u)(\exists v)(SPJ(u) \land P(v) \land u[3]='J2' \land u[2]=v[1] \land t[1]=v[2] \land t[2]=u[4])\}$$

（6）检索没有使用天津供应商供应的零部件的工程项目代码。

答：关系代数表达式：

$$\pi_{Jno}(J) - \pi_{Jno}(\pi_{Sno}(\sigma_{City='天津'}(S)) \bowtie SPJ)$$

元组关系演算表达式：

$$\{t^{(1)}|(\exists u)(J(u) \land (\forall v)(SPJ(v) \land (u[1]=v[3] \rightarrow \neg(\exists w)(S(w) \land w[1]=v[1] \land w[4]='天津'))) \land t[1]=u[1])\}$$

注：常见错误表达式如下。

$$\{t^{(1)}|(\exists u)(J(u) \land (\forall v)(SPJ(v) \land (u[1]=v[3] \rightarrow (\exists w)(S(w) \land w[1]=v[1] \land w[4]\neq'天津'))) \land t[1]=u[1])\}$$

（7）检索至少使用了供应商代码为 S1 的供应商所供应的全部零部件的工程项目代码。

答：关系代数表达式：

$$\pi_{Sno,Pno,Jno}(SPJ) \div \pi_{Sno,Pno}(\sigma_{Sno='S1'}(SPJ))$$

注：若关系代数表达式书写为

$$\pi_{Pno,Jno}(SPJ) \div \pi_{Pno}(\sigma_{Sno='S1'}(SPJ))$$

则此表达式检索出的工程是其所使用的零件包括所有供应商所供应的、具有与 S1 所供应零件相同的零件。

元组关系演算表达式：

$$\{t^{(1)}|(\exists u)(SPJ(u) \land (\forall v)(SPJ(v) \land (v[1]='S1' \rightarrow (\exists w)(SPJ(w) \land w[1]=v[1] \land w[2]=v[2] \land w[3]=u[3]))) \land t[1]=u[3])\}$$

注：若 S1 没有对各工程提供任何零件，则表达式检索的结果就是所有的有供应商供应零件的工程号；若认为所有的工程都符合语义，则可将表达式改为如下形式。

$$\{t^{(1)}|(\exists u)(J(u) \land (\forall v)(SPJ(v) \land (v[1]='S1' \rightarrow (\exists w)(SPJ(w) \land w[1]=v[1] \land w[2]=v[2] \land w[3]=u[1]))) \land t[1]=u[1])\}$$

3．分别用关系代数、元组关系演算表达式表达对某公司数据库的查询操作。

（1）查询参与预算大于 500 万元的工程项目的员工所在部门编号。

答：关系代数表达式：

$$\pi_{Dept\_No}(\sigma_{Budget>500}(Employee \bowtie Works \bowtie Project))$$

或

$$\pi_{Dept\_No}(\sigma_{Budget>500}(Project) \bowtie Works \bowtie Employee)$$

元组关系演算表达式：

$$\{t^{(1)}|(\exists u)(\exists v)(\exists w)(Employee(u) \land Works(v) \land Project(w) \land u[1]=v[1] \land v[2]=w[1] \land w[3]>500 \land t[1]=u[3])\}$$

（2）查询员工"王广"和"王丽"都参与的预算超出 10 万元的工程项目名称。

答：关系代数表达式：

$$\pi_{Pro\_Name}(\pi_{Pro\_No,Pro\_Name}(\sigma_{Budget>10 \wedge Emp\_Name='王广'}(Employee \bowtie Works \bowtie Project)) \bigcap$$

$$\pi_{Pro\_No,Pro\_Name}(\sigma_{Budget>10 \wedge Emp\_Name='王丽'}(Employee \bowtie Works \bowtie Project)))$$

或

$$\pi_{Pro\_Name}(\sigma_{Budget>10}((\pi_{Pro\_No}(\sigma_{Emp\_Name='王广'}(Employee)\bowtie Works) \bigcap$$

$$\pi_{Pro\_No}(\sigma_{Emp\_Name='王丽'}(Employee)\bowtie Works))\bowtie Project))$$

元组关系演算表达式：

$\{t^{(1)}|(\exists u)(\exists v)(\exists w)(\exists x)(\exists y)(Employee(u) \wedge Works(v) \wedge Project(w) \wedge Employee(x) \wedge$
$Works(y) \wedge u[1]=v[1] \wedge v[2]=w[1] \wedge y[2]=w[1] \wedge x[1]=y[1] \wedge$
$w[3]>10 \wedge u[2]='王广' \wedge x[2]='王丽' \wedge t[1]=w[2])\}$

（3）查询所在部门编号为 D2 的员工没有参与的工程项目编号及名称。

答：关系代数表达式：

$$\pi_{Pro\_No,Pro\_Name}(Project) - \pi_{Pro\_No,Pro\_Name}(\sigma_{Dept\_No='D2'}(Employee \bowtie Works \bowtie Project))$$

或

$$\pi_{Pro\_No,Pro\_Name}((\pi_{Pro\_No}(Project) - \pi_{Pro\_No}(\sigma_{Dept\_No='D2'}(Employee)\bowtie Works))\bowtie Project)$$

元组关系演算表达式：

$\{t^{(2)}|(\exists u)(Project(u) \wedge (\forall v)(Works(v) \wedge (v[2]=u[1] \rightarrow \neg(\exists w)(Employee(w) \wedge$
$w[3]='D2' \wedge v[1]=w[1]))) \wedge t[1]=u[1] \wedge t[2]=u[2])\}$

或

$\{t^{(2)}|(\exists u)(\exists w)(Project(u) \wedge Employee(w) \wedge w[3]='D2' \wedge (\neg(\exists v)(Works(v) \wedge$
$v[2]=u[1] \wedge v[1]=w[1])) \wedge t[1]=u[1] \wedge t[2]=u[2])\}$

（4）查询所有部门都参与的工程项目编号和名称。

答：关系代数表达式：

$$\pi_{Pro\_No,Pro\_Name,Dept\_No}(Employee \bowtie Works \bowtie Project) \div \pi_{Dept\_No}(Department)$$

元组关系演算表达式：

$\{t^{(2)}|(\exists u)(\forall w)(\exists v)(\exists x)(Project(u) \wedge Department(w) \wedge Employee(v) \wedge Works(x) \wedge$
$w[1]=v[3] \wedge v[1]=x[1] \wedge x[2]=u[1] \wedge t[1]=u[1] \wedge t[2]=u[2])\}$

（5）查询所在部门编号为 D2 的所有员工的编号、姓名，及其参加的工程项目编号和承担的工作。

答：关系代数表达式：

$$\pi_{Emp\_No,Emp\_Name,Pro\_No,Job}((\sigma_{Dept\_No='D2'}(Employee))\bowtie Works)$$

元组关系演算表达式：

$\{t^{(4)}|(\exists u)(Employee(u) \wedge u[3]='D2' \wedge t[1]=u[1] \wedge t[2]=u[2] \wedge$
$((\exists v)(Works(v) \wedge u[1]=v[1] \wedge t[3]=v[2] \wedge t[4]=v[3]) \vee$
$(\forall v)(Works(v) \wedge v[1] \neq u[1] \wedge t[3]=NULL \wedge t[4]=NULL)))\}$

第4章　关系数据库标准查询语言 SQL

4.1　知识图谱

1. 学习内容

关系数据库标准查询语言的学习内容主要包括 SQL 提供的数据定义、数据查询、数据更新和数据控制能力；视图的概念。

2. 知识点

本章涉及的知识点主要包括：

（1）基本表的定义及相关完整性约束的定义。

（2）SELECT 语句实现查询结果统计、排序、分组聚集等功能的语法要素；SELECT 语句实现多表连接、自身连接、外连接查询的语法要素；SELECT 语句使用 IN、ANY、ALL、EXISTS 等谓词实现嵌套查询的方法；独立子查询和相关子查询的概念及对应查询语句的特点。

（3）DBMS 提供的实现关系表的并、差、交等集合操作。

（4）实现数据更新的 INSERT、DELETE、UPDATE 语句功能及语法要素，完整性约束对更新操作的影响。

（5）视图的概念、定义及操作。

（6）数据库用户、角色和权限的概念，实现用户和角色权限管理的 GRANT、REVOKE 语句功能和语法要素。

3. 知识点概念图

知识点涉及的概念及其概念间内涵可用概念图呈现，如图 4-1 所示。

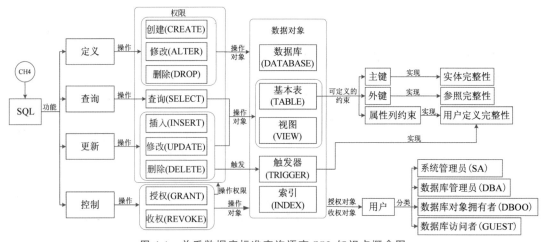

图 4-1　关系数据库标准查询语言 SQL 知识点概念图

4. 概念图解读

SQL 是关系数据库的标准语言,具有数据定义、数据查询、数据更新、数据控制等功能。

SQL 的数据定义功能可实现数据库系统的三级模式结构的定义,主要包括对数据库(DATABASE)及其库中基本关系表(TABLE)、视图(VIEW)和索引(INDEX)等进行创建(CREATE)、修改(ALTER)和删除(DROP)。在用 CREATE TABLE 语句创建关系表的同时可定义表的主键、外键及其更新策略,以及表中属性的唯一、非空、默认值和值约束条件等有关约束。一般地,DBMS 还允许用户定义触发器,实现无法在基本表定义中定义的完整性约束。

数据查询功能使用 SELECT 语句对数据库中的表和视图等进行查询、计算、分组、排序等操作,可以进行单表查询、多表的连接查询、外连接查询和自身连接查询,以及多表的嵌套查询和集合查询。

数据更新功能包括在数据库的表和视图中插入(INSERT)元组、删除(DELETE)元组和修改(UPDATE)元组的属性值。由 DBMS 根据基本表的定义和更新策略对更新操作进行限制,实现数据库的实体完整性、参照完整性和用户定义完整性。更新操作也可能触发用户定义的触发器,实现对更新操作更复杂、更强大的完整性约束。

数据控制功能通过对数据库用户的授权(GRANT)和收权(REVOKE)操作实现数据库的存取控制。在 DBMS 中,一般用户分为系统管理员(SA)、数据库管理员(DBA)、数据库对象拥有者(DBOO)和数据库访问者(GUEST),用户的存取权限由数据库对象和操作权限两个要素组成,数据库对象可以是数据库、基本关系表、视图和索引等,操作权限可以是数据库对象的定义权限,也可以是数据库对象的查询和更新权限。

4.2　习题

一、填空题

1. SQL 具有数据_____、_____、_____和_____等功能。

2. SQL 完成核心功能只用了 9 个动词,其中实现数据更新的语句动词有_____、_____和_____。

3. SQL 有两种与数据库进行交互的方式,即_____方式和_____方式。

4. SQL 支持关系数据库的三级模式结构定义,其中定义的全体基本关系表构成了数据库的_____,视图和部分基本表构成了数据库的_____,数据库的存储方式和存取路径构成了数据库的_____。

5. 在 CREATE TABLE 语句中,可以通过定义_____、_____和属性列约束实现关系的_____完整性、_____完整性和用户定义完整性这三类完整性约束。

6. 若要给数据库中的基本表 emp 增加一个 $telephone$ 列,其数据类型为 11 个字符的字符串,则相应的 SQL 语句是:ALTER TABLE emp _____ telephone char(11);。

7. 某医院信息系统数据库中需定义住院患者信息表 R(住院号,姓名,性别,年龄,科室号,病房),"住院号"为主键,"性别"的取值只能为"男"或"女",要求"科室号"需参照科室信息表 D(科室号,科室名,负责人,联系电话)中的主键"科室号",则满足完整性约束要求的关系表 R 的定义语句应如下:

```
CREATE TABLE R
    (住院号 CHAR(8)_____,
    姓名 CHAR(10),
    性别 CHAR(1)_____,
    年龄 INT,
    科室号 CHAR(4),
    病房 CHAR(4),
    _____);
```

8. 若有关系模式 $R(A,B,C)$ 和 $S(C,D,E)$,则查询语句

```
SELECT A, D FROM R, S WHERE R.C=S.C AND E = 80
```

对应的关系代数表达式是_____。

9. 根据子查询中处理的数据是否与父查询的当前元组有关,可以把嵌套查询分为独立子查询和_____子查询。

10. 检索"姓名"属性中含有'庆'的 SELECT 语句中的 WHERE 子句条件表达式为:姓名 like _____。

11. 对于关系:学生(学号,姓名,年龄,班级),若要检索班级属性为空值的学生姓名,则 SELECT 语句中 WHERE 子句的条件表达式是_____。

12. 在 SQL 语句中,可用_____函数得到某一属性列的最大值,可用_____函数得到某一属性列的最小值,可用_____函数得到某一属性列的平均值,可用_____函数得到满足条件的元组个数。

13. 在 SELECT 语句中,若要去掉查询结果中的重复元组,需使用_____选项。

14. SELECT 语句查询条件中的谓词"=ANY"与谓词_____等价,">ANY"与运算_____等价,"<ANY"与运算_____等价,运算"<ALL"与运算_____等价,运算">ALL"与运算_____等价,运算"!=ALL"与运算_____等价。

15. DBMS 一般支持定义_____,提供更复杂、更强大的动态约束功能。

16. SQL 使用_____语句在基本表上建立一个观察基本表的视图。

17. 在数据库中,只存储视图的_____,不存储视图对应的数据。

18. 视图的定义基于_____或已有视图。

19. 当对视图进行 UPDATE、INSERT、DELETE 等更新操作时,为了保证被更新的元组满足视图定义中子查询语句的谓词条件,应在视图定义语句中使用可选择项_____。

20. 在 DBMS 中,用户的存取权限由_____和_____两个要素组成。

21. DBMS 利用 SQL 提供的_____语句授予用户权限,利用_____语句收回授予出去的权限。

22. 把对 S 表的查询权限授予用户 U,并允许其将该权限授予他人,则对应的 SQL 语句为:_____ SELECT ON S TO U _____;。

23. 把对 C 表的 CNO 属性的修改权限授予用户 U 的 SQL 语句为:GRANT _____ ON C TO U;。

24. 收回用户 U 对 SC 表的查询权限的 SQL 语句为:_____ SELECT ON SC _____ U;。

二、选择题

1. 下列关于 SQL 的说法,不正确的是_____。

A. SQL 支持关系数据库的三级模式结构

B. SQL 功能强大,具有数据定义、数据操纵、数据控制等功能

C. SQL 语言简洁,用户性能好,实现核心功能所用动词少

D. SQL 是一门独立的语言,不能嵌入其他高级语言所写的程序中

2. SQL 具有_____的功能。

A. 关系规范化、数据操纵、数据控制　　B. 数据定义、数据操纵、数据控制

C. 数据定义、关系规范化、数据控制　　D. 数据定义、关系规范化、数据操纵

3. 数据库管理系统提供的_____可实现对关系数据库外模式、概念模式、内模式的定义。

A. 数据定义语言(DDL)　　　　　　B. 数据管理语言

C. 数据操纵语言(DML)　　　　　　D. 数据控制语言(DCL)

4. SQL 的_____功能可实现对数据库用户的授权和收权等操作。

A. 数据定义　　B. 数据管理　　C. 数据操纵　　D. 数据控制

5. SQL 的_____功能可实现对数据库中数据的查询、插入、修改和删除等操作。

A. 数据定义　　B. 数据管理　　C. 数据操纵　　D. 数据控制

6. 下列_____组全部属于数据定义语句的命令动词。

A. CREATE,DROP,ALTER　　　　B. CREATE,DROP,SELECT

C. CREATE,DROP,GRANT　　　　D. CREATE,DROP,UPDATE

7. SQL 支持数据库的三级模式结构定义,概念模式对应 SQL 创建的_____。

A. 视图　　　B. 基本表　　　C. 存储文件　　D. 以上都是

8. 如果要修改表的结构,应该使用的 SQL 语句是_____。

A. UPDATE TABLE　　　　　　B. MODIFY TABLE

C. CHANGE TABLE　　　　　　D. ALTER TABLE

9. 对于下列语句的功能描述,正确的是_____。

```
ATLER TABLE Product
    ADD Year DATETIME DEFAULT '2010-01-01'
```

A. 向 *Product* 表中增加一个名为 DATETIME 的属性

B. 增加的属性有一个默认的值是 2010-01-01

C. 增加的属性的数据类型是字符串型

D. 增加的属性可以被指定主键

10. 对学生关系模式 $S(S\sharp,Sname,Sex,Age)$,要在表 S 中删除属性 Age,可选用的 SQL 语句是_____。

A. DELETE Age from S

B. ALTER TABLE S DROP COLUMN Age

C. UPDATE S Age

D. ALTER TABLE S Age

11. 如果要删除定义的表,应该使用的 SQL 语句是_____。

    A. DROP TABLE   B. DELETE TABLE

    C. DROP FORM   D. DELETE FORM

12. SQL 的一次查询的结果是一个_____。

    A. 属性值   B. 记录   C. 元组   D. 元组集合或单个值

13. 往学生表 S 插入数据时,经常要输入"男"到学生性别属性列,在表 S 的定义中给性别属性列添加一个_____约束可以简化该操作。

    A. DEFAULT   B. CHECK

    C. UNIQUE   D. PRIMARY KEY

14. 在定义语句中出现 TeacherNO INT NOT NULL UNIQUE,关于 $TeacherNo$ 属性的描述,正确的是_____。

    A. $TeacherNO$ 是主键   B. $TeacherNO$ 默认为空

    C. $TeacherNO$ 的值可以是"王力"   D. 每个 $TeacherNO$ 的值必须是唯一的

15. 在 SQL 定义语句中,FOREIGN KEY 的作用是_____。

    A. 定义主键   B. 定义外键

    C. 定义外键参照的表   D. 确定外键类型

16. 在 SQL 定义语句中,PRIMARY KEY 的作用是_____。

    A. 定义主键   B. 定义外键

    C. 定义外键的参照表   D. 确定主键类型

17. 关系数据库中,空值(NULL)相当于_____。

    A. 数值零(0)   B. 空白字符   C. 零长度的字符串   D. 没有输入

18. 关系代数中的 π 运算操作由 SELECT 语句中的_____子句完成。

    A. SELECT   B. FROM   C. WHERE   D. GROUP BY

19. 在基本表定义语句中,_____约束用来保证属性必须有值。

    A. UNIQUE   B. NOT NULL   C. DEFAULT   D. FOREIGN KEY

20. 若要在职工工资的关系表中限制工资的输入范围,应使用_____约束。

    A. PRIMARY KEY   B. FOREIGN KEY

    C. UNIQUE   D. CHECK

21. 在 SQL 语句中,谓词条件 BETWEEN 20 AND 30 表示年龄在 20 到 30 之间,且_____。

    A. 包括 20 岁和 30 岁   B. 不包括 20 岁和 30 岁

    C. 包括 20 岁但不包括 30 岁   D. 不包括 20 岁但包括 30 岁

22. 如果想找出在关系 R 的 A 属性上不为空的那些元组,则元组选择条件可为_____。

    A. WHERE A!=NULL   B. WHERE A <>NULL

    C. WHERE A IS NOT NULL   D. WHERE A NOT IS NULL

23. 对于关系 $R(A,B,C,D)$ 和 $S(A,C,D,E)$,与 $\sigma_{R.B>S.E}(R \bowtie S)$ 等价的查询语句如下:

```
SELECT R.A, R.B, R.C, R.D, S.E FROM A, B WHERE _____.
```

    A. R.B>S.E OR R.A=S.A OR R.C=S.C OR R.D=S.D

    B. R.B>S.E AND R.A=S.A OR R.C=S.C OR R.D=S.D

    C. R.B>S.E OR R.A=S.A AND R.C=S.C AND R.D=S.D

D. R.B>S.E AND R.A=S.A AND R.C=S.C AND R.D=S.D

24. 对于关系 $R(A,B,C)$ 和 $S(C,D)$,不能与查询语句 SELECT A,B,D FROM R,S WHERE R.C=S.C 等价的关系代数表达式是_____。

    A. $\pi_{A,B,D}(\sigma_{R.C=S.C}(R\times S))$ B. $\sigma_{R.C=S.C}(\pi_{A,B,D}(R\times S))$

    C. $\pi_{A,B,D}(R\bowtie S)$ D. $\pi_{A,B,D}(R\bowtie_{R.C=S.C}S)$

25. 在 SELECT 子句中,可用_____表示所有属性列。

    A. 星号(＊)   B. 百分号(％)   C. 井号(♯)   D. 下画线(_)

26. 在 SELECT 查询语句中,重命名目标列的方式不包括_____。

    A. 在重命名对象后用 AS 给出新的名称

    B. 在重命名对象后加空格给出新的名称

    C. 在重命名对象前用等号给出新的名称

    D. 在重命名对象后以括号形式给出新的名称

27. 在 SELECT 语句中,可用_____选项去掉查询结果的重复数据行。

    A. ORDER BY   B. DESC   C. GROUP BY   D. DISTINCT

28. 有关系模式 $R(sno, sname, age)$,其中 sno 表示学生的学号,类型为 CHAR(8),前 4 位表示入学年份。查询所有 2018 年入学的学生姓名($sname$)的 SQL 语句是_____。

    A. SELECT sname FROM R WHERE sno='2018％'

    B. SELECT sname FROM R WHERE sno LIKE '2018％'

    C. SELECT sname FROM R WHERE sno='2018_'

    D. SELECT sname FROM R WHERE sno LIKE '2018_'

29. 对于一个关系中的属性 $DNAME$,如果要找出倒数第三个字母为 W,并且至少包含 4 个字母的 $DNAME$,则查询条件子句应写成 WHERE $DNAME$ LIKE _____。

    A. '_ _ W _％'   B. '％_ W _ _'   C. '_ W _ _'   D. '_ W _％'

30. SELECT 语句中的 HAVING 子句用来筛选满足条件的_____。

    A. 列   B. 行   C. 关系表   D. 分组

31. 下列聚合函数中不忽略空值(NULL)的是_____。

    A. SUM(属性列名)   B. MAX(属性列名)

    C. COUNT(＊)   D. AVG(属性列名)

32. 对图 4-2 中的成绩关系执行如下查询,查询结果是_____。

```
SELECT  COUNT(DISTINCT 学号)
FROM 成绩
WHERE 分数>60
```

    A. 1   B. 2

    C. 3   D. 4

学号	课程号	分数
S1	C1	80
S1	C2	75
S2	C1	NULL
S2	C2	55
S3	C3	90

图 4-2 成绩关系

33. 基于表 $score(stu\_id, name, math, English, python)$ 的下列查询语句,正确的是_____。

    A. SELECT stu_id, sum(math) FROM score

    B. SELECT sum(math), avg(python) FROM score

    C. SELECT ＊, sum(English) FROM score

    D. SELECT ＊, avg(python) FROM score

34. 在学生成绩表(学号,课程号,成绩)中查询平均成绩大于 60 分的学生时,不必使用的子句是＿＿＿＿＿＿＿。

    A. SELECT   B. GROUP BY   C. WHERE   D. HAVING

35. 在 SELECT 语句中,不可以嵌套子查询的子句是＿＿＿＿＿＿＿。

    A. WHERE   B. HAVING   C. GROUP BY   D. FROM

36. 在 SELECT 语句中,可用于对结果元组进行排序的子句是＿＿＿＿＿＿＿。

    A. GROUP BY   B. HAVING   C. ORDER BY   D. WHERE

37. 在 SQL 中,可以用谓词 EXISTS 测试一个集合中是否＿＿＿＿＿＿＿。

    A. 有相同元组存在   B. 有空值

    C. 有相同属性存在   D. 有元组存在

38. 下列关于集合查询的说法,正确的是＿＿＿＿＿＿＿。

    A. 集合查询的结果不会自动去除重复的元组

    B. 任意两个 SELECT 语句都可以参与集合查询

    C. 两个参与集合查询的 SELECT 语句中,查询结果只要具备相同的属性名即可

    D. 两个参与集合查询的 SELECT 语句中,查询结果不仅要具备相同的属性名,而且属性名的排列顺序也要一致

39. 基于如下的学生选课数据库模式进行查询:

$S(\underline{SNO},SN,SD,SB,SEX)$

$C(\underline{CNO},CN,PC)$

$SC(\underline{SNO},\underline{CNO},GRADE)$

模式语义为:

学生(学号,姓名,所在系,出生时间,性别)

课程(课程号,课程名,先修课程号)

选课(学号,课程号,成绩)

(1) 可实现"查询没有选修课程编号为 C02 和 C04 这两门课的学生的学号和姓名"的查询语句为＿＿＿＿＿＿＿。(多选)

    A. SELECT SNO, SN FROM S WHERE SNO NOT IN

       (SELECT SNO FROM SC WHERE CNO＝'C02' OR CNO＝'C04');

    B. SELECT SNO, SN FROM S WHERE NOT EXISTS

       (SELECT ＊ FROM SC WHERE (CNO＝'C02' OR CNO＝'C04') AND SC.SNO＝S.SNO);

    C. SELECT SNO, SN FROM S WHERE NOT EXISTS

       (SELECT ＊ FROM SC WHERE CNO＝'C02' AND SC.SNO＝S.SNO)   AND

         NOT EXISTS (SELECT ＊ FROM SC WHERE CNO＝'C04' AND SC.SNO＝S.SNO);

    D. SELECT DISTINCT S.SNO, SN FROM S, SC

         WHERE SC.SNO＝S.SNO AND CNO＜＞'C02' AND CNO＜＞'C04';

(2) 能够正确查询出"计算机系或数学系学生的学号和姓名"的 SELECT 语句有

_____。(多选)

  A. SELECT SNO, SN FROM S WHERE SD='计算机' OR SD= '数学';

  B. SELECT SNO, SN FROM S WHERE SD IN ('计算机', '数学');

  C. SELECT SNO, SN FROM S WHERE SD= '计算机' UNION SELECT SNO, SN FROM S WHERE SD='数学';

  D. SELECT SNO, SN FROM S WHERE SD='计算机' INTERSECT SELECT SNO, SN FROM S WHERE SD='数学';

(3) 能够正确查询出"课程编号为 C01 的成绩高于 90 分的男生的学号"的 SELECT 语句有_____。(多选)

  A. SELECT SNO FROM S, SC WHERE S.SNO=SC.SNO AND CNO='C01' AND GRADE>90 AND SEX='男';

  B. SELECT SNO FROM S WHERE SEX = '男' AND SNO IN (SELECT SNO FROM SC WHERE CNO='C01' AND GRADE>90);

  C. SELECT SNO FROM SC WHERE CNO='C01' AND GRADE>90 EXCEPT SELECT SNO FROM S WHERE SEX='女';

  D. SELECT SNO FROM S WHERE SEX='男' EXCEPT SELECT SNO FROM SC WHERE CNO='C01' AND GRADE>90;

(4) 能够正确查询出"所有学生的选课情况"的 SELECT 语句有_____。

  A. SELECT SNO, SN, SD, CNO, GRADE FROM S JOIN SC ON S.SNO=SC.SNO;

  B. SELECT SNO, SN, SD, CNO, GRADE FROM S RIGHT JOIN SC ON S.SNO=SC.SNO;

  C. SELECT SNO, SN, SD, CNO, GRADE FROM S FULL JOIN SC ON S.SNO=SC.SNO;

  D. SELECT SNO, SN, SD, CNO, GRADE FROM S LEFT JOIN SC ON S.SNO=SC.SNO;

40. 下列选项中,全部属于数据更新语句命令的是_____。

  A. INSERT,UPDATE,CREATE

  B. UPDATE,DELETE,GRANT

  C. INSERT,UPDATE,DELETE,GRANT

  D. INSERT,UPDATE,DELETE

41. 下列关于 INSERT 语句的描述,正确的是_____。

  A. 一个 INSERT 语句只能插入一行元组

  B. INSERT 语句不能插入空属性值

  C. INSERT 语句中必须指定表中的属性名

  D. INSERT 语句可以往视图中插入元组

42. 下列关于数据更新的说法,正确的是_____。

  A. 一个 INSERT 语句只能插入一行元组

  B. 一个 UPDATE 语句只能修改一个属性列的值

  C. 一个 DELETE 语句可以只删除一个元组上的单个属性值

D. 以上说法都不对

43. 关系表 $S(SN,CN,grade)$，其中 SN 为学生名，CN 为课程名，二者均为字符型；$grade$ 为学生成绩、数值型，取值范围为 $0 \sim 100$。若要把"张山的化学成绩 80 分"插入 S 中，则可以用_____语句实现。

    A. ADD INTO S VALUES ('张山', '化学', '80')

    B. INSERT INTO S VALUES ('张山', '化学', '80')

    C. ADD INTO S VALUES ('张山', '化学', 80)

    D. INSERT INTO S VALUES ('张山', '化学', 80)

44. 若用如下的 SQL 语句创建了一个表 S：

```
CREATE TABLE S
( SNO    CHAR (6)  NOT NULL,
  SNAME  CHAR(8)   NOT  NULL,
  SEX   CHAR(2),
  AGE   INTEGER )
```

现向 S 表插入如下元组，_____元组可以被插入。

    A. ('991001','李明芳',女,'23')   B. ('990746','张为',NULL,NULL)

    C. (NULL,'陈道一','男',32)   D. ('992345',NULL,'女',25)

45. 已知两个关系模式 $R(A,B,C)$ 和 $S(D,E,A)$，如图 4-3 所示，假设 R 的主键是 A，S 的主键是 D，在关系 S 的定义中包含外键子句：

```
"FOREIGN KEY (A) REFERENCES R(A) ON DELETE NO ACTION",
```

关系R				关系S		
A	B	C		D	E	A
1	b1	c1		d1	e1	1
2	b2	c2		d2	e2	1
3	b1	c1		d3	e1	2

图 4-3 关系 R 与 S 的实例

下列 SQL 语句不能成功执行的是_____。

    A. DELETE FROM R WHERE A＝2

    B. DELETE FROM R WHERE A＝3

    C. DELETE FROM S WHERE A＝1

    D. DELETE FROM S WHERE A＝2

46. 通过建立基本表上的_____，并授权用户的操作权限，使用户只能看基本表中的部分数据，从而提供了其他数据的安全性。

    A. 索引   B. 视图   C. 存储过程   D. 触发器

47. 在视图上不能完成的操作是_____。

    A. 更新视图   B. 查询

    C. 在视图上定义新的表   D. 在视图上定义新的视图

48. 在数据库系统中,视图可以提供数据的_____。

    A. 完整性   B. 并发性

    C. 安全性   D. 可恢复性

49. 视图机制不能提供的是_____。

    A. 数据安全性   B. 逻辑独立性

    C. 操作简便性   D. 数据完整性

50. 基于关系表 $SC(SNO,CNO,GRADE)$ 定义学生学号及其平均成绩的视图 S_AVG (SNO,AVG_GRADE),对该视图的下列操作语句,不能正确执行的是_____。

Ⅰ. UPDATE S_AVG SET AVG_GRADE=90 WHERE SNO='2020010601'

Ⅱ. INSERT ITNO S_AVG VALUES ('2020010602',82);

    A. 仅Ⅰ   B. 仅Ⅱ   C. 都能   D. 都不能

51. 当数据库发生重构,比如数据库中的某个表被分解,可通过建立与原表同名的_____以保证查询该表的应用程序不变,实现数据逻辑独立性。

    A. 索引   B. 视图   C. 存储过程   D. 触发器

52. 对 DELETE 权限的描述,正确的是_____。

    A. 允许删除元组   B. 允许删除关系

    C. 允许对数据库模式进行删除   D. 和 DROP 权限等价

53. 管理员执行如下操作后,用户 U 具有的权限是_____。

```
GRANT  SELECT,UPDATE,INSERT  ON  R  TO  U;
GRANT  DELETE  ON  R  TO  U;
REVOKE  SELECT  ON  R  FROM  U;
```

    A. DELETE   B. UPDATE,INSERT

    C. DELETE,SELECT   D. UPDATE,INSERT,DELETE

54. 把对 C 表的 CNO 属性的删除权限授予用户 U 的 SQL 语句为_____。

    A. GRANT DELETE ON C TO U

    B. GRANT DELETE(CNO) ON C TO U

    C. GRANT CNO ON C TO U

    D. GRANT DELETE ON C(CNO) TO U

55. 假定用户 A 是关系 R 上 SELECT 权限的拥有者,各用户做如下操作后,除用户 A 外,有_____个用户拥有关系 R 上的 SELECT 权限。

用户 A:GRANT SELECT ON R TO B WITH GRANT OPTION

用户 B:GRANT SELECT ON R TO D,E WITH GRANT OPTION

用户 D:GRANT SELECT ON R TO C

用户 B:REVOKE SELECT ON R FROM D RESTRICT

用户 A:REVOKE SELECT ON R FROM B CASCADE

    A. 0   B. 1   C. 2   D. 3

56. 在 DBMS 中,用户获取数据对象上的权限的方法是_____。

    A. 只能通过数据库管理员授权

    B. 可通过对象的所有者执行 GRANT 语句授权

C. 可通过自己执行 GRANT 语句授权

D. 可由任意用户授权

57. 对于 GRANT 授权语句中 WITH GRANT OPTION 选项的描述,正确的是_____。

    A. 指明该授权语句将权限授予全体用户

    B. 指明授权语句中,该用户获得的具体权限类型

    C. 指明授权语句中,获得授权的具体用户是谁

    D. 指明获得权限的用户,还可以将该权限授予其他用户

58. 许多 DBMS 允许用户定义_____,实现对更新操作的更复杂的约束。

    A. 存储过程   B. 触发器

    C. 函数   D. 多表查询

59. 以下有关触发器的描述,不正确的是_____。

    A. 触发器可以传递参数

    B. 触发器是 SQL 语句的集合

    C. 用户不能调用触发器

    D. 可以通过触发器实现数据的完整性

60. 对于员工表(员工号,姓名,级别,工资),级别增加一级,工资增加 500 元,实现该约束的可行方案是_____。

    A. 在员工表上定义插入和修改操作的触发器

    B. 在员工表上定义一个函数

    C. 在员工表上定义一个视图

    D. 在员工表上定义一个索引

三、简答题

1. 简述 SQL 的特点。

2. 介绍一个你所熟悉的 DBMS 产品的数据完整性功能。

3. 基本表和视图的区别和联系是什么?

4. 在 SELECT 语句中,如何实现连接查询、嵌套查询?

5. 相关子查询与独立子查询的区别是什么?

6. 视图有哪些作用?

7. 所有视图是否都可以更新?为什么?

8. 解释触发器是如何实现动态完整性约束的。

9. 已知 R 和 S 两个关系如图 4-4 所示。

关系R		
A	B	C
a1	b1	c1
a2	b2	c2
a3	b3	c3

关系S		
C	D	E
c1	d1	e1
c2	d2	e2
c3	d3	e3

图 4-4 关系 R 与 S 的实例

执行如下 SQL 语句,给出执行结果。

```
CREATE VIEW  H(A, B, C, D, E)
  AS SELECT  A, B, R.C, D, E
      FROM  R,S
      WHERE  R.C=S.C;
SELECT  B, D, E
  FROM  H
  WHERE  C = 'c2';
```

四、操作实现题

1. 针对第 3 章习题中查询实现题的第 3 题给出的某公司部门-职员-项目信息数据库包含的如下 4 个基本表,请用 SQL 语句完成以下操作。

$Department$($\underline{Dept\_No}$,$Dept\_Name$,$Location$)

$Employee$($\underline{Emp\_No}$,Emp_Name,$Dept\_No$)

$Project$($\underline{Pro\_No}$,Pro_Name,$Budget$)

$Works$($\underline{Emp\_No}$,$\underline{Pro\_No}$,Job)

(1) 使用 DDL 语句定义上述 4 个表,并说明主键和外键。

(2) 将基本表 $Works$ 中 Job='经理'的员工编号及参加的工程项目编号定义为一个视图 $V\_MANAGER$(Emp_No,Pro_No)。

(3) 将项目编号为 P2 的工程项目的所有参与员工的编号、员工姓名和所在部门名称定义为一个视图 V_P2(Emp_No,Emp_Name,$Dept\_Name$)。

(4) 查询参与工程预算大于 500 万元的工程项目的员工所在部门编号。

(5) 查询员工"王广"和"王丽"都参与的工程预算超出 10 万元的工程项目名称。

(6) 查询所在部门编号为 D2 的员工没有参与的工程项目编号及名称。

(7) 查询所有部门都参与的工程项目编号和名称。

(8) 查询所在部门编号为 D2 的所有员工的编号、姓名,及其参加的工程项目编号和承担的工作。

(9) 查询参与的员工人数大于 10 的工程项目名称。

(10) 将"工程预算"部门的员工"王军"转到部门编号为 D3 的新部门。(注:该公司可能有同名的员工)

2. 针对第 3 章习题中查询实现题第 2 题所给出的供应商-零部件-工程数据库,用 SQL 语句完成如下操作:

S($\underline{Sno}$,$Sname$,$Status$,$City$)

P($\underline{Pno}$,$Pname$,$Color$,$Weight$)

J($\underline{Jno}$,$Jname$,$City$)

SPJ($\underline{Sno}$,$\underline{Pno}$,$\underline{Jno}$,Qty)

(1) 查询给项目代码为 J1 的工程供应零部件的供应商代码。

(2) 查询给项目代码为 J1 的工程供应代码为 P1 的零部件的供应商名称。

(3) 查询给项目代码为 J1 的工程供应红色零部件的供应商代码。

(4) 查询没有使用天津供应商供应的红色零部件的工程项目代码。

（5）查询至少使用了供应商代码为 S1 的供应商所供应的全部零部件的工程项目代码。

（6）查询使用了供应商代码为 S1 的供应商所供应的零部件的工程项目代码。

（7）查询项目代码为 J2 的工程使用的各种零部件的名称及其数量。

（8）查询上海供应商供应的所有零部件的代码。

（9）查询使用上海供应商供应的零部件的工程项目名称。

（10）查询供应商代码为 S2 的供应商给各个工程项目供应的零部件总数量，结果中要有所对应的工程项目名称。

（11）把全部红色零部件的颜色改成蓝色。

（12）为工程项目名称为"一汽"的工程建立一个供应情况视图，包括供应商代码、零部件代码、供应数量。

3. 学生选课数据库包括 S、C 和 SC 三个关系模式：

$S(\underline{SNO}, SN, SD, SB, SEX)$

$C(\underline{CNO}, CN, PCNO, TN)$

$SC(\underline{SNO}, \underline{CNO}, GRADE)$

其中：

- 学生关系 S 包含学号（SNO）、学生姓名（SN）、所在系（SD）、出生年月（SB）、性别（SEX）属性，主键是 SNO；
- 课程关系 C 包含课程号（CNO）、课程名（CN）、先修课程号（$PCNO$）、主讲教师姓名（TN）属性，主键是 CNO；
- 选课关系 SC 包含学号（SNO）、课程号（CNO）、成绩（$GRADE$）属性，主键是（SNO，CNO），外键 SNO 参照 S 表的 SNO、CNO 参照 C 表的 CNO。

用 SQL 语句实现下列操作：

（1）分别用连接和嵌套查询形式查询学习课程号为 C01 课程的学生学号和姓名。

（2）查询至少选修课程号为 C03 和 C04 课程的学生姓名。

（3）查询没学课程号为 C02 课程的学生姓名和性别。

（4）查询学习了全部课程的学生姓名。

（5）查询所学课程包含学生"李珊"所学课程的学生的学号。

（6）在课程关系表 C 中插入一个课程元组（'C08', 'VB', 'C02', '黄萍'）。

（7）查询平均成绩大于 80 分的课程的任课老师姓名，并将查询结果存入另一个已经存在的关系表 $LEVEL\_80(TNAME)$ 中。

（8）删除选课关系表 SC 中没有成绩的元组。

（9）删除选修"李"姓教师所授课程的所有女生选课元组。

（10）把数学成绩小于 60 分但大于 55 分的学生的成绩全改为 60 分。

（11）在选课关系表 SC 中，当某个成绩低于每门课程的平均成绩时，将该成绩提高 5%。

（12）建立学生选课成绩视图 $V\_SSC(SNO, SN, CNO, CN, G)$，并按 CNO 升序排列。

（13）从视图 V_SSC 上查询平均成绩在 90 分以上的学生的姓名、课程名和课程成绩。

（14）授权用户张山对关系表 S 和 C 的查询权限，并具有给其他用户授权的权限。

（15）授权用户李斯对关系表 SC 的插入和删除权限。

（16）授权用户王武对关系表 SC 具有查询权限，对成绩属性具有更新权限；然后再撤销其对成绩属性所具有的更新权限。

（17）创建一个视图,其中包含每门课程的课程号,课程的最高成绩、最低成绩及平均成绩;再创建一个具有查询该视图权限的角色,并将角色权限授权给用户周力。

4. 有一个学校教务管理系统中的数据库,数据库中有 6 个基本表,数据库模式结构为

学生表 *Student*（学号 *Sno*,姓名 *Sname*,性别 *Gender*,所在班级号 *Cno*）

班级表 *Class*（班级号 *Cno*,所在院系 *Department*,所属专业 *Speciality*,班长学号 *Monitor*）

课程表 *Lesson*（课程号 *Lno*,课程名 *Lname*,教材名 *Book*,学分 *Credit*）

教师表 *Teacher*（教师编号 *Tid*,姓名 *Tname*,所在院系 *Department*）

班级选课表 *Selection*（班级号 *Cno*,课程号 *Lno*,教师编号 *Tid*,上课年度 *SYear*,上课学期 *Semester*）

学生成绩表 *Grade*（学生学号 *Sno*,课程号 *Lno*,分数 *Score*）

用 SQL 语句完成如下的数据库操作。要求语句中表的名称及属性名均采用数据库模式结构中的英文,其中 *Credit*、*Score*、*SYear* 属性为 INT 类型,其余为 CHAR 类型。班长学号 *Monitor* 参照学生表的主键学号 *Sno*,其他外键与相应的主键同名。

（1）查询所有班长的学号、姓名、所在班级号和所学专业。

（2）查询 2020 年度讲授过两门或两门以上课程的教师编号和所教授的课程号。

（3）统计"计算机"系所有教师的教师编号、教师姓名、2020 年度讲授的总课程数和总学分数,按总学分数从低到高排列。

（4）查询选修了"数据库原理与应用"但没有选修"软件工程"的班级号、所属专业和该班学生人数。

（5）创建一个视图 V1,给出所有"计算机"系学生的学号、姓名、性别、所在班级号和"数据库原理与应用"课程的分数。

（6）基于视图 V1,查询"计算机"系学生中"数据库原理与应用"课程分数最高的学生学号、姓名和所得分数。

4.3 参考答案

一、填空题

1. 定义、查询、更新、控制　　2. INSERT、UPDATE、DELETE

3. 联机交互、嵌入

4. 概念模式（模式）、外模式（用户模式）、内模式（存储模式）

5. 主键、外键、实体、参照　　6. ADD

7. PRIMARY KEY,CHECK（性别 IN（'男','女'）），
　 FOREIGN KEY（科室号）REFERENCES D（科室号）

8. $\pi_{A,D}(\sigma_{E=80}(R \bowtie S))$　　9. 相关　　10. '％庆％'　　11.班级 IS NULL

12. MAX（ ）、MIN（ ）、AVG（ ）、COUNT（ ）　　13. DISTINCT

14. IN、>MIN（ ）、<MAX（ ）、<MIN（ ）、>MAX（ ）、NOT IN

15. 触发器　　16.CREATE VIEW　　17. 定义　　18. 基本表

19. WITH CHECK OPTION　　20. 数据库对象、操作权限

21. GRANT、REVOKE　　22. GRANT、WITH GRANT OPTION

23. UPDATE(CNO)　　24. REVOKE、FROM

二、选择题

题号	1	2	3	4	5	6	7	8	9	10
答案	D	B	A	D	C	A	B	D	B	B
题号	11	12	13	14	15	16	17	18	19	20
答案	A	D	A	D	B	A	D	A	B	D
题号	21	22	23	24	25	26	27	28	29	30
答案	A	C	D	B	A	D	D	B	B	D
题号	31	32	33	34	35	36	37	38	39(1)-(2)	
答案	C	B	B	C	C	C	D	D	ABC	ABC
题号	39(3)-(4)	40	41	42	43	44	45	46	47	
答案	ABC	D	D	D	D	D	B	A	B	C
题号	48	49	50	51	52	53	54	55	56	57
答案	C	D	D	B	A	D	B	A	B	D
题号	58	59	60							
答案	B	A	A							

三、简答题

1. 简述 SQL 的特点。

答：(1)支持关系数据库系统的三级模式结构。

SQL 支持数据库系统三级模式结构的定义。利用 SQL 可以创建数据库及库中的关系表,实现数据库模式结构的描述;可以基于关系表定义满足用户应用查询操作的视图,被用户直接操作的基本表和视图构成了数据库的外模式;可确定数据库中数据在数据文件中的组织方式和在磁盘上的存储方式,创建快速查询基本表中数据的存储路径,数据存储方式和存储路径构成了数据库的内模式。

(2)语言功能强大。

SQL 具有定义、查询、更新和控制等功能,是一个综合的、通用的、功能极强的关系数据库操作语言,可实现数据库生命周期的全部活动。

SQL 可实现对基本表、视图和索引的定义、修改和删除等操作;可实现对数据库中的数据进行查询、统计、分组、排序等操作;可实现数据的插入、删除和修改等数据更新操作;可通过对数据库用户的授权和收权实现数据库的存取控制,保证数据库的安全性;提供数据的完整性约束条件的定义,保障数据库的完整性;通过定义事务及对事务的管理,实现数据库的一致性。

(3)用户性能好。

SQL 接近英语自然语言,语法简单,用户性能好。SQL 完成数据定义、数据操纵、数据控制的核心功能只用了 9 个动词。

(4)提供两种用户使用方式。

SQL 为自含式语言,用户可直接在 DBMS 中使用 SQL 语句与数据库进行联机交互,还可以将 SQL 语句嵌入用某种高级程序设计语言（如 C、Java 等）所写的应用程序中,实现对数据库中数据的存取操作。在这两种不同的使用方式中,SQL 的语法结构基本一致。

（5）高度非过程化。

用户只需用 SQL 语句描述出对数据库做什么操作,而不必指出怎么执行这个操作,由 DBMS 完成对 SQL 语句的解析、查询优化及执行等。

2. 介绍一个你所熟悉的 DBMS 产品的数据完整性功能。

答：以 SQL Server 为例,SQL Server 在创建关系表的同时可定义表的主键、外键,以实现实体完整性和参照完整性约束,并提供 NOT NULL、UNIQUE、CHECK 等属性约束定义,以实现用户自定义的一些完整性约束,还可提供定义关系表上的触发器实现更复杂的完整性约束。当用户更新数据库时,SQL Server 会对用户的更新操作请求进行完整性约束检查,以保证数据库中数据的完整性。

3. 简述基本表和视图的区别和联系。

答：在 DBMS 中,基本关系表（基本表）是按数据库应用系统数据全局逻辑模式（即数据库逻辑结构）建立的,库中的一个关系模式对应一个基本表,所有基本表构成了关系数据库的模式,描述的是应用系统所管理的实体及实体间的联系,基本表用 CREATE TABLE 语句创建,表中的数据存储在数据库文件中。

视图是根据数据库应用系统用户的查询需求从一个或几个基本表导出的虚表,是数据库外模式的组成部分。视图建立在基本表基础之上,为用户提供了一个查看基本表的窗口,用 CREATE VIEW 语句创建。在数据库中只存放视图的定义,不存放视图对应的数据。对视图的操作由 DBMS 转换为对相应基本表的操作,对视图的查询结果随基本表发生变化而改变,任何对视图的更新将自动和实时地在相应基本表中的数据上进行。

4. 简述在 SELECT 语句中,实现连接查询、嵌套查询的方法。

答：一个数据库中包含多个相互关联的关系表,若一个查询涉及多个关系表中的元组或属性,则需要进行多个表间的连接查询。在 SELECT 语句中,把连接运算中关系属性间应满足的条件放置在 WHERE 子句中,作为元组选择条件的一部分,即可实现连接查询;如果想在连接结果中保留被舍弃的悬浮元组,则需要进行外连接查询,需要在 FROM 子句中指定某种外连接,即保留哪个关系的悬浮元组;若查询涉及对一个表中的不同元组进行比较操作,则需对该表做自身连接查询,需要在 FROM 子句中给所要查询的表定义别名,将其虚拟成两个表,标识同一关系表中的不同元组。

在数据库中可基于一个 SELECT 查询语句的结果进行嵌套查询。由于一个 SELECT 查询语句的结果可能是一个关系,也可能是一个值,因此可将一个 SELECT 查询嵌套在另一个 SELECT 查询的 SELECT 子句的目标列表达式中参与计算;或嵌套在 FROM 子句中,作为进一步查询的对象;或嵌套在 WHERE 子句或 HAVING 短语的条件表达式中,参与构造进一步查询的条件。需采用某种方式将一个 SELECT 查询语句的结果嵌套在 WHERE 子句或 HAVING 短语的条件表达式中,如可用谓词 IN、EXISTS 或比较运算符等将一个查询结果为元组集合的 SELECT 查询嵌套在父查询的逻辑表达式中。若子查询涉及与父查询相同的关系表,且子查询的结果与父查询的当前元组有关,则需要进行重命名操作。

5. 简述相关子查询与独立子查询的区别。

答：将一个 SELECT 查询嵌套在另一个 SELECT 查询语句中,嵌入的查询被称为子查询,被嵌入的上层查询称为父查询。根据子查询的结果是否依赖于父查询,有独立子查询和相关子查询之分。独立子查询的结果不依赖于父查询，与父查询的当前元组无关；而相关子查询的结果与父查询的当前元组有关，随父查询处理的当前元组不同，子查询的结果会随之发生变化。在相关子查询中，若涉及与父查询相同的关系表，往往要进行重命名操作。

6. 简述视图的作用。

答：(1)视图提供了一个简化用户操作的快捷方式。

视图的定义可描述对一个或几个基本表的复杂的查询需求，用户可在视图上做简单的查询，实现对基本表的复杂查询。视图在数据库中的作用与"宏"在编程语言中的作用相似，可简化用户的操作。

(2)视图支持多用户同时以不同的方式对相同的数据进行操作。

基于数据库中的基本表，可定义满足不同用户查询需求的视图对象，不同用户可同时访问自己的视图，通过视图可以同时与同一个数据库交互，对相同基本表中的数据进行操作。

(3)视图对隐藏的数据自动提供安全保护。

若只授权用户通过视图对数据库进行存取，则在视图中不可见的数据就是安全的。

(4)视图可以为用户和应用程序提供逻辑上的数据独立性。

若在数据库的使用过程中，数据库的逻辑结构被重构造，则可通过重新定义视图，使用户和应用程序不用改变。

7. 说明是否所有视图都可以更新及其原因。

答：不是所有的视图都是可更新的。若对视图的更新操作不能唯一地、有意义地转换成对相应基本表的更新，就不能进行更新。

一般地，DBMS对视图的更新有如下限制。

- 由多个基本表(或视图)导出的视图不允许更新。
- 若视图属性列的值来自表达式或常数，则不允许对视图进行 INSERT 和 UPDATE 操作，但允许进行 DELETE 操作。
- 定义视图的子查询含有 GROUP BY 子句的视图不允许更新。
- 建立在一个不允许更新的视图上的视图不允许更新。

一般只允许对行列子集视图(含有基本表的主键)进行更新，且在定义视图的 SELECT 子句中没有出现的属性可以取空值，即这些属性上没有 NOT NULL 约束，也不是主属性。

8. 解释触发器是如何实现动态完整性约束的。

答：触发器是用户定义在关系表上的一类由事件驱动的特殊过程，作为一个数据库对象存储在数据库中，提供了一种保证数据完整性的方法。

一般触发器依附在基本表(触发器表)上，对触发器表进行的所有操作称为触发事件。触发事件可以是 INSERT、UPDATE 和 DELETE 等数据更新操作，也可以是 CREATE、ALTER 和 DROP 等定义操作，以及 GRANT、REVOKE 等控制操作。

当触发事件发生后，触发器会被激活，执行触发体的 SQL 语句，代替触发事件的执行，或对触发事件执行后的数据进行检查和处理，保证触发事件操作结果符合定义的完整性约束。

DBMS会为触发器提供辅助的数据结构，如 SQL Server 会自动生成两个特殊的临时表 Inserted 和 Deleted，这两个表的结构和触发器表的结构相同，是建在内存中的逻辑表，供创建它们的触发器使用，用于存放待插入或删除的元组。

9. 对图 4-4 中的关系 R 和 S 执行系列操作后的结果。

答：创建视图后，视图 H 中的数据如表 4-1 所示。

表 4-1　视图 *H* 中的数据

A	B	C	D	E
a1	b1	c1	d1	e1
a2	b2	c2	d2	e2
a3	b3	c3	d3	e3

对视图 *H* 进行指定查询后的结果如表 4-2 所示。

表 4-2　对视图 *H* 进行指定查询后的结果

B	D	E
b2	d2	e2

四、操作实现题

1. 针对第 3 章习题中查询实现题的第 3 题给出的某公司的部门-职员-项目信息数据库，用 SQL 语句完成以下操作。

（1）定义库中的 4 个基本表如下。

答：

```
CREATE TABLE Department
    (Dept_No CHAR(10),
    Dept_Name CHAR(20),
    Location CHAR(30),
    PRIMARY KEY(Dep_No));
CREATE TABLE Employee
    (Emp_No CHAR(10) PRIMARY KEY,
    Emp_Name CHAR(8),
    Dept_No CHAR(10),
    FOREIGN KEY (Dept_No) REFERENCES Department(Dept_No));
CREATE TABLE Project
    (Pro_No CHAR(10) PRIMARY KEY,
    Pro_Name CHAR(20),
    Budget INT);
CREATE TABLE Works
    (Emp_No CHAR(10),
    Pro_No CHAR(10),
    Job CHAR(20),
    PRIMARY KEY(Emp_No,Pro_No),
    FOREIGN KEY(Emp_No) REFERENCES Employee(Emp_No),
    FOREIGN KEY(Pro_No) REFERENCES Project(Pro_No));
```

（2）定义基本表 *Works* 中 *Job* = '经理'的员工及参加的工程项目视图 *V_MANAGER*（*Emp_No*，*Pro_No*）。

答：

```
CREATE VIEW V_MANAGER (Emp_No,Pro_No)
  AS SELECT Emp_No,Pro_No
       FROM  Works
       WHERE Job='经理';
```

（3）定义所有参与工程项目编号为 P2 的工程项目的员工编号、员工姓名和所在部门名称的视图 $V\_P2(Emp\_No, Emp\_Name, Dept\_Name)$。

答：

```
CREATE VIEW V_P2(Emp_No,Emp_Name,Dept_Name)
  AS SELECT Employee.Emp_No, Employee.Emp_Name, Department.Dept_Name
       FROM Department, Employee, Works
       WHERE Works.Pro_no ='P2'
          AND Employee.Emp_No= Works.Emp_No
          AND Department.Dept_No= Employee.Dep_No;
```

（4）查询参与工程预算大于 500 万元的工程项目的员工所在部门编号。

答：

```
SELECT Dept_No
  FROM Project, Works, Employee
  WHERE Project.Pro_No=Works.Pro_No
    AND Works.Emp_No = Employee.Emp_No AND Budget>500;
```

（5）查询员工"王广"和"王丽"都参与的工程预算超出 10 万元的工程项目名称。

答：

```
SELECT Pro_Name
  FROM Project
  WHERE Budget=10 AND Pro_No IN
    (SELECT Pro_No
       FROM Works, Employee
       WHERE Works.Emp_No = Employee.Emp_No AND Emp_Name='王广'
    INTERSECT
    SELECT Pro_No
       FROM Works, Employee
       WHERE Works.Emp_No = Employee.Emp_No AND Emp_Name='王丽');
```

或

```
SELECT Pro_Name
  FROM Project
  WHERE Budget=10 AND Pro_No IN
    (SELECT W1.Pro_No
      FROM Employee E1, Employee E2, Works W1, Works W2
      WHERE E1.Emp_Name='王广' AND W1.Emp_No = E1.Emp_No
        AND E2.Emp_Name='王丽' AND W2.Emp_No = E2.Emp_No
        AND W1.Pro_No = W2.Pro_No);
```

或

```
SELECT Pro_Name
  FROM Project, Works, Employee
  WHERE Project.Pro_No=Works.Pro_No
    AND Works.Emp_No = Employee.Emp_No
    AND Budget=10 AND Emp_Name='王广' AND Pro_No IN
        (SELECT Pro_No
          FROM Project, Works, Employee
          WHERE Project.Pro_No=Works.Pro_No
            AND Works.Emp_No = Employee.Emp_No
            AND Budget=10 AND Emp_Name='王丽');
```

（6）查询所在部门编号为 D2 的员工没有参与的工程项目编号及名称。

答：

```
SELECT Pro_No, Pro_Name
  FROM Project
  WHERE Pro_No NOT IN
    (SELECT Works.Pro_No
      FROM Works, Employee
      WHERE Works.Emp_No = Employee.Emp_No AND Dept_No='D2');
```

（7）查询所有部门都参与的工程项目编号和名称。

答：

```
SELECT Pro_No, Pro_Name
  FROM Project
  WHERE NOT EXISTS
    (SELECT *
        FROM Department
        WHERE NOT EXISTS
          (SELECT *
            FROM Works, Employee
            WHERE Project.Pro_No=Works.Pro_No
              AND Works.Emp_No = Employee.Emp_No
              AND Employee.Dept_No= Department. Dept_No));
```

（8）查询所在部门编号为 D2 的所有员工的编号、姓名，及其参加的工程项目编号和承担的工作。

答：

```
SELECT Emp_No,Emp_Name,Pro_No,Job
  FROM Employee LEFT JOIN Works
    ON Works.Emp_No = Employee.Emp_No AND Dept_No ='D2';
```

（9）查询参与的员工人数大于 10 的工程项目名称。

答：

```
SELECT Pro_ Name
  FROM Project
  WHERE Pro_No IN
    (SELECT Pro_No
      FROM Works
      GROUP BY Pro_No HAVING COUNT(Emp_No)>10);
```

或

```
SELECT Pro_ Name
  FROM Project, Works
  WHERE Project.Pro_No=Works.Pro_No
  GROUP BY Project.Pro_No, Pro_ Name HAVING COUNT(Emp_No)>10;
```

(10) 将"工程预算"部门的员工"王军"转到部门编号为 D3 的新部门。

答:

```
UPDATE Employee
  SET Dept_No = 'D3'
  WHERE Emp_Name = '王军' AND Dept_No IN
    (SELECT Dept_No
      FROM Department
      WHERE Dept_Name='工程预算');
```

2. 针对第 3 章习题中查询实现题第 2 题所给出的供应商-零部件-工程数据库,用 SQL 语句完成如下操作。

(1) 查询给项目代码为 J1 的工程供应零部件的供应商代码。

答:

```
SELECT SNO
  FROM SPJ
  WHERE JNO='J1';
```

(2) 查询给项目代码为 J1 的工程供应代码为 P1 的零部件的供应商名称。

答:

```
SELECT SNAME
  FROM SPJ, S
  WHERE SPJ.JNO='J1' AND SPJ.PNO='P1' AND S.SNO= SPJ.SNO;
```

(3) 查询给项目代码为 J1 的工程供应红色零部件的供应商代码。

答:

```
SELECT SNO
  FROM SPJ, P
  WHERE SPJ.PNO=P.PNO AND JNO='J1' AND COLOR='红';
```

(4) 查询没有使用天津供应商供应的红色零部件的工程项目代码。

答：

```
SELECT JNO
  FROM J
  WHERE JNO NOT IN
    (SELECT JNO
      FROM S, SPJ, P
      WHERE SPJ.PNO=P.PNO AND SPJ.SNO=S.SNO
        AND S.CITY='天津' AND P.COLOR='红');
```

（5）查询至少使用了供应商代码为 S1 的供应商所供应的全部零部件的工程项目代码。

答：

```
SELECT JNO
  FROM SPJ
  WHERE NOT EXISTS
      (SELECT *
          FROM SPJ SPJ1
          WHERE SNO='S1' AND NOT EXISTS
            (SELECT *
              FROM SPJ SPJ2
              WHERE SPJ2.SNO='S1' AND SPJ2.PNO=SPJ1.PNO
                AND SPJ2.JNO=SPJ.JNO));
```

注：如果 S1 没有对各工程提供任何零件，那么查询结果是所有的有供应商供应零件的工程；若认为此时所有工程都符合语义，则可将表达式改为如下形式。

```
SELECT JNO
  FROM J
  WHERE NOT EXISTS
    (SELECT *
      FROM SPJ SPJ1
      WHERE SNO='S1' AND NOT EXISTS
        (SELECT *
          FROM SPJ SPJ2
          WHERE SPJ2.SNO='S1' AND SPJ2.PNO=SPJ1.PNO
            AND SPJ2.JNO=J.JNO));
```

（6）查询使用了供应商代码为 S1 的供应商所供应的零部件的工程项目代码。
答：

```
SELECT JNO
  FROM SPJ
  WHERE SNO='S1';
```

（7）查询项目代码为 J2 的工程使用的各种零部件的名称及其数量。
答：

```
SELECT P.PNAME,QTY
  FROM SPJ, P
  WHERE SPJ.PNO=P.PNO AND SPJ.JNO='J2';
```

（8）查询上海供应商供应的所有零部件的代码。

答：

```
SELECT PNO
  FROM SPJ, S
  WHERE SPJ.SNO=S.SNO AND S.CITY='上海';
```

（9）查询使用上海供应商供应的零部件的工程项目名称。

答：

```
SELECT JNAME
  FROM S, SPJ, J
  WHERE SPJ.SNO=S.SNO AND SPJ.JNO=J.JNO AND S.CITY='上海';
```

（10）查询供应商代码为 S2 的供应商给各个工程项目供应的零部件总数量，结果中要有所对应的工程项目名称。

答：

```
SELECT JNAME,SUM(QTY)
  FROM SPJ, J
  WHERE SNO='S2' AND SPJ.JNO=J.JNO
  GROUP BY J.JNO, JNAME;
```

（11）把全部红色零部件的颜色改成蓝色。

答：

```
UPDATE P
  SET COLOR='蓝'
  WHERE COLOR='红';
```

（12）为工程项目名称为"一汽"的工程建立一个供应情况视图，包括供应商代码、零部件代码、供应数量。

答：

```
CREATE VIEW 供应情况(SNO,PNO,QTY)
  AS SELECT SNO,PNO,QTY
    FROM J, SPJ
    WHERE J.JNO=SPJ.JNO AND JNAME='一汽';
```

3. 用 SQL 语句实现对学生选课数据库的下列操作。

（1）分别用连接和嵌套查询形式查询学习课程号为 C01 课程的学生学号和姓名。

答：连接查询：

```
SELECT S.SNO, S.SN
  FROM S, SC
  WHERE S.SNO=SC.SNO AND SC.CNO='C01';
```

嵌套查询：

```
SELECT SNO,SN
  FROM S
  WHERE SNO IN
     (SELECT SNO FROM SC WHERE CNO='C01');
```

或

```
SELECT SNO,SN
  FROM S
  WHERE EXISTS
    (SELECT *
       FROM SC
       WHERE S.SNO=SC.SNO AND SC.CNO='C01') ;
```

（2）查询至少选修课程号为 C03 和 C04 课程的学生姓名。

答：

```
SELECT SN
  FROM S
  WHERE SNO IN
    (SELECT SC1.SNO
       FROM SC SC1, SC SC2
       WHERE SC1.CNO='C03' AND SC2.CNO='C04'
         AND SC1.SNO=SC2.SNO);
```

（3）查询没学课程号为 C02 课程的学生姓名和性别。

答：

```
SELECT SN,SEX
  FROM S
  WHERE SNO NOT IN
    (SELECT SNO FROM SC WHERE CNO='C02');
```

（4）查询学习了全部课程的学生姓名。

答：

```
SELECT SN
  FROM S
  WHERE NOT EXISTS
    (SELECT * FROM C WHERE CNO NOT IN
      (SELECT CNO FROM SC WHERE SC.SNO=S.SNO));
```

或

```
SELECT SN
  FROM S
    WHERE NOT EXISTS
```

```
        (SELECT * FROM C WHERE NOT EXISTS
          (SELECT * FROM SC WHERE SC.SNO=S.SNO AND SC.CNO=C.CNO));
```

或

```
SELECT SN
  FROM S
  WHERE SNO IN
    (SELECT SNO FROM SC
        GROUP BY SNO
          HAVING COUNT(CNO) = (SELECT COUNT(CNO) FROM C));
```

(5) 查询所学课程包含学生"李珊"所学课程的学生的学号。

答：

```
SELECT DISTINCT SNO
  FROM SC
  WHERE NOT EXISTS
    (SELECT *
        FROM SC SC1, S
        WHERE S.SN='李珊' AND S.SNO= SC1.SNO AND SC1.CNO NOT IN
          (SELECT CNO
            FROM SC SC2
            WHERE SC.SNO= SC2.SNO));
```

或

```
SELECT SNO
  FROM S
  WHERE NOT EXISTS
    (SELECT *
      FROM SC SC1, S S1
      WHERE SC1.SNO=S1.SNO AND S1.SN='李珊' AND NOT EXISTS
        (SELECT *
          FROM SC SC2
          WHERE SC2.SNO= S.SNO AND SC2.CNO= SC1.CNO));
```

注：若"李珊"没有选修课程，则前一查询的查询结果是所有的有选课记录的学生，后一查询的查询结果是所有的学生。

(6) 在课程关系表 C 中插入一个课程元组('C08','VB','C02','黄萍')。

答：

```
INSERT
  INTO C
  VALUES ('C08','VB','C02','黄萍');
```

(7) 查询平均成绩大于 80 分的课程的任课教师姓名，并将查询结果存入另一个已经存在的关系表 LEVEL_80(TNAME)中。

答：

```
INSERT INTO LEVEL_80(TNAME)
  SELECT TN
    FROM C
    WHERE CNO IN
      (SELECT CNO
        FROM SC
        GROUP BY CNO HAVING AVG(GRADE)>80);
```

或

```
INSERT INTO LEVEL_80(TNAME)
  SELECT TN
    FROM SC, C
    WHERE C.CNO=SC.CNO
    GROUP BY TN,C.CNO HAVING AVG(GRADE)>80;
```

（8）删除选课关系表 SC 中没有成绩的元组。

答：

```
DELETE
  FROM SC
  WHERE GRADE IS NULL;
```

（9）删除选修"李"姓教师所授课程的所有女生选课元组。

答：

```
DELETE
  FROM SC
  WHERE SNO IN (SELECT SNO FROM S WHERE SEX='女')
    AND CNO IN (SELECT CNO FROM C WHERE TN like '李%');
```

（10）把数学成绩小于 60 分但大于 55 分的学生的成绩全改为 60 分。

答：

```
UPDATE SC
  SET GRADE=60
  WHERE GRADE<60 AND GRADE>55 AND CNO IN
    (SELECT CNO FROM C WHERE CN='数学');
```

（11）在选课关系表 SC 中，当某个成绩低于每门课程的平均成绩时，将该成绩提高 5%。

答：

```
UPDATE SC
  SET GRADE=GRADE * (1+5%)
  WHERE GRADE<ALL(SELECT AVG(GRADE) FROM SC GROUP BY CNO);
```

（12）建立学生选课成绩视图 $V\_SSC(SNO,SN,CNO,CN,G)$，并按 CNO 升序排列。

答：

```
CREATE VIEW V_SSC(SNO,SN,CNO,CN,G)
  AS SELECT S.SNO,S.SN,C.CNO,C.CN,SC.GRADE
       FROM S, C, SC
       WHERE S.SNO=SC.SNO AND SC.CNO=C.CNO
       ORDER BY C.CNO ASC;
```

(13) 从视图 *V_SSC* 上查询平均成绩在 90 分以上的学生的姓名、课程名和课程成绩。

答:

```
SELECT SN,CN,G
  FROM V_SSC
  WHERE SNO IN
    (SELECT SNO FROM V_SSC GROUP BY SNO HAVING AVG(G) > 90);
```

(14) 授权用户张山对关系表 *S* 和 *C* 的查询权限,并具有给其他用户授权的权限。

答:

```
GRANT SELECT
  ON S, C
  TO 张山
  WITH GRANT OPTION;
```

(15) 授权用户李斯对关系表 *SC* 的插入和删除权限。

答:

```
GRANT INSERT,DELETE
  ON SC
  TO 李斯;
```

(16) 授权用户王武对关系表 *SC* 具有查询权限,对成绩属性具有更新权限;然后再撤销其对成绩属性所具有的更新权限。

答:

```
GRANT SELECT,UPDATE(GRADE)
  ON SC
  TO 王武;
REVOKE UPDATE(GRADE)
  ON SC
  FROM 王武;
```

(17) 创建一个视图,其中包含每门课程的课程号,课程的最高成绩、最低成绩及平均成绩;再创建一个具有查询该视图权限的角色,并将角色权限授权给用户周力。

答:

```
CREATE VIEW COURSE(CNO,MAX_G,MIN_G,AVG_G)
AS SELECT CNO,MAX(GRADE),MIN(GRADE),AVG(GRADE)
     FROM SC
     GROUP BY CNO;
```

```
CREATE ROLE R1;
GRANT SELECT ON COURSE TO R1;
SP_ADDROLEMEMBER R1,周力;          --SQL Server 版本
```

注：SQL Server 通过调用存储过程将角色权限授权给用户。有的 DBMS(如 KingBase) 将角色视同权限,可用 GRANT R1 ON COURSE TO 周力。

4. 用 SQL 语句完成对学校教务管理系统中数据库的如下操作。

(1) 查询所有班长的学号、姓名、所在班级号和所学专业。

答:

```
SELECT Sno,Sname,Student.Cno,Speciality
  FROM Class, Student
  WHERE Class.Monitor=Student.Sno;
```

(2) 查询 2020 年度讲授过两门或两门以上课程的教师编号和所教授的课程号。

答:

```
SELECT Tid,Lno
  FROM Selection
  WHERE SYear=2020 AND Tid IN
    (SELECT Tid FROM Selection WHERE SYear=2020
        GROUP BY Tid HAVING COUNT( * )>1);
```

或

```
SELECT DISTINCT S1.Tid, S1.Lno
  FROM Selection AS S1,Selection AS S2
  WHERE S1.SYear=2020 AND S1.Tid=S2.Tid AND S2.SYear=2020
    AND (S1.Lno<>S2.Lno OR S1.Cno<>S2.Cno);
```

(3) 统计"计算机"系所有教师的教师编号、教师姓名、2020 年度讲授的总课程数和总学分数,按总学分数从低到高排列。

答:

```
SELECT Teacher.Tid,Tname,COUNT(Selection.Lno),SUM(Credit)
  FROM Teacher, Selection, Lesson
  WHERE Teacher.Tid=Selection.Tid AND Selection.Lno=Lesson.Lno
    AND SYear=2020 AND Department='计算机'
    GROUP BY Teacher.Tid,Tname
    ORDER BY 4;
```

(4) 查询选修了"数据库原理与应用"但没有选修"软件工程"课程的班级号、所属专业和该班学生人数。

答:

```
SELECT Class.Cno, Speciality, COUNT(Sno)
  FROM Class,Student
```

```
    WHERE Class.Cno=Student.Cno AND Class.Cno IN
      (SELECT Selection.Cno
        FROM Selection,Lesson
        WHERE Lname='数据库原理与应用' AND Selection.Lno= Lesson.Lno)
      AND Class.Cno NOT IN
      (SELECT Selection.Cno
        FROM Selection, Lesson
        WHERE Lname='软件工程' AND Selection.Lno = Lesson.Lno)
    GROUP BY Class.Cno, Speciality;
```

或

```
SELECT Class.Cno, Speciality, COUNT(Sno)
  FROM Class,Student
  WHERE Class.Cno=Student.Cno AND Class.Cno IN
    (SELECT Cno
        FROM Selection, Lesson
        WHERE Lname='数据库原理与应用' AND Selection.Lno=Lesson.Lno
    EXCEPT
    SELECT Cno
        FROM Selection, Lesson
        WHERE Lname='软件工程' AND Selection.Lno=Lesson.Lno)
  GROUP BY Class.Cno, Speciality;
```

(5) 创建一个视图 V1，给出所有"计算机"系学生的学号、姓名、性别、所在班级号和"数据库原理与应用"课程的分数。

答：

```
CREATE VIEW V1
AS SELECT Student.Sno, Sname, Gender, Cno, Score
    FROM Student, Grade, Lesson
    WHERE Student.Sno=Grade.Sno AND Lname='数据库原理与应用'
      AND Grade.Lno=Lesson.Lno AND Student.Cno IN
      (SELECT Cno FROM Class WHERE Department='计算机');
```

或

```
CREATE VIEW V1
AS SELECT Student.Sno, Sname, Gender, Class.Cno, Score
    FROM Student, Grade, Class, Lesson
    WHERE Student.Sno=Grade.Sno AND Student.Cno=Class.Cno
        AND Department ='计算机' AND Grade.Lno=Lesson.Lno
        AND Lname='数据库原理与应用';
```

(6) 基于视图 V1，查询"计算机"系学生中"数据库原理与应用"课程分数最高的学生学号、姓名和所得分数。

答：

```
SELECT Sno,Sname,Score
  FROM V1
  WHERE Score = (SELECT MAX(Score) FROM V1);
```

第5章 关系模式的规范化设计

5.1 知识图谱

1. 学习内容

关系模式的规范化设计的学习内容主要包括不良的关系模式设计可能带来的数据冗余、更新异常和数据不一致问题；数据依赖和范式的概念，关系模式规范化的过程；基于函数依赖的关系模式规范化设计理论：模式分解的概念、目标特性和分解算法。

2. 知识点

本章涉及的知识点主要包括：

(1) 关系模式设计问题，数据冗余、更新异常、数据不一致问题。

(2) 数据依赖的概念及类型，函数依赖、完全函数依赖、部分函数依赖和传递函数依赖的概念。

(3) 范式的概念及其作用，第一范式(1NF)、第二范式(2NF)、第三范式(3NF)、BC范式(BCNF)和第四范式(4NF)的概念及其相互关系，关系模式规范化的过程。

(4) 逻辑蕴含、函数依赖集闭包、函数依赖集等价的概念，Armstrong公理的推理规则，属性集闭包和最小函数依赖集的概念及求解算法。

(5) 候选键的判定方法。

(6) 模式分解的概念，无损连接分解、保持函数依赖分解目标特性，模式分解算法。

3. 知识点概念图

知识点涉及的概念及其概念间内涵可用概念图呈现，如图5-1所示。

4. 概念图解读

数据依赖是关系模式的要素，属性间的数据依赖有函数依赖、多值依赖和连接依赖等多种类型。

范式是关系模式属性间满足一定数据依赖约束的关系模式集合，范式有第一范式(1NF)、第二范式(2NF)、第三范式(3NF)、BC范式(BCNF)和第四范式(4NF)等多个级别，且对关系模式的约束逐渐加强，范式之间形成一种包含关系。根据范式级别可判断关系模式的优劣。

在函数依赖范围内，属性间的非平凡函数依赖有完全函数依赖、部分函数依赖和传递函数依赖。一个属性间存在部分函数依赖或传递函数依赖的低级别范式，存在着数据冗余、更新异常和数据不一致等关系模式设计问题。利用模式分解的方法可将一个满足低级别范式的关系模式分解为若干满足高级别范式的关系模式，实现关系模式的规范化。为了保证关系模式分解前后的数据等价和语义等价，关系模式的分解可基于关系模式规范化设计理论，利用

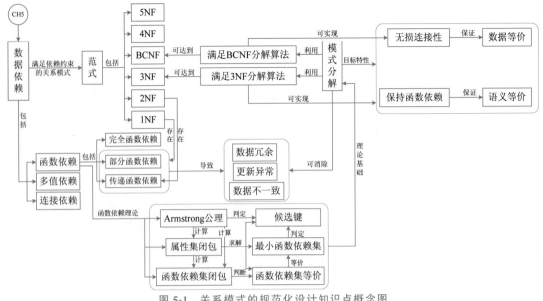

图 5-1　关系模式的规范化设计知识点概念图

Armstrong 公理的推理规则,可以得到关系模式 R 上属性集 X 关于函数依赖集 F 的闭包 X_F^+,以及函数依赖集 F 的闭包 F^+,若关系模式 R 上的两个函数依赖集的闭包相等,则这两个函数依赖集等价,每个函数依赖集至少等价一个最小函数依赖集 F_m;在最小函数依赖集的基础上,可判定候选键、确定范式级别,并利用模式分解算法实现关系模式的规范化,将一个满足低级别范式的关系模式分解为既具有无损连接性,又能保证保持函数依赖满足 3NF 的关系模式集合,或分解为具有无损连接性但不能保证保持函数依赖的满足 BCNF 的关系模式集合。

关系模式规范化理论为关系数据库设计提供了理论的指南和工具,在实际的数据库设计工作中,可采用符合规范化设计理论的更容易使用的方法。

5.2　习题

一、填空题

1. 一个只满足 1NF 的关系模式可能存在数据冗余问题而导致存储空间浪费,还可能出现更新异常和_____问题。更新异常包括_____和_____。

2. 关系模式的设计需要考虑关系属性间的依赖关系,属性间的数据依赖有多种类型,其中最主要的是_____依赖。

3. 满足 1NF、2NF 和 3NF 的关系模式集合之间是一种_____关系。

4. 在函数依赖的范围内,_____NF 达到了最高的规范化程度。

5. 若关系模式 R 的所有属性都是不可再分的数据项,则称 R 属于第_____范式。

6. 满足 1NF 的关系模式消除非主属性对候选键的_____函数依赖后,范式等级可提高到 2NF。

7. 关系模式由 2NF 转换为 3NF 是消除了非主属性对候选键的_____。

8. 如果关系模式 R 中的所有属性都是主属性,则 R 至少达到第_____范式。

9. 如果一个关系模式的候选键由所有属性构成,则该关系模式最低可满足_____

范式。

10. 若关系模式 R 的候选键都为单属性,则 R 最低达到第_____范式。

11. 若关系模式 $R \in 1NF$,且对于每个非平凡的函数依赖 $X \rightarrow Y$,都有 X 包含候选键,则 R 一定可以达到_____NF。

12. 已知关系模式 $R(A,B,C,D)$ 和 R 上的函数依赖集 $F = \{A \rightarrow CD, C \rightarrow B\}$,则 $R \in$ _____NF。

13. 给定关系模式 $R(U,F)$,其中 $U = ABCDE$,$F = \{AB \rightarrow DE, AC \rightarrow E, AD \rightarrow B, B \rightarrow C, C \rightarrow D\}$,则 R 的所有候选键是_____,关系模式 R 可满足_____NF。

14. 现有职工关系 R(工号,姓名,工程,定额),其中每个职工有唯一工号,存在同名职工,每个职工只参与一个工程,每个工程有一个定额,则关系 R 最高可达到_____NF。

15. 关系模式由 3NF 转换为 BCNF 是消除了_____。

16. F 中的函数依赖所蕴含的所有的函数依赖的集合称为 F 的_____,_____为计算 F^+ 提供了一个有效且完备的基础理论。

17. 当且仅当两个函数依赖集的_____相等时,这两个函数依赖集等价。

18. 若关系 R 的属性集 A 函数决定 R 中所有的其他属性,则 A 为关系 R 的一个_____。

19. 关系模式的规范化是通过_____实现的。

20. 若要使关系模式的分解既具有无损连接性又保持函数依赖,则分解之后的关系模式能达到_____NF。

二、选择题

1. 关系模式规范化理论是为解决关系模式设计存在的_____等问题而引入的。
   A. 数据冗余、更新异常和数据不一致　　B. 查询速度低
   C. 数据操作的复杂性　　D. 数据的安全性和完整性差

2. 关系模式设计得不好导致的删除异常是指_____。
   A. 不该删除的数据被删除　　B. 无法删除任何数据
   C. 应该删除的数据未被删除　　D. 删除了含 NULL 值的数据

3. 关系模式设计得不好导致的插入异常是指_____。
   A. 插入了错误数据　　B. 不该插入的数据被插入
   C. 插入了不规范的数据　　D. 应该插入的数据未被插入

4. 在关系模式 R 中,函数依赖 $X \rightarrow Y$ 的语义是_____。
   A. 在 R 的某一关系实例中,若两个元组的 X 值相等,则 Y 值也相等
   B. 在 R 的每一关系实例中,若任意两个元组的 X 值相等,则 Y 值也相等
   C. 在 R 的某一关系实例中,Y 值应与 X 值相等
   D. 在 R 的每一关系实例中,Y 值应与 X 值相等

5. 关系模型要求元组的每个分量的值必须是原子性的。下列对原子性的解释不正确的是_____。
   A. 每个属性都没有内部结构　　B. 每个属性都不可再分解
   C. 每个属性不能有多个值　　D. 属性值不允许为 NULL

6. 任何一个满足 2NF 但不满足 3NF 的关系模式都不存在_____。
   A. 主属性对候选键的部分依赖　　B. 非主属性对候选键的部分依赖

C. 主属性对候选键的传递依赖   D. 非主属性对候选键的传递依赖

7. 下列函数依赖属于平凡函数依赖的是_____。

  A. $(Sno,Cname,Grade) \rightarrow (Cname,Grade)$ B. $(Sno,Cname) \rightarrow (Cname,Grade)$

  C. $(Sno,Cname) \rightarrow (Sname,Grade)$ D. $(Sno,Sname) \rightarrow (Sno,Sname,Cname)$

8. 若 $X \rightarrow Y$,且没有 X 的真子集也函数决定 Y,则 Y _____于 X。

  A. 部分函数依赖 B. 完全函数依赖 C. 传递函数依赖 D. 平凡函数依赖

9. 关系模式的各范式之间的关系是_____。

  A. 1NF⊆2NF⊆3NF   B. 1NF＝2NF＝3NF

  C. 3NF⊆2NF⊆1NF   D. 没有包含关系

10. 将满足 3NF 的关系模式_____后,可将其规范化到 BCNF。

  A. 消除非主属性对候选键的部分函数依赖

  B. 消除非主属性对候选键的传递函数依赖

  C. 消除主属性对候选键的部分和传递函数依赖

  D. 消除非平凡且非函数依赖的多值依赖

11. 若关系模式 $R(A,B,C)$ 的属性 A、B、C 之间没有任何函数依赖关系,则下列叙述中正确的是_____。

  A. R 属于 1NF 但不一定属于 2NF B. R 属于 2NF 但不一定属于 3NF

  C. R 属于 3NF 但不一定属于 BCNF D. R 属于 BCNF

12. 属于 BCNF 的关系模式_____。

  A. 已消除了插入、删除异常

  B. 已消除了插入、删除异常和数据冗余

  C. 仍然存在插入、删除异常

  D. 在函数依赖范畴内,已消除插入和删除的异常

13. 3NF _____可规范为 4NF。

  A. 消除非主属性对候选键的部分函数依赖

  B. 消除非主属性对候选键的传递函数依赖

  C. 消除主属性对候选键的部分和传递函数依赖

  D. 消除非平凡且非函数依赖的多值依赖

14. 关系模式 R 中若没有非主属性,则_____。

  A. R 属于 2NF 但不一定属于 3NF B. R 属于 3NF 但不一定属于 BCNF

  C. R 属于 BCNF 但不一定属于 4NF D. R 属于 4NF

15. 对于关系模式 $R(U)$,X、Y 是 U 的子集,若对于 $R(U)$ 的任意一个可能的关系 r,r 中不可能存在两个元组在 X 上的属性值相等,而在 Y 上的属性值不等,则称_____。

  A. Y 函数依赖于 X B. Y 对 X 完全函数依赖

  C. X 为 U 的候选键   D. R 属于 2NF

16. 具有多值依赖的关系模式仍存在_____问题。

  A. 插入异常   B. 删除异常

  C. 数据冗余   D. 更新异常、数据冗余

17. 当属性 B 函数依赖于属性 A 时,属性 A 与 B 的值是_____。

  A. 一对多   B. 多对一   C. 多对多   D. 以上都不是

18. 若有关系模式 $R(A,B,C,D)$，R 上的函数依赖集 $F=\{A{\rightarrow}C,AD{\rightarrow}B\}$，则 R 达到的最高范式是_____。

    A. 1NF   B. 2NF   C. 3NF   D. BCNF

19. 有关系模式 $R(C,T,H,I,S)$，R 上存在函数依赖 $\{C{\rightarrow}T,(H,I){\rightarrow}C,(H,T){\rightarrow}I,(H,S){\rightarrow}I\}$，则关系模式 R 达到的最高范式是_____。

    A. 1NF   B. 2NF   C. 3NF   D. BCNF

20. 对于关系模式 $R(A,B,C,D,E)$，R 上的函数依赖集 $F=\{A{\rightarrow}C,BC{\rightarrow}D,CD{\rightarrow}A,AB{\rightarrow}E\}$，则关系模式 R 达到的最高范式是_____。

    A. 1NF   B. 2NF   C. 3NF   D. BCNF

21. 给定关系模式 $SCP(Sno,Cno,P)$，其中 Sno 表示学号，Cno 表示课程号，P 表示名次。若每名学生每门课程有一定的名次，每门课程每一名次只有一名学生，则以下叙述中错误的是_____。

    A. (Sno,Cno) 和 (Cno,P) 都可作为候选键

    B. (Sno,Cno,P) 是唯一的候选键

    C. 关系模式 SCP 属于 BCNF

    D. 关系模式 SCP 没有非主属性

22. 给定关系模式 $R(U,F)$，其中属性集 $U=\{A,B,C,D,E,G,H\}$，函数依赖集 $F=\{A{\rightarrow}B,AE{\rightarrow}H,BG{\rightarrow}DC,E{\rightarrow}C,H{\rightarrow}E\}$，下列函数依赖不成立的是_____。

    A. $A{\rightarrow}AB$ B. $H{\rightarrow}C$ C. $ABE{\rightarrow}C$ D. $A{\rightarrow}BH$

23. 设关系模式 $R(U,F)$，X、Y、Z、W 是 U 上的属性组，则下列结论正确的是_____。

    A. 若 $WX{\rightarrow}Y$，$Y{\rightarrow}Z$ 成立，则 $X{\rightarrow}Z$ 成立

    B. 若 $WX{\rightarrow}Y$，$Y{\rightarrow}Z$ 成立，则 $W{\rightarrow}Z$ 成立

    C. 若 $X{\rightarrow}Y$，$WY{\rightarrow}Z$ 成立，则 $XW{\rightarrow}Z$ 成立

    D. 若 $X{\rightarrow}Y$，$Z{\subseteq}U$ 成立，则 $X{\rightarrow}YZ$ 成立

24. 下面关于函数依赖的推理，不正确的是_____。

    A. 若 $X{\rightarrow}Y$，$X{\rightarrow}Z$，则 $X{\rightarrow}YZ$ B. 若 $XY{\rightarrow}Z$，则 $X{\rightarrow}Z$，$Y{\rightarrow}Z$

    C. 若 $X{\rightarrow}Y$，$Y{\rightarrow}Z$，则 $X{\rightarrow}Z$ D. 若 $X{\rightarrow}Y$，$Y'{\subset}Y$，则 $X{\rightarrow}Y'$

25. 已知关系 $R(A,B,C,D,E,F)$ 上的函数依赖集 G 为 $\{A{\rightarrow}C,BC{\rightarrow}DE,D{\rightarrow}E,CF{\rightarrow}B\}$，则属性集 AB 关于函数依赖集 G 的闭包是_____。

    A. $ABCDEF$ B. $ABCDE$ C. ABC D. AB

26. 若 F 是某个关系模式的最小函数依赖集，则下列说法错误的是_____。

    A. F 中每个函数依赖的左部都是单个属性

    B. F 中每个函数依赖的右部都是单个属性

    C. F 中每个函数依赖的左部没有冗余的属性

    D. F 中每个函数依赖都不是冗余的

27. 已知关系模式 $R(A,B,C,D,E,G,H)$，函数依赖集 F 为 $\{AD{\rightarrow}EH,DC{\rightarrow}BH,H{\rightarrow}G,D{\rightarrow}H,A{\rightarrow}D\}$，则 F 的最小函数依赖集是_____。

    A. $\{A{\rightarrow}E,CD{\rightarrow}B,H{\rightarrow}G,D{\rightarrow}H,A{\rightarrow}D\}$

    B. $\{AD{\rightarrow}E,AD{\rightarrow}H,CD{\rightarrow}H,CD{\rightarrow}B,H{\rightarrow}G,D{\rightarrow}H,A{\rightarrow}D\}$

    C. $\{AD{\rightarrow}E,CD{\rightarrow}B,H{\rightarrow}G,D{\rightarrow}H,A{\rightarrow}D\}$

D. $\{A\rightarrow E, AD\rightarrow H, CD\rightarrow B, H\rightarrow G, D\rightarrow H, A\rightarrow D\}$

28. 对于关系模式 $R(A,B,C,D,E)$，R 上的函数依赖集 $F=\{A\rightarrow C, BC\rightarrow D, CD\rightarrow A, AB\rightarrow E\}$，则关系 R 的候选键包括_____。

  Ⅰ.(A,B) Ⅱ.(A,D) Ⅲ.(B,C) Ⅳ.(C,D) Ⅴ.(B,D)

  A. 仅Ⅲ B. Ⅰ和Ⅲ C. Ⅰ、Ⅱ、Ⅳ D. Ⅱ、Ⅲ、Ⅴ

29. 关系模式分解的无损连接和保持函数依赖两个特性之间_____。

  A. 若分解无损，则保持函数依赖 B. 若保持函数依赖，则分解无损

  C. 二者同时成立，或同时不成立 D. 没有必然联系

30. 数据等价是指分解前后的关系实例表示相同的信息内容，用_____特性衡量。

  A. 保持语义 B. 保持数据 C. 无损连接性 D. 保持函数依赖

31. 语义等价是指分解前后的关系模式上的函数依赖集等价，即有相同的函数依赖集闭包，用_____特性衡量。

  A. 保持语义 B. 保持数据 C. 无损连接性 D. 保持函数依赖

32. 设关系模式 $R(A,B,C,D)$，F 是 R 上成立的函数依赖集，$F=\{AB\rightarrow C, D\rightarrow B\}$，那么 F 在 ACD 上的投影为_____。

  A. $\{AB\rightarrow C, D\rightarrow B\}$ B. $\{AC\rightarrow D\}$

  C. $\{AD\rightarrow C\}$ D. ϕ(不存在非平凡的 FD)

33. 给定关系模式 $R(U,F)$，$U=\{A,B,C,D,E\}$，函数依赖 $F=\{B\rightarrow A, D\rightarrow A, A\rightarrow E, AC\rightarrow B\}$。

  (1) 关系模式 R 的候选键是_____。

  A. CD B. ABD C. ACD D. ADE

  (2) 若将 R 分解为 $\rho=\{R_1(ABCE), R_2(CD)\}$，则分解 ρ _____。

  A. 具有无损连接性，保持函数依赖

  B. 具有无损连接性，不保持函数依赖

  C. 不具有无损连接性，保持函数依赖

  D. 不具有无损连接性，不保持函数依赖

34. 给定关系模式 $R(U, F)$，$U=\{A, B, C, D\}$，函数依赖 $F=\{AB\rightarrow C, CD\rightarrow B\}$。若将 R 分解为 $\rho=\{R_1(ABC), R_2(BCD)\}$，则分解 ρ _____。

  A. 具有无损连接性，保持函数依赖 B. 具有无损连接性，不保持函数依赖

  C. 不具有无损连接性，保持函数依赖 D. 不具有无损连接性，不保持函数依赖

35. 下列关于模式分解的说法，不正确的是_____。

  A. 若分解保持函数依赖，关系模式总可以分解到 3NF

  B. 若分解具有无损连接性，关系模式一定能分解到 BCNF

  C. 若分解要保持函数依赖且具有无损连接性，则关系模式可以分解到 3NF

  D. 若分解要保持函数依赖且具有无损连接性，则关系模式一定达不到 BCNF

36. 已知关系模式 $R(A,B,C,D,E)$ 及 R 上的函数依赖集 $F=\{A\rightarrow C, BC\rightarrow D, CD\rightarrow A, AB\rightarrow E\}$，现将关系模式 R 分解为两个关系模式 $R_1(A,C)$，$R_2(A,B,D,E)$，则分解后规范化程度最高可达到_____。

  A. 1NF B. 2NF C. 3NF D. BCNF

37. 若关系模式 $R(A,B,C,D,E,F)$ 上存在函数依赖集$\{B\rightarrow CE, AC\rightarrow F, BF\rightarrow D\}$，则

R 的一个满足 3NF 的既保持函数依赖又具有无损连接性的分解是_____。

    A. $\rho = \{R_1(B,C,E), R_2(A,D,F), R_3(B,D,F)\}$

    B. $\rho = \{R_1(B,C,E), R_2(A,C,F), R_3(B,D,F), R_4(A,B)\}$

    C. $\rho = \{R_1(B,C,E), R_2(A,B,C,D,F)\}$

    D. $\rho = \{R_1(A,B,C,E), R_2(B,D,F)\}$

38. 将一个关系 R 分解成两个关系 R_1 和 R_2，再将分解之后的两个关系 R_1 和 R_2 进行自然连接，得到的结果如果比原关系 R 元组少，则称这种分解为_____。

    A. 保持函数依赖的分解   B. 不保持函数依赖的分解

    C. 无损连接的分解   D. 有损连接的分解

三、简答题

1. 理解并给出下列术语的定义：

函数依赖、部分函数依赖、完全函数依赖、传递函数依赖、候选键、1NF、2NF、3NF、BCNF、多值依赖、4NF。

2. 拟建立一个关于系、学生、班级、学会等信息的关系数据库，其中，

- 描述学生的信息有：学号、姓名、出生年月、系名、班级号、宿舍区；
- 描述班级的信息有：班级号、专业名、系名、人数、入校年份；
- 描述系的信息有：系名、系号、系办公室地点、人数；
- 描述学会的信息有：学会名、成立年份、地点、人数。

有关语义如下：一个系有若干专业，每个专业每年只招一个班级，每班级有若干学生。一个系的学生住在同一宿舍区。每个学生可参加若干学会，每个学会有若干学生。学生参加某学会有一个入会年份。

请设计数据库可能有的关系模式，指出在关系模式中是否存在非主属性对候选键的传递函数依赖，对于函数依赖左部存在多属性的情况，讨论函数依赖是完全函数依赖，还是部分函数依赖。指出各关系模式的候选键、外键，有没有全键存在？

3. 下面的结论哪些是正确的？哪些是错误的？对于错误的结论，请给出一个反例说明。

(1) 任何一个二目关系都是属于 3NF 的。

(2) 任何一个二目关系都是属于 BCNF 的。

(3) 任何一个二目关系都是属于 4NF 的。

(4) 当且仅当函数依赖 $A \rightarrow B$ 在 R 上成立，关系 $R(A,B,C)$ 等于其投影 $R_1(A,B)$ 和 $R_2(A,C)$ 的连接。

(5) 若 $R.A \rightarrow R.B, R.B \rightarrow R.C$，则 $R.A \rightarrow R.C$。

(6) 若 $R.A \rightarrow R.B, R.A \rightarrow R.C$，则 $R.A \rightarrow R.(B,C)$。

(7) 若 $R.B \rightarrow R.A, R.C \rightarrow R.A$，则 $R.(B,C) \rightarrow R.A$。

(8) 若 $R.(B,C) \rightarrow R.A$，则 $R.B \rightarrow R.A, R.C \rightarrow R.A$。

四、计算题

1. 设关系模式 $R(U,F)$，其中，$U = (H,I,J,K,L,M)$，$F = \{H \rightarrow I, K \rightarrow H, LM \rightarrow K, I \rightarrow L, KH \rightarrow M\}$，确定 R 的候选键。

2. 设有关系模式 $R(XYZ)$，F 是 R 上的函数依赖集，$F = \{XY \rightarrow Z, Z \rightarrow X\}$。$R$ 被分解为

$\rho=\{R_1(XY),R_2(XZ)\}$，判断该分解是否保持函数依赖。

3. 有关系模式 $R(U,F),U=\{A,B,C,D,E\},F=\{A\rightarrow C,C\rightarrow D,B\rightarrow C,DE\rightarrow C,CE\rightarrow A\}$。

（1）给出 R 的候选键，判断 R 的范式级别。

（2）判断 R 的一个分解 $\rho=\{R_1(AD),R_2(AB),R_3(BC),R_4(CDE),R_5(AE)\}$ 是否为无损连接分解。

（3）若 R 不满足 BCNF，则将 R 分解为 BCNF，并使之具有无损连接性。

4. 设有关系模式 $R(U,F)$，其中 $U=ABCDE,F=\{A\rightarrow B,BC\rightarrow E,ED\rightarrow AB\}$。

（1）计算 $(CD)_F^+$、$(CDE)_F^+$、$(ACD)_F^+$ 及 $(BCD)_F^+$。

（2）给出 R 的所有候选键，说明判定理由。

（3）判断 R 最高满足第几范式？说明理由。

（4）若 R 不满足 BCNF，试改进该关系模式设计。

5. 假设为自学考试成绩管理设计了一个关系 $R(S\#,SN,C\#,CN,G,U)$，其属性的含义依次为考生号、姓名、课程号、课程名、分数和主考学校名称。规定每个学生学习一门课程只有一个分数；一个主考学校主管多门课程的考试，且一门课程只能属于一个主考学校管理；每名考生有唯一的考生号，每门课程有唯一的课程号。

（1）根据题目所描述的语义写出关系模式 R 的基本函数依赖集。

（2）确定关系模式 R 的候选键。

（3）判断关系模式 R 最高达到第几范式，说明理由。

（4）若 R 达不到 3NF，将 R 规范化为 3NF，并具有无损连接性和保持函数依赖特性。

6. 关系模式 $R(U,F)$ 中，$U=ABCDEG,F=\{AD\rightarrow E,AC\rightarrow E,BC\rightarrow G,BCD\rightarrow AG,BD\rightarrow A,AB\rightarrow G,A\rightarrow C\}$，完成下列问题：

（1）判断 F 是否为最小函数依赖集。若不是，请给出 F 的最小函数依赖集。

（2）确定 R 的候选键，并判断 R 最高满足第几范式，说明理由。

（3）如果关系模式 R 不属于 3NF，请将 R 分解为满足 3NF 的关系模式集合，并且使分解具有无损连接性和保持函数依赖特性。

7. 有一小区物业拟建立一个信息系统，对每年停车位的租用和收费进行管理，业主所租车位通过抽签决定。系统所管理的信息需求分析结果如下。

（1）业主信息包括业主姓名、身份证号、联系电话、房号、房屋面积，其中房号不重复。一名业主可能在小区内有多套房屋，一套房屋在系统中只登记一名业主。

（2）所有车位都有固定的编号，且同一年度所有车位的出租费用相同，但不同年份的出租费用可能不同。

（3）所有车位都参与每年的抽签分配。每套房屋每年只有一次抽签机会。抽中车位的业主需一次性缴纳全年的车位使用费，且必须指定唯一的汽车使用该车位，需确认汽车车牌号、汽车的品牌和颜色。

（4）小区车辆出入口设有车牌识别系统，可以实时识别进出的汽车车牌号。

根据上述需求描述，设计出如下关系模式：

业主(业主身份证号,业主姓名,联系电话,房号,房屋面积)

车位(车位编号,房号,车牌号,汽车品牌,汽车颜色,使用年份,费用)

请回答以下问题：

（1）指出关系模式"业主"和"车位"的候选键，判定其所满足的范式，若不满足 BCNF，则将其进一步规范化。

（2）若要管理临时车辆进出小区，按照进入和离开小区的时间进行收费（每小时 2 元），请对数据库模式进行修改，增加相应的关系模式。

五、证明题

1. 在关系模式 $R(U, F)$ 中，$X \rightarrow A \in F$，求证：F 与 $G = F - \{X \rightarrow A\}$ 等价的充要条件是 $A \in X_G^+$。

2. 在关系模式 $R(U, F)$ 中，$X \subseteq U$，Z 是 X 的真子集，求证：F 与 $\{F - \{X \rightarrow A\}\} \bigcup \{Z \rightarrow A\}$ 等价的充要条件是 $A \in Z_F^+$。

六、思考题

对于函数依赖集 $F = \{B \rightarrow CD, C \rightarrow D, DE \rightarrow C, CE \rightarrow AB, E \rightarrow C\}$，其显然不是一个最小函数依赖集。若采用"定理：每一个函数依赖集 F 都等价于一个最小函数依赖集 F_m"的构造证明方法，严格按其步骤对 F 进行最小化处理，请判断结果是否为 F 的最小函数依赖集，并对结论做进一步研究。

附：最小函数依赖集 F_m 的构造证明方法。

证明：这是一个构造性的证明，只对 F 进行最小化处理，找出 F 的一个最小函数依赖集即可。

（1）对 F 中的每个函数依赖 $X \rightarrow Y$，若 $Y = A_1 A_2 \cdots A_k$，$k \geqslant 2$，A_i 为单一属性，则用 $\{X \rightarrow A_i \mid i = 1, 2, \cdots, k\}$ 取代 $X \rightarrow Y$，完成右部属性单一化处理。

（2）对 F 中的每个函数依赖 $X \rightarrow A$，令 $G = F - \{X \rightarrow A\}$，若 $A \in X_G^+$，说明 $X \rightarrow A$ 为 G 所蕴含，则 F 与 $F - \{X \rightarrow A\}$ 等价，从 F 中去掉此函数依赖 $X \rightarrow A$。

（3）对 F 中的每个函数依赖 $X \rightarrow A$，若 $X = B_1 B_2 \cdots B_k$，对每个 $B_i (i = 1, 2, \cdots, k)$，若 $A \in (X - B_i)_F^+$，说明 $(X - B_i) \rightarrow A$ 为 F 所蕴含，函数依赖 $X \rightarrow A$ 的左部是可约的，F 与 $F - \{X \rightarrow A\} \bigcup \{(X - B_i) \rightarrow A\}$ 等价，则以 $X - B_i$ 取代 X。

最后总能得到 F 的一个最小函数依赖集，其中，每个函数依赖的右部只含有一个属性，函数依赖的左部也是不可约的，从 F 中删除任何一个函数依赖都不能与 F 等价，且对 F 的每一次构造都保证了前后函数依赖集的等价。

5.3 参考答案

一、填空题

1. 数据不一致、插入异常、删除异常　　2. 函数　　3. 包含　4. BC

5. 一　　6. 部分　　7. 传递函数依赖　　8. 三　　9. BC

10. 二　　11. BC　　12. 2　　13. $AB/AC/AD$、3　　14. 2

15. 决定属性为非候选键的函数依赖/主属性对候选键的部分依赖或传递依赖

16. 闭包、Armstrong 公理

17. 闭包　　18. 候选键　　19. 模式分解　　20. 3

二、选择题

题号	1	2	3	4	5	6	7	8	9	10
答案	A	A	D	B	D	B	A	B	C	C
题号	11	12	13	14	15	16	17	18	19	20
答案	D	D	D	B	A	D	B	A	B	A
题号	21	22	23	24	25	26	27	28	29	30
答案	B	D	C	B	B	A	B	A	B	C
题号	31	32	33(1)-(2)		34	35	36	37	38	
答案	D	C	A		D	C	D	D	B	D

三、简答题

1. 理解并给出下列术语的定义。

答：（1）函数依赖：设有关系模式 R，其属性集为 U，X、Y 是 U 的子集 $X \subseteq U$、$Y \subseteq U$。对于 R 的任意可能的关系实例 $r(R)$ 及其中任意两个元组 $t_1 \in r$、$t_2 \in r$，若 $t_1[X] = t_2[X]$，则 $t_1[Y] = t_2[Y]$，称 Y 函数依赖于 X，或 X 函数决定 Y，记为 $X \rightarrow Y$。X 称为决定子，也称决定因素。若 $X \rightarrow Y$，$Y \rightarrow X$，则记作 $X \leftrightarrow Y$。

（2）部分函数依赖与完全函数依赖：设 X、Y 是关系 R 的属性集，且 $X \neq Y$，若 $X \rightarrow Y$，且不存在 $X' \subseteq X$，使 $X' \rightarrow Y$，则称 Y 完全函数依赖于 X，记为 $X \xrightarrow{f} Y$；否则称 Y 部分函数依赖于 X，记为 $X \xrightarrow{p} Y$。完全函数依赖意指 Y 不函数依赖于 X 的任何子属性（集），而部分函数依赖则指 Y 函数依赖于 X 的部分属性（集）。当 X 是单属性时，$X \rightarrow Y$ 必为完全函数依赖。

（3）传递函数依赖：在 $R(U)$ 中，$X \subseteq U$、$Z \subseteq U$，若存在 $Y \subseteq U$，$Y \not\subseteq X$，$Z \not\subseteq Y$，使得 $X \rightarrow Y$，$Y \rightarrow Z$，且 $Y \not\rightarrow X$，则称 Z 传递函数依赖于 X，可记为 $X \xrightarrow{t} Z$。

（4）候选键：候选键是能唯一标识一个元组的最小属性集。设 K 为 $R(U, F)$ 中的属性或属性组，若 $K \xrightarrow{f} U$，即 K 完全函数决定关系的所有其他属性，则称 K 为 R 的候选键。

（5）1NF：对于关系模式 R，当且仅当 R 中的每个属性对应的域是原子的，即域中的值都是不可分割的，则称该关系模式 R 属于第一范式，即 $R \in 1NF$。第一范式是关系模式需要满足的最低要求。严格地说，不满足 1NF 的关系模式就不是规范化的。

（6）2NF：对于关系模式 R，当且仅当 $R \in 1NF$，且 R 中每一个非主属性都完全函数依赖于候选键时，该关系模式 R 属于第二范式，即 $R \in 2NF$。

（7）3NF：对于关系模式 R，当且仅当 $R \in 2NF$，且 R 中所有非主属性都不传递函数依赖于候选键时，该关系模式 R 属于第三范式，记为 $R \in 3NF$，即满足 3NF 的关系模式的每一个非主属性既不部分函数依赖于候选键，也不传递函数依赖于候选键。

（8）BCNF：对于关系模式 R，若 $X \rightarrow Y$，$Y \not\subseteq X$ 时，X 必含有候选键，即 R 中的所有非平凡的、完全的函数依赖的决定因素是候选键，则 $R \in BCNF$。

（9）多值依赖：对于关系模式 $R(U)$，X、Y、$Z \subseteq U$，且 $Z = U - X - Y$，当且仅当对于 R 的

任一关系实例 r,r 在 X 上的每一个值对应一组 Y 的值,这组值仅决定于 X 值,而与 Z 值无关,则 Y 多值依赖 X(或 X 多值决定 Y),记为 $X \rightarrow\rightarrow Y$。

(10) 4NF:对于关系模式 $R(U) \in$ 1NF,如果对于 R 的每个非平凡多值依赖 $X \rightarrow\rightarrow Y(Y \nsubseteq X)$,$X$ 都含有候选键,则 $R \in$ 4NF。

2. 设计关于系、学生、班级、学会等信息的关系数据库模式,并讨论关系模式上的函数依赖及键的情况。

答:按所提供的信息,可直接设计如下关系模式,模式中带下画线的属性(组)为候选键,带波浪线的属性(组)为外键。

学生({学号,姓名,出生年月,系名,班级号,宿舍区},{学号→姓名,学号→出生年月,学号→班级号,班级号→系名,系名→宿舍区});存在传递函数依赖:班级号→系名,系名→宿舍区。

班级({班级号,专业名,系名,人数,入校年份},{班级号→专业名,专业名→系名,班级号→人数,班级号→入校年份,(专业名,入校年份)→班级号});存在传递函数依赖:班级号→专业名,专业名→系名。

系({系名,系号,系办公地点,人数},{系名→系号,系号→系名,系名→系办公地点,系名→人数})。

学会({学会名,成立年份,地点,人数},{学会名→成立年份,学会名→地点,学会名→人数})。

学生参会({学号,学会名,入会时间},{(学号,学会名)→入会时间});学号、学会名是该关系模式的外键,(学号,学会名)→入会时间是完全函数依赖。

需要强调的是,因为学生和班级的关系模式中存在传递函数依赖,所以这两个关系模式不满足 3NF,若模式设计得不好,则采用分解的方法将这两个模式规范化为 3NF,之后即可进行如下设计。

学生({学号,姓名,出生年月,班级号},{学号→姓名,学号→出生年月,学号→班级号})。

班级({班级号,专业名,人数,入校年份},{班级号→专业名,班级号→人数,班级号→入校年份,(专业名,入校年份)→班级号})。

专业({专业名,系名},专业名→系名)。

系({系名,系号,系办公地点,人数,宿舍区},{系名→系号,系号→系名,系名→系办公地点,系名→人数,系名→宿舍区})。

3. 判断下面的结论是否正确,对于错误的结论,请给出一个反例说明。

(1) 任何一个二目关系都是属于 3NF 的。

答:正确。只有两个属性,候选键为其中的一个属性或是全键,不存在非主属性对候选键的部分函数依赖和传递函数依赖。

(2) 任何一个二目关系都是属于 BCNF 的。

答:正确。只有两个属性,候选键为其中的一个属性或是全键,即一个属性函数决定另一个属性,或两个属性间没有函数依赖关系,不存在决定因素为非候选键的函数依赖。

(3) 任何一个二目关系都是属于 4NF 的。

答:正确。只有两个属性,不存在非平凡的多值依赖。

(4) 当且仅当函数依赖 $A \rightarrow B$ 在 R 上成立,关系 $R(A,B,C)$ 等于其投影 $R_1(A,B)$ 和 $R_2(A,C)$ 的连接。

答:错误。对于关系 $R(A,B,C)$ 的分解 $R_1(A,B)$ 和 $R_2(A,C)$,若关系 $R(A,B,C)$ 等于其投影 $R_1(A,B)$ 和 $R_2(A,C)$ 的连接,则该分解是无损连接分解。

根据定理：设 $\rho=\{R_1(U_1),R_2(U_2)\}$ 是 $R(U)$ 的一个分解，则 ρ 无损连接分解的充要条件为 $(U_1\cap U_2)\rightarrow(U_1-U_2)\in F^+$ 或 $(U_1\cap U_2)\rightarrow(U_2-U_1)\in F^+$。进行如下判断：

因为 $U_1=AB,U_2=AC,U_1\cap U_2=A,U_1-U_2=B$，若函数依赖 $A\rightarrow B$ 在 R 上成立，即 $(U_1\cap U_2)\rightarrow(U_1-U_2)\in F^+$，则 $R_1(A,B)$ 和 $R_2(A,C)$ 是关系 $R(A,B,C)$ 的无损分解，关系 $R(A,B,C)$ 等于其投影 $R_1(A,B)$ 和 $R_2(A,C)$ 的连接。

反之，关系 $R(A,B,C)$ 等于其投影 $R_1(A,B)$ 和 $R_2(A,C)$ 的连接，即分解无损，则 $(U_1\cap U_2)\rightarrow(U_1-U_2)\in F^+$ 或 $(U_1\cap U_2)\rightarrow(U_2-U_1)\in F^+$，即 $A\rightarrow B$ 或 $A\rightarrow C$ 在 R 上成立。

因此，函数依赖 $A\rightarrow B$ 在 R 上成立是关系 $R(A,B,C)$ 等于其投影 $R_1(A,B)$ 和 $R_2(A,C)$ 的连接的充分但非必要条件。

（5）若 $R.A\rightarrow R.B,R.B\rightarrow R.C$，则 $R.A\rightarrow R.C$。

答：正确。符合 Armstrong 公理传递律。

（6）若 $R.A\rightarrow R.B,R.A\rightarrow R.C$，则 $R.A\rightarrow R.(B,C)$。

答：正确。符合 Armstrong 公理合并规则。

（7）若 $R.B\rightarrow R.A,R.C\rightarrow R.A$，则 $R.(B,C)\rightarrow R.A$。

答：正确。符合 Armstrong 公理增广律。

（8）若 $R.(B,C)\rightarrow R.A$，则 $R.B\rightarrow R.A,R.C\rightarrow R.A$。

答：错误。当 (B,C) 为关系模式的候选键时，(B,C) 函数决定所有的其他非主属性，但其部分是不函数决定其他非主属性的。例如，对于学生选课数据库中的选课关系表 $SC(SNO,CNO,GRADE)$，$(SNO,CNO)\rightarrow GRADE$，但 $SNO\rightarrow GRADE,CNO\rightarrow GRADE$ 不成立。

四、计算题

1. 确定关系模式 $R(U,F)$ 的候选键，其中，$U=(H,I,J,K,L,M)$，$F=\{H\rightarrow I,K\rightarrow H,LM\rightarrow K,I\rightarrow L,KH\rightarrow M\}$。

答：在关系模式 $R(U,F)$ 中，J 为 N 类属性，没有 L 类和 R 类属性。根据定理，属性 J 必包含在任一候选码中，是主属性，需要对其他属性是否为主属性进行判断。根据候选键的定义：如果属性集 K 满足 $K\xrightarrow{f}U$，不存在其真子集决定所有属性，则 K 为关系模式 R 的候选键。可利用属性集闭包求解候选键的算法，通过去掉 U 中的冗余属性，确定主属性，得到该关系模式的候选键。

初始设定 $Key=\{H,I,J,K,L,M\}$

$\because\{Key-H\}_F^+=U$ $\quad\therefore Key=Key-H=JIKLM$

$\because\{Key-I\}_F^+=U$ $\quad\therefore Key=Key-I=JKLM$

$\because\{Key-K\}_F^+=U$ $\quad\therefore Key=Key-K=JLM$

$\because\{Key-L\}_F^+=\{J,M\}\neq U$ $\quad\therefore$ 该关键字中必含有属性 L

$\because\{Key-M\}_F^+=\{J,L\}\neq U$ $\quad\therefore$ 该关键字中必含有属性 M

因属性 J 必包含在任一候选码中，所以最后得到该关系的一个候选键 $\{J,L,M\}$。

同理，采用不同处理属性的顺序，可求得其他候选键 JK、JHM、JIM。

因此，该关系模式的候选键为 JLM、JK、JHM、JIM。

2. 判断关系模式 $R(XYZ)$ 上的分解 $\rho=\{R_1(XY),R_2(XZ)\}$ 是否保持函数依赖，其中 R

上的函数依赖集 $F=\{XY\rightarrow Z,Z\rightarrow X\}$。

答：首先根据分解的定义，确定分解 ρ 中各子模式上的函数依赖。可得

$$\rho=\{R_1(\{XY\}),R_2(\{XZ\},\{Z\rightarrow X\})\}$$

其中，$R_1(\{XY\})$ 上没有非平凡的函数依赖。

由于在分解 ρ 中，R 上的函数依赖 $XY\rightarrow Z$ 没有在分解中保留下来，需验证 $XY\rightarrow Z$ 是否丢失，即判断 $XY\rightarrow Z$ 是否为分解 ρ 的函数依赖集 G 所覆盖，$G=\{Z\rightarrow X\}$。

可求得 $(XY)_G^+=\{XY\}$，Z 不属于 $(XY)_G^+$，则 $XY\rightarrow Z$ 不为 G 所覆盖。

故 $XY\rightarrow Z$ 丢失，分解 ρ 不保持函数依赖。

3. 对关系模式 $R(U,F)$，$U=\{A,B,C,D,E\}$，$F=\{A\rightarrow C,C\rightarrow D,B\rightarrow C,DE\rightarrow C,CE\rightarrow A\}$，回答下列问题。

（1）给出 R 的候选键，判断 R 的范式级别。

答：经判断，F 已为最小函数依赖集，BE 为 L 类属性，且 $BE_F^+=U$，所以 BE 为 R 的候选键。由于存在非主属性对候选键的部分依赖 $B\rightarrow C$，故关系模式 R 为 1NF。

（2）判断 R 的一个分解 $\rho=\{R_1(AD),R_2(AB),R_3(BC),R_4(CDE),R_5(AE)\}$ 是否为无损连接分解。

答：利用检验一个分解是否为无损连接分解的算法，检验分解 $\rho=\{R_1(AD),R_2(AB),R_3(BC),R_4(CDE),R_5(AE)\}$ 是否为无损连接分解。

根据算法，首先构造一个初始二维表，如表 5-1(a) 所示。

表 5-1　检验分解 ρ 是否为无损连接分解的过程

（a）

模　式	属　　性				
	A	B	C	D	E
$R_1(AD)$	a_1	b_{12}	b_{13}	a_4	b_{15}
$R_2(AB)$	a_1	a_2	b_{23}	b_{24}	b_{25}
$R_3(BC)$	b_{31}	a_2	a_3	b_{34}	b_{35}
$R_4(CDE)$	b_{41}	b_{42}	a_3	a_4	a_5
$R_5(AE)$	a_1	b_{52}	b_{53}	b_{54}	a_5

扫描 F 中的每一个函数依赖，对于 $A\rightarrow C$，将表 5-1(a) 中 A 属性列值相同的行对应的 C 属性列的值一致改为 b_{13}，修改结果如表 5-1(b) 所示（变化的字符加粗）。

（b）

模　式	属　　性				
	A	B	C	D	E
$R_1(AD)$	a_1	b_{12}	$\boldsymbol{b_{13}}$	a_4	b_{15}
$R_2(AB)$	a_1	a_2	$\boldsymbol{b_{13}}$	b_{24}	b_{25}
$R_3(BC)$	b_{31}	a_2	a_3	b_{34}	b_{35}
$R_4(CDE)$	b_{41}	b_{42}	a_3	a_4	a_5
$R_5(AE)$	a_1	b_{52}	$\boldsymbol{b_{13}}$	b_{54}	a_5

对于 $C \rightarrow D$，将表 5-1(b)中 C 属性列值相同的行对应的 D 属性列的值一致改为 a_4，修改结果如表 5-1(c)所示。

（c）

模 式	属 性				
	A	B	C	D	E
$R_1(AD)$	a_1	b_{12}	b_{13}	a_4	b_{15}
$R_2(AB)$	a_1	a_2	b_{13}	$\boldsymbol{a_4}$	b_{25}
$R_3(BC)$	b_{31}	a_2	a_3	$\boldsymbol{a_4}$	b_{35}
$R_4(CDE)$	b_{41}	b_{42}	a_3	a_4	a_5
$R_5(AE)$	a_1	b_{52}	b_{13}	$\boldsymbol{a_4}$	a_5

对于 $B \rightarrow C$，将表 5-1(c)中 B 属性列值相同的行对应的 C 属性列的值一致改为 a_3，修改结果如表 5-1(d)所示。

（d）

模 式	属 性				
	A	B	C	D	E
$R_1(AD)$	a_1	b_{12}	b_{13}	a_4	b_{15}
$R_2(AB)$	a_1	a_2	$\boldsymbol{a_3}$	a_4	b_{25}
$R_3(BC)$	b_{31}	a_2	a_3	a_4	b_{35}
$R_4(CDE)$	b_{41}	b_{42}	a_3	a_4	a_5
$R_5(AE)$	a_1	b_{52}	b_{13}	a_4	a_5

对于 $DE \rightarrow C$，将表 5-1(d)中 D 和 E 属性列值相同的行对应的 C 属性列的值一致改为 a_3，具有与变化的 C 属性值相同值的行同步变化(第 1 行)，修改结果如表 5-1(e)所示。

（e）

模 式	属 性				
	A	B	C	D	E
$R_1(AD)$	a_1	b_{12}	$\boldsymbol{a_3}$	a_4	b_{15}
$R_2(AB)$	a_1	a_2	a_3	a_4	b_{25}
$R_3(BC)$	b_{31}	a_2	a_3	a_4	b_{35}
$R_4(CDE)$	b_{41}	b_{42}	a_3	a_4	a_5
$R_5(AE)$	a_1	b_{52}	$\boldsymbol{a_3}$	a_4	a_5

对于 $CE \rightarrow A$，将表 5-1(e)中 C 和 E 属性列值相同的行对应的 A 属性列的值一致改为 a_1，修改结果如表 5-1(f)所示。

（f）

模　式	属　　　性				
	A	B	C	D	E
$R_1(AD)$	a_1	b_{12}	a_3	a_4	b_{15}
$R_2(AB)$	a_1	a_2	a_3	a_4	b_{25}
$R_3(BC)$	b_{31}	a_2	a_3	a_4	b_{35}
$R_4(CDE)$	a_1	b_{42}	a_3	a_4	a_5
$R_5(AE)$	a_1	b_{52}	a_3	a_4	a_5

对 F 中的每个函数依赖扫描一遍后,表有改动,没有达到算法结束条件,算法循环,再对 F 中的每个函数依赖进行一次扫描。

再次扫描过程中,表格内容没有发生改变,则算法结束。因表格中不存在一行全为 a,所以分解 $\rho=\{R_1(AD),R_2(AB),R_3(BC),R_4(CDE),R_5(AE)\}$ 不是无损连接分解。

（3）若 R 不满足 BCNF,则将 R 分解为 BCNF,并使之具有无损连接性。

答:关系模式 R 只满足 1NF,可利用分解关系模式为满足 BCNF 的一个无损连接分解算法将其分解为 BCNF。

BE 为 R 的候选键,对于 $F=\{A\to C,C\to D,B\to C,DE\to C,CE\to A\}$,考虑 $A\to C$,因 $A_F^+=ACD$,将 R 分解为 R_1 和 R_2,$U_1=ACD$,$U_2=ABE$。对 F 在 U_1 和 U_2 进行投影,得到 $R_1(\{A,C,D\},\{A\to C,C\to D\})$ 和 $R_2(\{A,B,E\},\{BE\to A\})$。

R_2 是 BCNF,而 R_1 不是,需进一步分解。

考虑 $C\to D$,C 不是 R_1 的候选键,将 R_1 分解为 $\rho=\{R_{11}(\{A,C\},\{A\to C\}),R_{12}(\{C,D\},\{C\to D\})\}$。$R_{11}$ 和 R_{12} 均是 BCNF,不需进一步分解。

因此,将 R 分解为 $\rho=\{R_{11}(\{A,C\},\{A\to C\}),R_{12}(\{C,D\},\{C\to D\}),R_2(\{A,B,E\},\{BE\to A\})\}$。

根据处理依赖的顺序不同,也可将 R 分解为 $\rho=\{R_{11}(\{B,C\},\{B\to C\}),R_{12}(\{C,D\},\{C\to D\}),R_{22}(\{A,B,E\},\{BE\to A\})\}$ 等多种情况。

4. 对关系模式 $R(U,F)$,其中 $U=ABCDE$,$F=\{A\to B,BC\to E,ED\to AB\}$,回答下列问题。

（1）计算 $(CD)_F^+$、$(CDE)_F^+$、$(ACD)_F^+$ 及 $(BCD)_F^+$。

答:$(CD)_F^+=CD$

$(BCD)_F^+=ABCDE$

$(ACD)_F^+=ABCDE$

$(CDE)_F^+=ABCDE$

（2）给出 R 的所有候选键,说明判定理由。

答:根据（1）的计算结果,CD 为 L 类属性,是 R 的主属性,但其属性集闭包不包含所有属性,CD 不是 R 的候选键。而 $(BCD)_F^+$、$(ACD)_F^+$、$(CDE)_F^+$ 均包含所有属性,所以 BCD、ACD、CDE 均是 R 的候选键。

（3）判断 R 最高满足第几范式?说明理由。

答:R 最高满足第三范式。根据（2）的候选键判定结果,R 中的所有属性均为主属性,因此不存在任何非主属性对候选键的部分函数依赖或传递函数依赖，R 满足 3NF。但存在决定因素为非候选键的函数依赖，所以 R 不属于 BCNF。

（4）若 R 不满足 BCNF，试改进该关系模式设计。

答：根据（3）的判断结果，R 不满足 BCNF，利用分解关系模式为满足 BCNF 的一个无损连接分解算法将其分解为 BCNF。

首先求得 $F=\{A \rightarrow B, BC \rightarrow E, ED \rightarrow AB\}$ 的最小函数依赖 $F_m=\{A \rightarrow B, BC \rightarrow E, ED \rightarrow A\}$。

考虑 $A \rightarrow B$，A 不是 R 的候选键，将 R 分解为 $\rho=\{R_1(\{AB\},\{A \rightarrow B\}), R_2(\{ACDE\}, \{AC \rightarrow E, ED \rightarrow A\})\}$，$R_1$ 是 BCNF，而 R_2 不是，需进一步分解。

考虑 $AC \rightarrow E$，将 R_2 分解为 $\rho=\{R_{21}(\{ACE\},\{AC \rightarrow E\}), R_{22}(\{ACD\})\}$，$R_{22}$ 上没有非平凡的函数依赖，R_{21}、R_{22} 均是 BCNF，不需进一步分解。

或考虑 $ED \rightarrow A$，ED 不是 R_2 的候选键，将 R_2 分解为 $\rho=\{R_{21}(\{EDA\},\{ED \rightarrow A\}), R_{22}(\{EDC\})\}$，$R_{21}$、$R_{22}$ 均是 BCNF，不需进一步分解。

因此，可将 R 分解为 $\rho=\{R_1(\{AB\},\{A \rightarrow B\}), R_{21}(\{ACE\},\{AC \rightarrow E\}), R_{22}(\{ACD\})\}$（可表示为 $\rho=\{AB, ACE, ACD\}$）。

或将 R 分解为 $\rho=\{R_1(\{AB\},\{A \rightarrow B\}), R_{21}(\{EDA\},\{ED \rightarrow A\}), R_{22}(\{EDC\})\}$（可表示为 $\rho=\{AB, EDA, EDC\}$）。

同理，按不同顺序处理函数依赖，也可将 R 分解为 $\rho=\{BCE, AB, ACD\}$ 等。

5. 针对自学考试成绩管理设计的关系 $R(S\#, SN, C\#, CN, G, U)$，回答下列问题。

（1）根据题目所描述的语义写出关系模式 R 的基本函数依赖集。

答：根据题目所描述的语义，关系模式 R 的基本函数依赖集可为

$$F=\{(S\#, C\#) \rightarrow G, C\# \rightarrow U, S\# \rightarrow SN, C\# \rightarrow CN\}$$

（2）确定关系模式 R 的候选键。

答：$S\#$、$C\#$ 为 L 类属性，且 $(S\#, C\#)_F^+$ 为所有属性，则可确定关系模式 R 的候选键为 $(S\#, C\#)$。

（3）判断关系模式 R 最高达到第几范式，说明理由。

答：R 最高达到第一范式。R 中 $(S\#, C\#)$ 是候选键，存在 U、SN、CN 这些非主属性对于候选键的部分函数依赖 $C\# \rightarrow U$，$S\# \rightarrow SN$，$C\# \rightarrow CN$，所以 R 只能达到第一范式。

（4）若 R 达不到 3NF，则将 R 规范化为 3NF，并使其具有无损连接性和保持函数依赖特性。

答：利用分解关系模式为满足 3NF 的一个无损且保持函数依赖的分解算法，可将关系模式 $R(S\#, SN, C\#, CN, G, U)$ 分解为 $\rho=\{S(\{S\#, SN\},\{S\# \rightarrow SN\}), C(\{C\#, CN, U\}, \{C\# \rightarrow U, C\# \rightarrow CN\}), SC(\{S\#, C\#, G\}, \{(S\#, C\#) \rightarrow G\})\}$。

6. 针对关系模式 $R(U, F)$，$U=ABCDEG$，$F=\{AD \rightarrow E, AC \rightarrow E, BC \rightarrow G, BCD \rightarrow AG, BD \rightarrow A, AB \rightarrow G, A \rightarrow C\}$，回答下列问题。

（1）判断 F 是否为最小函数依赖集。若不是，请给出 F 的最小函数依赖集。

答：因存在 $BCD \rightarrow AG$ 等函数依赖，所以可判断 F 不是最小函数依赖集。

根据最小函数依赖集构造步骤，首先对 F 进行右部属性单一化处理，得

$$F=\{AD \rightarrow E, AC \rightarrow E, BC \rightarrow G, BCD \rightarrow A, BCD \rightarrow G, BD \rightarrow A, AB \rightarrow G, A \rightarrow C\}$$

根据 Armstrong 公理，由 $BD \rightarrow A$、$BC \rightarrow G$ 可判断 $BCD \rightarrow A$、$BCD \rightarrow G$ 冗余，可得

$$F=\{AD \rightarrow E, AC \rightarrow E, BC \rightarrow G, BD \rightarrow A, AB \rightarrow G, A \rightarrow C\}$$

对 F 中的每个函数依赖,判断其是否为冗余的函数依赖。

对于 $AD \rightarrow E$,设 $G_1 = \{AC \rightarrow E, BC \rightarrow G, BD \rightarrow A, AB \rightarrow G, A \rightarrow C\}$,$(AD)_{G_1}^+ = ACDE$,则 $E \in (AD)_{G_1}^+$,$AD \rightarrow E$ 冗余,可得

$$F = \{AC \rightarrow E, BC \rightarrow G, BD \rightarrow A, AB \rightarrow G, A \rightarrow C\}$$

同理,可判断 $AB \rightarrow G$ 冗余,其他函数依赖不冗余,可得

$$F = \{AC \rightarrow E, BC \rightarrow G, BD \rightarrow A, A \rightarrow C\}$$

对 F 中依赖左部为多属性的函数依赖,判断函数依赖的左部是否可约。

对于 $AC \rightarrow E$,在决定因素中去掉 C,若 $A \rightarrow E$ 被 F 所逻辑蕴含,则以 $A \rightarrow E$ 代替 $AC \rightarrow E$。因为 $A_F^+ = ACE$,所以 $E \in A_F^+$,$A \rightarrow E \in F^+$,依赖左部可约,可得

$$F = \{A \rightarrow E, BC \rightarrow G, BD \rightarrow A, A \rightarrow C\}$$

同理,可判断其他函数依赖的左部不可约。

所以 $F_m = \{A \rightarrow E, BC \rightarrow G, BD \rightarrow A, A \rightarrow C\}$。

(2) 确定 R 的候选键,并判断 R 最高满足第几范式,说明理由。

答:在 F_m 中,BD 为 L 类属性,且 $(BD)_F^+ = ABCDEG$,则 BD 为 R 的候选键。

因 R 中非主属性 C、E 函数依赖于属性 A,并传递函数依赖于 R 的候选键 BD,所以 R 最高满足 2NF。

(3) 如果关系模式 R 不属于 3NF,请将 R 分解为满足 3NF 的关系模式集合,并且使分解具有无损连接性和保持函数依赖特性。

答:对于关系模式 R,依据求得的最小函数依赖集 $F_m = \{A \rightarrow E, BC \rightarrow G, BD \rightarrow A, A \rightarrow C\}$,利用分解关系模式为满足 3NF 的一个无损且保持函数依赖的分解算法,可将该关系模式分解为 $\rho = \{R_1(\{ACE\}, \{A \rightarrow E, A \rightarrow C\}), R_2(\{BCG\}, \{BC \rightarrow G\}), R_3(\{ABD\}, \{BD \rightarrow A\})\}$。

7. 针对小区物业的停车位租用和收费信息系统的关系模式如下:

业主(业主身份证号,业主姓名,联系电话,房号,房屋面积)

车位(车位编号,房号,车牌号,汽车品牌,汽车颜色,使用年份,费用)

请回答以下问题:

(1) 指出两个关系模式的候选键,判定其所满足的范式,若不满足 BCNF,则将其进一步规范化。

参考解答:

关系模式"业主"的候选键是"房号",属于 2NF,因为存在非主属性"业主姓名"函数依赖于"业主身份证号",传递函数依赖于候选键"房号",所以可将该关系模式分解为满足 BCNF 的如下两个关系模式。

房屋(房号,业主身份证号,房屋面积)

业主(业主身份证号,业主姓名,联系电话)

关系模式"车位"的候选键是(车位编号,使用年份),属于 2NF,因为存在非主属性"汽车品牌"、"汽车颜色"函数依赖于"车牌号",并且传递函数依赖于候选键。可将该关系模式分解为满足 BCNF 的三个关系模式。

租金(使用年份,费用)

车辆(车牌号,汽车品牌,汽车颜色)

车位(车位编号,使用年份,房号,车牌号)

其中,关系模式车位的候选键也可为(房号,使用年份)或(车牌号,使用年份)。

(2) 若要管理临时车辆进出小区,按照进入和离开小区的时间进行收费(每小时 2 元),请对数据库模式进行修改,增加相应的关系模式。

参考解答:若要根据临时车辆进入和离开小区的时间对车辆进行收费,则需要增加一个关系模式——临时停车(<u>车牌号,进入时间</u>,离开时间)。系统可根据车辆的进入时间和离开时间自动计费。

五、证明题

1. 对于关系模式 $R(U,F)$,$X \rightarrow A \in F$,证明 F 与 $G = F - \{X \rightarrow A\}$ 等价的充要条件是 $A \in X_G^+$。

证明:根据定理 $F^+ = G^+$ 的充分必要条件是 $F \subseteq G^+$ 且 $G \subseteq F^+$ 来证明。

(1) 必要性:

若 F 与 G 等价,即 $F^+ = G^+$,则 $F \subseteq F^+ = G^+$,因为 $X \rightarrow A \in F$,所以 $X \rightarrow A \in G^+$,即 $A \in X_G^+$。

(2) 充分性:

若 $A \in X_G^+$,则 $X \rightarrow A \in G^+$,因为 $X \rightarrow A \in F$,所以 $F \subseteq G^+$。

因为 $G = F - \{X \rightarrow A\}$,所以 $G \subseteq F^+$。

因此,$F^+ = G^+$,即 F 与 G 等价。

2. 对于关系模式 $R(U,F)$,$X \subseteq U$,Z 是 X 的真子集,求证:F 与 $\{F - \{X \rightarrow A\}\} \cup \{Z \rightarrow A\}$ 等价的充要条件是 $A \in Z_F^+$。

证明:令 $G = \{F - \{X \rightarrow A\}\} \cup \{Z \rightarrow A\}$。

根据定理 $F^+ = G^+$ 的充分必要条件是 $F \subseteq G^+$ 且 $G \subseteq F^+$ 来证明。

(1) 必要性:

若 F 与 G 等价,即 $F^+ = G^+$,则 $G \subseteq G^+ = F^+$,因为 $Z \rightarrow A \in G$,所以 $Z \rightarrow A \in F^+$,即 $A \in Z_F^+$。

(2) 充分性:

若 $A \in Z_F^+$,则 $Z \rightarrow A \in F^+$,因为 $G = \{F - \{X \rightarrow A\}\} \cup \{Z \rightarrow A\}$,所以 $G \subseteq F^+$。

因为 Z 是 X 的真子集,且 $Z \rightarrow A \in G$,由扩充规则可知 $X \rightarrow A \in G^+$。

因为 $G = \{F - \{X \rightarrow A\}\} \cup \{Z \rightarrow A\}$,所以 $F \subseteq G^+$。

因此,$F^+ = G^+$,即 F 与 G 等价。

六、思考题

采用最小函数依赖集 F_m 的构造证明方法,求解函数依赖集 $F = \{B \rightarrow CD, C \rightarrow D, DE \rightarrow C, CE \rightarrow AB, E \rightarrow C\}$ 的最小函数依赖集,并对结果进行分析。

答:若采用最小函数依赖集 F_m 的构造证明方法,严格按其步骤对 F 进行最小化处理,则所得 F 的最小函数依赖集是 $F_m = \{B \rightarrow C, C \rightarrow D, E \rightarrow A, E \rightarrow B, E \rightarrow C\}$,其仍存在着冗余的依赖 $E \rightarrow C$。F_m 并不是最小函数依赖集。

若对得到的 F_m 再进行一次构造,则可得到正确的 $F_m = \{B \rightarrow C, C \rightarrow D, E \rightarrow A, E \rightarrow B\}$。

若求解过程如下,也可得到最小函数依赖集。

(1) 利用 Armstrong 公理,对 $F = \{B \rightarrow CD, C \rightarrow D, DE \rightarrow C, CE \rightarrow AB, E \rightarrow C\}$ 进行预处理,由 $E \rightarrow C$ 可知,$CE \rightarrow AB$ 中 C 为冗余属性,$DE \rightarrow C$ 冗余,可直接删除,可得

$$F = \{B \rightarrow CD, C \rightarrow D, E \rightarrow AB, E \rightarrow C\}$$

(2) 分解右部为多属性的函数依赖,可得 $F = \{B \rightarrow C, B \rightarrow D, C \rightarrow D, E \rightarrow A, E \rightarrow B, E \rightarrow C\}$。

根据 Armstrong 公理,由 $B \rightarrow C, C \rightarrow D$ 可知,$B \rightarrow D$ 冗余,可直接删除。

由 $B \rightarrow C, E \rightarrow B$ 可知,$E \rightarrow C$ 冗余,可直接删除,

则 $F = \{B \rightarrow C, C \rightarrow D, E \rightarrow A, E \rightarrow B\}$。

(3) 去除多余的函数依赖。

考查 $B \rightarrow C, G_1 = F - \{B \rightarrow C\}$,因为 C 不属于 $B_{G_1}^+$,所以 $B \rightarrow C$ 不冗余。

同理,可判断 $C \rightarrow D$、$E \rightarrow A$、$E \rightarrow B$ 均不冗余。

所以,$F_m = \{B \rightarrow C, C \rightarrow D, E \rightarrow A, E \rightarrow B\}$。

由此可见,对一个函数依赖集进行最小化处理,最好先利用 Armstrong 公理的推理规则删除冗余的函数依赖,或依赖中冗余的属性,再进行处理,这样不仅可简化计算,也可得到正确的结果。大多数文献所采用最小函数依赖集 F_m 的构造证明方法,只执行一遍可能得不到正确的结果,需进行循环操作。

第 6 章 数据库的存储管理

6.1 知识图谱

1. 学习内容

数据库的存储管理的学习内容主要包括数据库系统中存储管理的数据；数据库文件中数据的组织结构和存储结构；索引的概念与作用，创建索引的方法等。

2. 知识点

本章涉及的知识点主要包括：
(1) DBMS 中存储管理的数据，数据描述(元数据)的概念，数据库的文件存储。
(2) 数据库在磁盘上的存储，磁盘块、磁盘缓冲区、缓冲区管理器的概念及作用。
(3) 数据库文件的组织结构，定长记录、变长数据与记录的特点和存储特性。
(4) 数据库文件的存储结构，堆文件、顺序文件、聚集文件、散列文件的存储特性和操作特点。
(5) 索引的概念与作用，用 CREATE INDEX 语句创建聚集索引与非聚集索引的方法。
(6) 稠密索引和稀疏索引的特点，多级索引的应用。
(7) 索引文件的结构，B^+ 树、散列索引结构的特点。

3. 知识点概念图

知识点涉及的概念及其概念间内涵可用概念图呈现，如图 6-1 所示。

4. 概念图解读

DBMS 实现对所创建的数据库进行管理，DBMS 管理的数据库数据包括各类数据库对象的描述信息(元数据)、数据本身、数据之间的联系，以及数据的存储路径。

数据描述信息存储在数据库的数据字典中，按内容不同对应若干系统文件；数据和数据之间的联系用"关系表"表示，对应一种文件结构；数据的存储路径用关系表上的索引表示，对应一种索引文件结构。

存储数据和数据之间联系的关系表文件通常由定长记录组成，也可由变长记录组成，文件中的记录在磁盘上可以采用不同的文件结构进行存储，可以按记录插入的先后顺序存储(堆文件)，或按记录某属性值的排序顺序存储(顺序文件)，或把属性值相同的记录聚集存储(聚集文件)，或按属性值的散列值散列存储(散列文件)。

不同文件结构中记录的存取方法和效率不同，DBMS 主要通过创建数据关系表文件上的索引建立元组的属性值(索引键)与数据记录间的存储访问路径，用户可用 CREATE INDEX 语句或在 CREATE TABLE 语句创建表的同时创建聚集(CLUSTERED)或非聚集(NONCLUSTERED)索引，

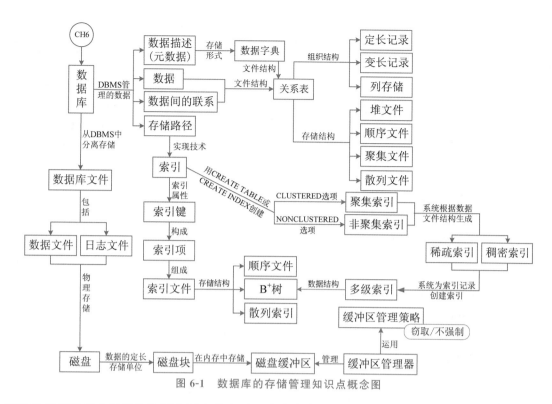

图 6-1 数据库的存储管理知识点概念图

DBMS 根据数据文件结构为用户创建的索引生成稠密索引记录或稀疏索引记录,或生成多级索引结构。

目前常用的索引文件结构是采用顺序文件实现单级索引,采用 B$^+$ 树数据结构实现多级索引,也可以基于散列或者其他查找数据结构构建索引。其中,B$^+$ 树索引技术是目前 DBMS 应用最广泛的一种数据组织和管理方式。

数据库可以从 DBMS 中分离出来,以数据文件和日志文件的形式存储在磁盘上,在磁盘上按磁盘块存储,被访问数据所在磁盘块需从磁盘读入内存的磁盘缓冲区,磁盘缓冲区由缓冲区管理器管理,缓冲管理器通常采取一种窃取/不强制的缓冲区管理策略。

6.2 习题

一、填空题

1. 数据库系统中要存储_____、_____、_____和_____ 4 方面的数据。

2. 有关数据的描述称为元数据,其存储在数据库系统的_____中。

3. 在关系数据库管理系统中,_____是访问一个关系表文件中行集合的特殊技术。

4. _____是目前常用的存储数据库的大容量外部存储设备。

5. _____是内、外存数据交换的基本单位,是数据在磁盘上的定长存储单位。

6. 若关系表文件记录中有一个名为照片的字段,其拟存放位图(bmp 文件),则该字段的类型应为_____。

7. 如果一个文件是_____存储的,则这个文件中元组紧缩到能存储这些元组的尽可能少的块中。

8. 在 DBMS 中,通过 SQL 提供的_____语句命令建立索引文件。利用索引文件建立索引键值和_____之间的映射,可基于索引键高效地存取记录。目前大多数数据库系统都使用_____数据结构实现动态多级索引。

9. 在一个关系表上可以创建_____个聚簇索引。

10. DBMS 一般会在主键上默认创建_____索引。

11. 在 *Student* 表的 *Sname* 列上建立一个非聚簇索引的 SQL 语句为:CREATE _____ Stusname   ON Student(Sname);。

12. 在 *Student* 表的 *Sname* 列上建立一个聚簇索引的 SQL 语句为:CREATE _____ INDEX   Stusname   ON   Student(Sname);。

13. 按关键字集高效检索文档的最简单、最常用的方法是采用_____。

14. 使用位图索引的优势表现为可高效地实现_____查询和_____查询。

二、选择题

1. 在数据库系统的三级模式结构中,定义索引的组织方式属于_____。
    A. 概念模式   B. 外模式
    C. 逻辑模式   D. 内模式

2. 数据字典中不包含_____项。
    A. 学生表的定义
    B. 安全性和完整性约束规则
    C. 计算机系学生视图的定义
    D. 学生"张三"的信息

3. 根据关系中某些属性值的排序顺序存储记录的文件称为_____。
    A. 堆文件   B. 顺序文件
    C. 聚集文件   D. 散列文件

4. 下列关于散列文件的说法,正确的是_____。
    A. 一个散列桶中可存放散列函数值相同的多个记录
    B. 不同散列键值的记录不可能对应同一个散列函数值
    C. 同一桶内记录的散列键值是相同的
    D. 散列键值必须为整型数

5. 下列关于索引的叙述,正确的是_____。
    A. 可以根据需要在基本表上建立一个或多个索引,从而提高系统的查询效率
    B. 一个基本表最多只能有一个索引
    C. 建立索引的目的是给数据表中的元组指定别名,从而使别的表也可以引用这个元组
    D. 一个基本表上至少要存在一个索引

6. 下列关于索引的叙述,不正确的是_____。
    A. 关系表中的数据记录只能在一个排序键上排序,最多只有一个聚集索引
    B. 关系表上最多只有一个非聚集索引
    C. 稀疏索引只能建立在顺序文件上
    D. 稀疏索引一定是聚集的,而非聚集索引是稠密的

7. 建立索引的目的是_____。

    A. 提高数据检索速度　　　　　　　　B. 减小数据冗余

    C. 提高数据库的打开速度　　　　　　D. 提高数据更新的速度

8. 对下列数据文件进行查询,可以根据查找键值直接得到记录磁盘块地址的是_____。

    A. 堆文件　　　　　B. 聚集文件　　　　　C. 散列文件　　　　　D. 顺序文件

9. 在一个关系表上可以创建_____个非聚集索引。

    A. 1　　　　　　　　B. 2　　　　　　　　C. 0　　　　　　　　D. 多

10. 下面对索引的相关描述,正确的是_____。

    A. 在经常被查询的属性上不适合建立索引

    B. 在属性值唯一的列上适合建立索引

    C. 在有很多重复值的属性上适合建立索引

    D. 在作为外键或主键的属性上不适合建立索引

11. 若系统使用频度最高的查询语句是

```
SELECT * FROM SC WHERE sno = x AND cno = y;
```

其中,x 和 y 是具体的属性值,则为使该语句的执行效率最高,应创建_____。

    A. sno 上的索引　　　　　　　　　　B. cno 上的索引

    C. (sno,cno) 上的索引　　　　　　　D. SC 上的视图 $SC\_V(sno,cno)$

12. 在索引的创建与维护中,一般的原则是:

(1) 当_____是性能瓶颈时,在关系表上建立索引;

    A. 查询　　　　　　B. 更新　　　　　　C. 排序　　　　　　D. 分组计算

(2) 当_____是性能瓶颈时,考虑删除某些索引;

    A. 查询　　　　　　B. 更新　　　　　　C. 排序　　　　　　D. 分组计算

(3) 将有利于大多数数据查询的索引创建为_____。

    A. B 树索引　　　　B. 位图索引　　　　C. 散列索引　　　　D. 聚集索引

三、简答题

1. 简述数据字典的内容和作用。

2. 为什么 DBMS 创建数据库中关系表时都默认在主键上创建聚集索引?

3. 关系数据库系统中常见的文件存储结构有哪些? 它们各有什么优缺点?

4. 解释为什么一个关系表上只能有一个聚集索引。

5. 解释为什么一个非聚集索引必须是稠密的。

6. 解释为什么必须基于顺序文件建立稀疏索引。

7. 为什么 DBMS 要建立多级索引组织结构,如何构建?

8. 多级索引(树索引)和散列索引哪种适用于等值搜索,哪种适用于范围搜索。

9. B$^+$ 树的阶数 m 代表什么? 描述 B$^+$ 树的内部结点和叶子结点的结构。

10. 在图 6-2 中的 B$^+$ 树上执行下列操作,说明操作实现的路径,哪些操作会引起树的改变?

(1) 查找键值在 $20\sim30$ 的所有记录。

(2) 插入键值为 1 的记录。

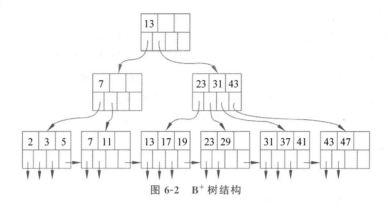

图 6-2　B$^+$ 树结构

（3）删除键值大于或等于 23 的所有记录。

四、计算题

1. 假设一条数据记录包含如下顺序的字段：一个长度为 23B 的字符串，一个 4B 整数，一个 8B 日期值，并且记录有一个 12B 的首部。在下列几种情况下，这条数据记录各占多少字节？

（1）字段可从任何字节处开始。

（2）字段必须从 4 的倍数的字节处开始。

（3）字段必须从 8 的倍数的字节处开始。

2. 一个患者实体关系记录包含以下定长字段：患者的出生日期（8B）、身份证号码（18B）、患者 ID（9B）；还包括变长字段：姓名、住址和病史。记录内一个指针需要 8B，记录有一个 12B 的首部。假设不需要对字段进行对齐，不包括变长字段空间，这条记录至少需要多少字节？

3. 假设一个磁盘块可存放 5 个记录，或 20 个键值-指针对。已知一个关系表文件中有 n 个记录，创建该关系表文件的稠密索引和稀疏索引各需多少磁盘块？如果使用多级索引，并且最后一级的索引只能包含一个磁盘块，则需多少磁盘块？

4. 假定在 B$^+$ 树中存储多级索引，指针存储占 4B，而键值存储占 20B，大小为 16KB 的磁盘块可存放多少个键值和指针？

5. B$^+$ 树中非叶子结点和叶子结点的键值和指针的最小数目在下列情况下分别是多少？

（1）磁盘块可存放 11 个键和 12 个指针。

（2）磁盘块可存放 12 个键和 13 个指针。

6.3　参考答案

一、填空题

1. 数据描述、数据本身、数据之间的联系、存取路径　　2. 数据字典

3. 存取路径　　4. 磁盘　　5. 磁盘块（块）　　6. BLOB（二进制大对象）

7. 聚集　　8. CREATE INDEX、记录地址、B$^+$ 树　　9. 1

10. 聚集　　11. INDEX　　12. CLUSTERED

13. 倒排索引　　14. 部分匹配、范围

二、选择题

题号	1	2	3	4	5	6	7	8	9	10
答案	D	D	B	A	A	B	A	C	D	B

题号	11	12(1)~(3)		
答案	C	A	B	D

三、简答题

1. 简述数据字典的内容和作用。

答：数据字典存储的内容为系统运行时涉及的各种对象及其属性的描述信息。这些对象包括描述数据库结构及其约束的数据库模式、用户视图、存取路径、用户访问权限以及数据库状态统计信息等。

在关系数据库系统中，具体包括：关系模式包含的关系名称及其属性构成；用户视图的名称及其属性构成；索引名称及其索引键值、索引类型等；用户的标识、口令、存取权限；数据文件（含日志文件）的名称、物理位置、存储空间等；现有关系（基本表）的个数、视图的个数、元组（记录）的个数、不同属性值的元组（记录）个数等。

数据字典还要存储系统中对象之间关系的描述信息，包括各级模式间的映射关系、用户与子模式间的对应关系等，如哪个用户使用哪个子模式，哪个模式对应哪些数据文件，以及存储在哪些物理设备上等。

数据字典是数据库系统运作的基础，任何数据库操作都要参照数据字典的内容。

2. 解释为什么 DBMS 创建数据库中关系表时都默认在主键上创建聚集索引。

答：DBMS 创建数据库中关系表时，用户一般选择一个候选键作为主键，标识关系表中的每一个元组。因数据查询经常是按主键进行，所以建立基于主键的索引可加快按主键进行查询的速度，若创建的索引是聚集索引，则可使关系表中的元组按主键进行物理排序存储，减少数据查询所需的磁盘 I/O 操作次数，从而可进一步加快按主键进行范围查询的速度。因此，目前大多数 DBMS 创建数据库中关系表时都默认在主键上创建聚集索引。

3. 介绍关系数据库系统中常见的文件存储结构及其优缺点。

答：关系数据库系统中存储数据和数据之间联系的关系表文件由记录组成，文件中的记录在磁盘上可以采用不同的文件结构进行存储。常见的文件存储结构有堆文件、顺序文件、聚集文件和散列文件等。

(1) 堆文件中关系表的记录存储顺序是任意的。其优点是实现简单，将一条新记录插入文件中，只需找到有空闲空间的块或一个新块，然后将记录存储在那里，对于新建立的文件，记录按照其插入的先后顺序存放，新产生的记录可追加在文件的尾部。其缺点是查询效率低，根据查找条件搜索一个记录时，可能要遍历所有记录，对常见的两类查询（等值查询和范围查询）无任何优势。

(2) 顺序文件中关系表的记录按某些属性值的排序顺序进行物理存储。其优点是：如果查询条件基于排序属性，则可对记录进行二分查找，得到比线性查找更快的存取速度，且排序属性值相同的所有记录都连续存放在相同或相近的磁盘块中，可高效地完成等值查询和范围查询。其缺点是插入和删除操作代价较大,因为记录的存储必须保持有序性,系统要进行维护操作。

(3) 聚集(聚簇)文件可把单个关系表或不同关系表中某个或某些属性(聚集码)上具有相同值的元组集中存放在连续的物理块中。其优点是可以大大提高按聚集码进行查询(或连接查询)的效率。其缺点是若多个关系表进行聚集,会导致对单个关系表的查询变慢。

(4) 散列文件中关系表的记录按某属性(散列键,一般为主键)值 K 的一个散列函数值 $h(K)$ 确定记录的地址,对记录进行存储和访问。其优点是根据散列键值可以直接得到记录的磁盘块地址,I/O 操作次数少,访问性能高。其缺点是只适用于按散列键访问记录,存在地址冲突问题。

4. 解释为什么一个关系表上只能有一个聚集索引。

答:在关系表上创建聚集索引会使关系表中记录的物理存储顺序与索引记录的排列顺序一致,因在索引属性或属性组上,索引记录是有序的,而关系表中的记录只能在一个索引键上进行物理排序存储,所以最多只能有一个聚集索引。

5. 解释为什么一个非聚集索引必须是稠密的。

答:在关系表上创建一个非聚集索引,并不影响表中记录的存储位置,记录可能不是按该索引的索引键顺序物理存储,如果不为每个记录创建一条索引记录,即索引是稠密的,则无法根据索引键值定位记录的存储地址。若索引键不是候选键,具有同一索引键值的多个记录可能分布在多个磁盘块中,则要创建一个地址指针筒存放具有该索引键值的所有记录的地址指针,索引记录中存放键值相同的指向该地址指针筒的指针。

6. 解释为什么必须基于顺序文件建立稀疏索引。

答:稀疏索引为关系表中记录所在的每个磁盘块生成一个键值-指针对,来记录该磁盘块第一条数据记录的索引键值及该磁盘块的首地址,只有当关系表的记录按索引键值的排序顺序进行物理存储,即为顺序文件时,才能通过索引键值定位没有索引项对应的记录所在磁盘块,在该索引键上建立的稀疏索引才能发挥作用。比如查找一条键值为 K 的记录,首先在索引文件中找到索引键值等于 K 或小于 K 的索引项中索引键值最大的索引项,根据这个索引项的指针找到记录所在磁盘块,在调入内存的磁盘块中进行搜索,查找键值为 K 的记录,若直到遇到索引键值更大的记录或遇到文件尾为止都没找到,则说明不存在键值为 K 的记录。因此,稀疏索引必须基于顺序文件建立。

7. 解释为什么 DBMS 要建立多级索引组织结构及其构建的方法。

答:当关系表中数据记录数很大时,即使采用稀疏索引,生成的索引记录数可能还是很大,索引记录本身也可能占据多个磁盘块,不能全部驻留内存,只能以顺序文件的形式存储在磁盘上。数据查询时,再把相关索引记录所在磁盘块调入内存,即使使用二分查找法找到对应索引项,仍可能需要进行多次磁盘 I/O 操作。为了能够快速定位查找记录对应的索引项,从而更快地找到所需的数据记录,DBMS 为关系表上的索引再建立索引,建立一个多级索引结构,直到最后的索引记录能够存储在一个磁盘块可常驻内存,以此提高数据记录的查询效率。

在多级索引组织结构中,第一级索引可以是稠密索引,也可以是稀疏索引。由于索引文件本身是顺序文件,因此从第二级索引开始建立的更高层的索引一般都是稀疏索引,即对每个索引记录所在磁盘块建立一个索引记录,而在一个稠密索引上再建立稠密索引则达不到减少索引记录,节省存储空间的目的,也就失去了建立多级索引的意义。

8. 说明多级索引(树索引)和散列索引哪种适用于等值搜索,哪种适用于范围搜索。

答：目前大多数 DBMS 使用 B^+ 树数据结构实现多级索引，B^+ 树把索引记录所占的磁盘存储块组织成一棵树，这棵树是平衡的。每个叶子结点可存放 $\lceil(m-1)/2\rceil$ 到 $m-1$ 个指针 P_i，分别指向索引键值为 K_i 的数据记录或一个记录指针桶（指针桶中的每个指针指向具有索引键值为 K_i 的一条数据记录），各叶子结点中的 K_i 值不重复，并按升序排列，构成数据记录的一级稠密索引。每个叶子结点中的最后一个指针指向下一个键值大于它的叶子结点磁盘块，使得所有叶子结点按索引键值的排序顺序链接在一起，可提供对数据记录的基于索引键的有序访问。

散列索引为关系表中每个数据记录建立一个索引记录，然后把这些索引记录组织成散列结构，同一散列桶内存放的是散列值相同的索引键值所在的索引记录。使用散列索引对索引键值为 v 的数据记录进行搜索时，先计算索引键值 v 的散列函数值 $h(v)$，找到对应的散列桶，然后扫描桶中记录定位索引键值为 v 的索引记录（如果有）。绝大多数桶都只由单个磁盘块组成，那么索引键值相同的数据记录的索引项均在同一个散列桶中，因为没有其他的桶包含相同键值的索引记录，所以基于索引键的等值查询只需对索引文件进行一次 I/O 操作，如果在桶中没有找到相应的索引记录，那么在关系表中就不存在索引键值对应的数据记录。对散列索引而言，在某一范围内，索引键值连续的索引项随机地分布在各个桶中，因而对一个范围查找所花费的代价是和这一范围内索引记录的数目成比例的。

因此，多级索引（树索引）适合范围搜索，散列索引则可使等值查询更为有效。

9. 解释 B^+ 树的阶数 m 的含义，描述 B^+ 树的非叶子结点和叶子结点的结构。

答：每个 B^+ 树索引都有一个参数 m，它决定了 B^+ 树的所有磁盘存储块中数据的布局，即每个结点至多有 m 棵子树（m 个指针），至多有 $m-1$ 个索引键值，且 $K_1<K_2<\cdots<K_{m-1}$。

非叶子结点若有 n 个指针，则 $\lceil m/2\rceil\leqslant n\leqslant m$，结点中将有 $n-1$ 个键值 K_i。指针 $P_i(1\leqslant i\leqslant n)$ 指向的子树中的结点的所有索引键值 X 则满足如下条件：

$$1<i<n \text{ 时}, \quad K_{i-1}\leqslant X<K_i$$
$$i=1 \text{ 时}, \qquad X<K_i,\text{即 } X<K_1$$
$$i=n \text{ 时}, \qquad K_{i-1}\leqslant X,\text{即 } K_{n-1}\leqslant X$$

即对于第一个指针 P_1 指向的子树中的所有结点，结点上的索引键值均小于 K_1；对于第 i 个指针 $P_i(i=2,3,\cdots,n-1)$ 指向的子树中的所有结点，结点上的索引键值均小于 K_i，而大于或等于 K_{i-1}；对于指针 P_n 指向的子树中的所有结点，结点上的索引键值均大于或等于 K_{n-1}。结点中的键和指针通常都存放在结点的开头位置，若 $n<m$，则非叶子结点中指针 P_n 之后的所有空闲空间都作为预留空间，可用于插入新的索引项。

每个叶子结点中的指针 P_i 都指向一个索引键值为 K_i 的数据记录或一个记录指针桶，而指针桶中的每个指针都指向具有索引键值为 K_i 的一条数据记录。每个叶子结点最多可存放 $m-1$ 个索引键值 K_i，最少也要存放 $\lceil(m-1)/2\rceil$ 个索引键值 K_i。各叶子结点中的 K_i 值不重复，并按升序排列，构成数据记录的一级稠密索引。结点中的键和指针通常都存放在结点的开头位置，但每个叶子结点中的最后利用一个指针指向下一个键值大于它的叶子结点磁盘块。

10. 对图 6-2 中的 B^+ 树进行操作，说明操作的实现路径及对树的改变情况。

（1）查找键值在 20～30 的所有记录。

答：在图 6-2 所示的 B^+ 树中，查找键值在 20～30 的所有记录，可从根结点开始，首先找到键值 20 可能在的叶子结点。因为 $13<20$，所以沿着根结点的第 2 个指针往下走，所指结点的键值在 23 和 43 之前，因 $20<23$，所以从该结点的第 1 个指针往下走，又因所指叶子结点中

键值均小于 20,所以沿着此叶子结点的最后一个指针找到它的下一个叶子结点,包含键值 23
和 29,这些键值都满足条件,可根据它们的相应指针检索具有这些键的记录;然后再找到下一
个叶子结点,结点中所有键值均大于 30,查询结束。查找操作不会引起树的改变。

(2) 插入键值为 1 的记录。

答:插入键值为 1 的记录,首先要找到待插入数据记录的结点位置。从根结点开始,因为
1<13,所以就沿着根结点的第 1 个指针找到包含键值为 7 的下层结点,在这个结点上由于
1<7,因此沿着结点的第 1 个指针找到包含键值 2、3 和 5 的叶子结点,则新的键值为 1 的记录
应插入该叶子结点第一个键值前,因该叶子结点中没有空闲空间,会引起该叶子结点分裂,所
以把其中的键值分到两个新结点中,并递归地引起在其父结点中插入一个新的键值-指针对,
因其父结点中有空闲空间,故直接插入。改变结果如图 6-3 所示。

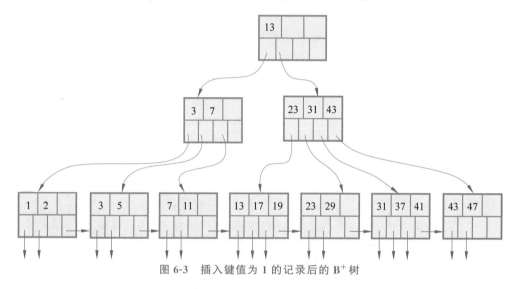

图 6-3　插入键值为 1 的记录后的 B$^+$ 树

(3) 删除键值大于或等于 23 的所有记录。

答:删除键值大于或等于 23 的所有记录,涉及键值连续的多个记录,首先要找到待删除记
录所在结点及其记录的起始位置。从根结点开始,因为 13<23,所以沿着根结点的第 2 个指针找
到包含键值为 23 的下层结点,再从该结点的第 2 个指针找到键值为 23 的记录所在叶子结点及
其后续键值所在叶子结点,可沿着键值的相应指针找到具有这些键值的记录来删除。删除操作
会减少树的叶子结点,需要递归地删除父结点,并将该父结点原有的一个叶子结点(图 6-2 中第 3
个叶子结点)合并到其相邻的兄弟中,再递归地删除根结点。改变结果如图 6-4 所示。

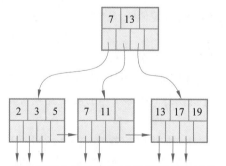

图 6-4　删除键值大于或等于 23 的所有记录后的 B$^+$ 树

四、计算题

1. 计算一条包含 23B 字符串、4B 整数、8B 日期值和 12B 首部的数据记录,在下列几种情况下所占用的字节数。

(1) 字段可从任何字节处开始。

答:若字段可从任何字节处开始,则这条记录占用 $12+23+4+8=47$B。

(2) 字段必须从 4 的倍数的字节处开始。

答:若字段必须从 4 的倍数的字节处开始,则这条记录占用 $12+24+4+8=48$B。

(3) 字段必须从 8 的倍数的字节处开始。

答:若字段必须从 8 的倍数的字节处开始,则这条记录占用 $16+24+8+8=56$B。

2. 计算一个包含变长字段的患者实体关系记录所需字节。

答:记录里的 3 个变长字段至少需要 2 个偏移指针,每个指针需要 8B,若不考虑变长字段空间,加上出生日期(8B)、身份证号码(18B)、患者 ID(9B)3 个定长字段和记录首部(12B),则这条记录至少需要 $8×2+8+18+9+12=63$B。

3. 若磁盘块可存放 5 个数据记录,或 20 个键值-指针对,对一个有 n 个记录的关系表,计算创建的稠密索引、稀疏索引和多级索引所需磁盘块数。

答:对一个有 n 个记录的关系表,创建该关系表的稠密索引需 $n/20$ 个磁盘块。假设关系表中的记录连续存储,则创建该关系表的稀疏索引至少需 $n/5/20$ 个磁盘块,即 $n/100$ 个磁盘块。如果使用 B$^+$ 树创建多级索引,建立一级稠密索引、二级稀疏索引、三级稀疏索引至少需 $n/20+n/400+n/8000$ 个磁盘块。当 n 很大时,可能需建更高一级的索引,直到 $n≤20^k$,k 为索引级数。

4. 假定在 B$^+$ 树中存储多级索引,指针存储占 4B,而键值存储占 20B,计算大小为 16KB 的磁盘块可存放的键值数和指针数。

答:在 B$^+$ 树中,若存储指针占 4B,而存储键值占 20B,假设大小为 16KB 的磁盘块可存放的指针数为 m,则键值数为 $m-1$,$20(m-1)+4m≤16×1024$,即 $m≤683.5$,取 $m=683$,16KB 的磁盘块可存放 682 个键值和 683 个指针。

5. 计算 B$^+$ 树中非叶子结点和叶子结点的键值和指针在下列情况下的最小数目。

(1) 磁盘块可存放 11 个键值和 12 个指针。

答:若每个磁盘块可存放 11 个键值和 12 个指针,则 $m=12$。

因为非叶子结点指针数 n 需满足 $[m/2]≤n≤m$,即 $6≤n≤12$,所以此时非叶子结点的最小指针数为 6,最小键值数为 5。

因为每个叶子结点的键值数 n 需满足 $[(m-1)/2]≤n≤m-1$,即 $6≤n≤11$,所以此时叶子结点的最少键值数是 6,最小指针数为 7。

(2) 磁盘块可存放 12 个键值和 13 个指针。

答:若每个磁盘块可存放 12 个键值和 13 个指针,则 $m=13$。

因为非叶子结点指针数 n 需满足 $[m/2]≤n≤m$,即 $7≤n≤13$,所以此时非叶子结点的最小指针数为 7,最少键值数为 6。

因为每个叶子结点的键值数 n 需满足 $[(m-1)/2]≤n≤m-1$,即 $6≤n≤12$,所以此时叶子结点的最少键值数是 6,最小指针数为 7。

第7章 数据库的查询优化

7.1 知识图谱

1. 学习内容

数据库的查询优化的学习内容主要包括关系型数据库管理系统(RDBMS)实现查询处理的步骤,查询分析与预处理、代数优化和物理优化等步骤的实现技术。

2. 知识点

本章涉及的知识点主要包括:

(1)查询处理步骤,查询分析与预处理、查询优化等步骤的工作。

(2)语法分析的结果表示,语法分析树、关系代数查询树的表示方法。

(3)代数优化的必要性,关系代数表达式等价的概念,代数优化所用的等价变换规则和启发式规则,启发式代数优化算法。

(4)物理优化的内容,操作符实现算法,查询计划的代价因素,查询计划的选择方法。

3. 知识点概念图

知识点涉及的概念及其概念间内涵可用概念图呈现,如图 7-1 所示。

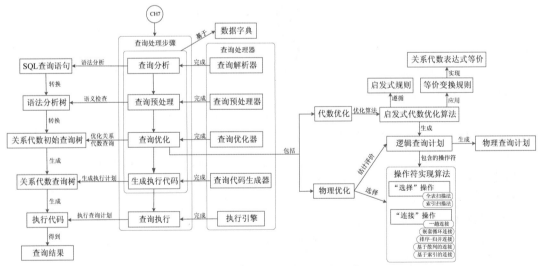

图 7-1 数据库的查询优化知识点概念图

4. 概念图解读

查询处理是关系型 DBMS 的核心功能,由 DBMS 的查询解析器、查询预处理器、查询优化器、查询代码生成器和执行引擎等功能模块完成相应的查询处理功能。查询处理把用户提交给 DBMS 的查询语句进行语法分析和语义检查,优化关系代数查询,生成高效的执行计划,以及执行查询计划生成查询结果。

具体的关系查询处理过程包括:

查询解析器对用户的查询语句进行语法分析,将查询语句转换成语法分析树。查询预处理器对语法分析结果进行语义检查,将通过检查的语法分析树转换为关系代数初始查询树。查询优化器首先对关系代数初始查询树进行代数优化,可利用一些启发式规则,将关系代数初始查询树等价变换为可以更高效执行的关系代数查询树,得到逻辑查询计划;然后根据数据字典为关系代数查询树中每一个关系操作符选择实现算法,启发式选择可能的物理查询计划,并估算查询代价,选择查询代价相对较小的物理查询计划作为查询执行计划,由查询代码生成器生成执行代码,再由执行引擎生成查询执行结果。

物理优化中关系操作符的实现算法,对于选择操作有全表扫描和索引扫描,对于连接操作有一趟连接、嵌套循环连接、排序-归并连接、基于散列或索引的连接等。

7.2 习题

一、填空题

1. 在关系数据库系统中,由于实现了查询优化,因此用户只要提出_____,就不必指出_____。

2. 查询处理分为查询编译和_____两大步骤,而查询编译又可细分为_____、_____、_____和_____等步骤。

3. 在 RDBMS 中,查询编译器将查询语句经分析与检查后转换为某种内部格式,并可用_____等价地表示。

4. 代数优化是由查询优化器将关系代数初始查询树转换成一个预期所需执行时间较小的_____的关系代数查询树,目标是得到一个可被转换成最有效的物理查询计划的一个_____的逻辑查询计划。

5. 关系代数表达式(查询树)的优化就是指按照一定的规则,改变关系代数表达式中操作的_____和_____,将其转换为一个可以更高效执行的关系代数表达式。

6. 为达到查询优化的目标,对优化的逻辑查询计划还要进行_____。

7. 在关系代数运算中,_____和_____运算是最耗费时间和空间的。为了有效执行这些操作,花费较少的时间和空间,需要对代数操作符的实现_____进行选择。

8. 选择操作的实现算法主要有_____和_____两种。

9. 连接操作的实现算法主要有基于块的_____算法、基于相关数据聚集存储的_____算法,基于_____的连接算法,以及基于散列的连接算法等。

二、选择题

1. 设 E 是关系代数表达式,F 是选择条件表达式,并且 F 中只涉及 $A_1, A_2, \cdots, A_n$ 属性,则有_____。

A. $\sigma_F(\pi_{A_1,A_2,\cdots,A_n}(E)) \equiv \pi_{A_1,A_2,\cdots,A_n}(\sigma_F(E))$

B. $\sigma_F(\pi_{A_1,A_2,\cdots,A_n}(E)) \equiv \sigma_F(\pi_{A_1,A_2,A_n}(E))$

C. $\sigma_F(\pi_{A_1,A_2,\cdots,A_n}(E)) \equiv \pi_{A_1,A_2,\cdots,A_n,B_1,B_2,\cdots,B_m}(\sigma_F(E))$

D. $\sigma_F(\pi_{A_1,A_2,\cdots,A_n}(E)) \equiv \pi_{A_1,A_2,\cdots,A_n}(\sigma_F(\pi_{B_1,B_2,\cdots,B_m}(E)))$

2. 设 E 是关系代数表达式,若 F 中有不属于 $A_1,A_2,\cdots,A_n$ 的属性 $B_1,B_2,\cdots,B_m$,则有_____。

A. $(\sigma_F(\pi_{A_1,A_2,\cdots,A_n,B_1,B_2,\cdots,B_m}(E)) \equiv \sigma_F(\pi_{A_1,A_2,\cdots,A_n}(E))$

B. $(\sigma_F(\pi_{A_1,A_2,\cdots,A_n,B_1,B_2,\cdots,B_m}(E)) \equiv \sigma_F(\pi_{B_1,B_2,\cdots,B_m}(E))$

C. $(\sigma_F(\pi_{A_1,A_2,\cdots,A_n,B_1,B_2,\cdots,B_m}(E)) \equiv \pi_{A_1,A_2,\cdots,A_n}(\sigma_F(E))$

D. $(\sigma_F(\pi_{A_1,A_2,\cdots,A_n,B_1,B_2,\cdots,B_m}(E)) \equiv \pi_{A_1,A_2,\cdots,A_n,B_1,B_2,\cdots,B_m}(\sigma_F(E))$

3. 设 E 是关系代数表达式,如果条件 F 不仅涉及 L 中的属性,而且还涉及不在 L 中的属性 L_1,则有_____。

A. $\pi_L(\sigma_F(E)) \equiv \pi_L(\sigma_F(\pi_{L\cap L_1}(E)))$

B. $\pi_L(\sigma_F(E)) \equiv \pi_L(\sigma_F(\pi_{L\cup L_1}(E)))$

C. $\pi_L(\sigma_F(E)) \equiv \sigma_F(\pi_{L\cap L_1}(E))$

D. $\pi_L(\sigma_F(E)) \equiv \sigma_F(\pi_{L\cup L_1}(E))$

4. 设 E_1 和 E_2 是关系代数表达式,如果条件 F 形如 $F_1 \wedge F_2$,F_1 仅涉及 E_1 中的属性,F_2 涉及 E_1 和 E_2 中的属性,则有_____。

A. $\sigma_F(E_1 \times E_2) \equiv \sigma_{F_1}(E_1) \times \sigma_{F_2}(E_2)$

B. $\sigma_F(E_1 \times E_2) \equiv \sigma_{F_1}(\sigma_{F_1}(E_1) \times \sigma_{F_2}(E_2))$

C. $\sigma_F(E_1 \times E_2) \equiv \sigma_{F_2}(\sigma_{F_1}(E_1) \times \sigma_{F_2}(E_2))$

D. $\sigma_F(E_1 \times E_2) \equiv \sigma_{F_2}(\sigma_{F_1}(E_1) \times E_2)$

5. 关系代数表达式的查询优化中,下列说法错误的是_____。

A. 尽可能先执行选择运算

B. 合并乘积与其后的选择运算为连接运算

C. 如投影运算前后存在其他的二目运算,则应单独执行投影运算

D. 存储公共的子表达式,避免重新计算

6. 在 DBMS 的查询优化策略中,一般尽可能减少多表连接查询或建立_____。

A. 视图   B. 物化视图   C. 外键约束   D. 临时表

三、简答题

1. 简述为什么要对关系代数表达式进行优化。

2. 基于代数等价的启发式优化中应用的主要启发式规则有哪些?

3. 对于学生选课数据库,若"查询计算机系学生选修的所有课程名称"的 SQL 查询语句为

```
SELECT   CN
    FROM   S,C,SC
    WHERE   S.SNO=SC.SNO   AND   SC.CNO=C.CNO   AND   S.SD='计算机';
```

请画出其对应的初始关系代数查询树,并用基于等价的关系代数启发式优化算法对其进行优化处理,画出优化后的关系代数查询树。

4. 一个 SELECT 查询语句的实际执行所需的代价包括哪些因素?

5. 选择操作的实现算法有哪些? 其查询代价如何?

6. 连接操作的实现算法有哪些? 其查询代价如何?

7. 以选择操作和连接操作为例,基于启发式规则进行物理优化的一些常用启发式规则有哪些?

四、计算题

1. 假设关系 R 和 S 的 $B(R)=B(S)=10000$,并且 $M=1001$,计算基于块的嵌套循环连接的磁盘 I/O 代价。

2. 假设关系 R 的 $B(R)=10000$,$T(R)=500000$,$R.a$ 上有一个索引,令 $V(R,a)=k$,k 是某个常数。给出下列情况下 $\sigma_{a=0}(R)$ 的代价,用 k 的一个函数表示,忽略访问索引所需的代价。

(1) 索引是非聚集的。

(2) 索引是聚集的。

(3) R 是聚集的,而且不使用索引。

3. 假设关系 $R(a,b,c,d)$ 的 $T(R)=5000$,$B(R)=500$,$V(R,a)=50$,$V(R,b)=1000$,$V(R,c)=5000$,$V(R,d)=500$,且 R 有一个属性 a 上的聚集索引以及其他属性上的非聚集索引。给出下列选择运算的最佳查询计划及其磁盘 I/O 代价。

(1) $\sigma_{a=1 \wedge b=2 \wedge c \geqslant 3}(R)$。

(2) $\sigma_{a=1 \wedge b \leqslant 2 \wedge c \geqslant 3}(R)$。

(3) $\sigma_{a=1 \wedge b=2 \wedge c=3}(R)$。

7.3 参考答案

一、填空题

1. 做什么、怎样做

2. 查询执行、查询分析、查询预处理、查询优化、生成执行代码

3. 关系代数   4. 等价、优化   5. 顺序、组合

6. 物理优化   7. 笛卡儿积、连接、算法   8. 简单的全表扫描、索引扫描

9. 嵌套循环、排序-归并、索引

二、选择题

题号	1	2	3	4	5	6
答案	A	D	B	D	C	B

三、简答题

1. 简述为什么要对关系代数表达式进行优化。

答:对于用户输入的具有相同语义但表达方式不同的 SELECT 查询语句,经 DBMS 查询分析和预处理后,表示这一查询的关系代数表达式是不同的,包含的操作以及操作的次序也存

在差异,则查询过程中对磁盘上数据的存取操作不同,所耗费的时间和空间不同,时间可能相差很大。为了不管用户书写的 SELECT 查询语句是什么形式,都能得到可以高效执行的查询计划,DBMS 的查询优化器需按照一定的规则改变关系代数表达式中操作的次序和组合,即对关系代数表达式进行优化。

2. 列举基于代数等价的启发式优化中应用的主要启发式规则。

答:基于关系代数表达式的等价变换规则,主要采用如下一些启发式规则对关系代数表达式(查询树)进行优化。

(1)选择运算应尽可能先做。尽早完成选择操作来减少参与运算的元组个数,减少后续的连接或笛卡儿积等操作的运算量,可使运算的中间结果数据记录大大减少,减少存储中间结果关系所需的磁盘空间,进而减少对其进行存取的磁盘 I/O 次数,提高查询的执行效率。

(2)投影运算和选择运算同时进行。对同一关系的若干投影和选择操作,可在读取的同一磁盘块数据记录上同时完成所有这些运算,以避免重复读取相同磁盘块。

(3)将投影运算与其前面或后面的双目运算结合。这样,不必为投影运算单独读取关系,减少读取关系所在磁盘块的次数。

(4)将某些选择运算同在其前面执行的笛卡儿积结合成一个连接运算。使选择在乘积的结果上直接完成,以避免做完乘积后,再存取乘积中间结果关系进行选择运算,节省了运算时间和空间。

(5)提取公共子表达式。对于常用的公共子表达式(如视图定义),如果其结果关系不是很大,则可先计算一次公共子表达式,并把结果写入中间结果关系,将其从外存读入可能比每次都计算其结果的时间少得多。

3. 对于学生选课数据库上的如下查询,画出其对应的初始关系代数查询树和优化后的关系代数查询树。

```
SELECT  CN
   FROM  S,C,SC
  WHERE  S.SNO=SC.SNO  AND  SC.CNO=C.CNO  AND  S.SD='计算机';
```

答:对于此 SELECT 查询语句,初始的关系代数表达式如下,其对应的关系代数查询树如图 7-2 所示。

$$\pi_{CN}(\sigma_{S.SNO=SC.SNO \wedge SC.CNO=C.CNO \wedge S.SD='计算机'}(S \times SC \times C))$$

优化后的关系代数表达式如下,其对应的关系代数查询树如图 7-3 所示。

$$\pi_{CN}(((\sigma_{S.SD='计算机'}(S)) \bowtie SC) \bowtie C)$$

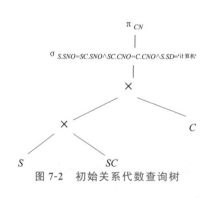

图 7-2 初始关系代数查询树

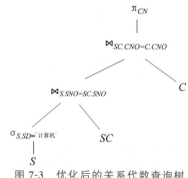

图 7-3 优化后的关系代数查询树

4. 给出一个 SELECT 查询语句的实际执行所需的代价包括的因素。

答：一个 SELECT 查询语句的实际执行所需的代价包括如下因素。

(1) 磁盘访问代价：读写数据记录所在磁盘块的代价，通常取决于数据文件的存取结构。

(2) 存储代价：存储由查询执行计划产生的中间结果关系的代价。

(3) 计算代价：在查询执行过程中对内存磁盘缓冲区中的数据进行操作的代价，包括检索记录、排序记录、归并记录以完成连接，以及基于属性值完成计算等。

(4) 内存使用代价：与执行查询所需内存缓冲区数相关的代价。

(5) 通信代价：将查询或查询结果从一个数据库站点传送到另一个站点(或发出查询的终端)的代价。

对于大型数据库，查询优化的重点是最小化对磁盘的访问代价，简单的代价估计会忽略其他因素，只是根据磁盘与内存之间传输的磁盘块数比较不同的查询执行计划。对于较小的数据库，查询涉及的关系中的大部分数据都可以完整地存储在内存中，所以重点是最小化计算代价。分布式数据库涉及多个站点，需要最小化通信代价。由于为代价因素指定合适的加权系数的难度很大，因此很难在代价估计中把所有的代价因素都包括在内，通常仅考虑磁盘访问代价一个因素。

5. 列举选择操作的实现算法，并说明其查询代价。

答：选择操作 $\sigma_C(R)$ 是读取关系 R 中那些满足谓词条件 C 的元组，定位这些元组的基本方法主要有简单的全表扫描和索引扫描两种方法。

假设关系 R 所占磁盘块数为 $B(R)$，关系 R 中元组的数为 $T(R)$，关系 R 的一个属性列 a 上不同值的个数为 $V(R,a)$，则各算法的查询代价如下。

1) 简单的全表扫描方法

该方法逐一读取关系 R 所在磁盘块，检索关系中的每条记录，并检查每条记录是否为满足选择条件的元组。如果 R 是聚集的，即 R 中元组紧缩存储在尽可能少的 $B(R)$ 个磁盘块中，那么全表扫描的代价近似为 $B(R)$。如果 R 不是聚集的，R 中的元组记录分布在其他关系的元组记录之间，那么全表扫描所需读取的磁盘块可能与 R 中的元组一样多，即 I/O 代价为 $T(R)$。

2) 索引扫描法

如果选择条件 C 是 $a=v$ 的形式，并且存在属性 a 的索引，可以根据索引键值 v 值查找索引记录，由索引记录的指针读取所有包含 R 中具有 a 值为 v 的那些元组所在的磁盘块，从中过滤出满足选择条件 $a=v$ 的元组。如果 a 上的索引是聚集的，具有某一 a 值的元组平均聚集分布在 $B(R)/V(R,a)$ 个磁盘块中，那么读取 $\sigma_{a=v}(R)$ 所需的磁盘 I/O 的次数将大约是 $B(R)/V(R,a)$ (至少需要 1 次)。如果 a 上的索引是非聚集的，那么满足条件的元组可存储在不同的磁盘块上，大约访问 $T(R)/V(R,a)$ 个磁盘块，查询代价是 $T(R)/V(R,a)$ 次磁盘 I/O。

6. 列举连接操作的实现算法，并说明其查询代价。

答：实现连接操作的算法主要有一趟扫描、嵌套循环、排序-归并、基于散列和基于索引的连接等。

若对关系 $R(X,Y)$ 与 $S(Y,Z)$ 进行连接操作，其中 Y 表示关系 R 和 S 的所有公共属性，且假设 S 是较小的关系，提供连接运算的内存为 M 个缓冲块，关系所占磁盘块数为 B，如 $B(R)$，关系中的元组数为 T，如 $T(R)$，关系的一个属性列上不同值的数目为 V，如 $V(R,a)$，则各算法实现连接操作的代价如下。

（1）一趟连接运算将较小的关系 S 存入内存的 $M-1$ 个缓冲块中,将 R 的每一磁盘块中的元组依次读到内存 M 中剩下的一个缓冲块中,对于 R 的每一个元组 t,找到 S 中与 t 具有相同 Y 属性值的元组进行连接运算。算法只需从磁盘读取关系 R 和 S 各一遍,需要 $B(S)+B(R)$ 次磁盘 I/O。

（2）嵌套循环连接算法对外层循环关系（如 S）中的每个元组,检查内层循环关系（如 R）中的每个元组是否满足连接条件,如果满足条件,则进行连接运算,直到外层循环关系 S 中的元组处理完为止。假定 $B(S)>M$,使用尽可能多的内存存储属于关系 S 的元组,则外循环的循环次数是 $B(S)/(M-1)$,在每次循环中,读取 S 的 $M-1$ 个块和 R 的 $B(R)$ 个块,因此读取数据的磁盘 I/O 次数是 $B(S)+(B(S)B(R))/(M-1)$。由表达式可知,所占磁盘数少的关系作为外层循环关系,代价更小。如果 $B(S)\leqslant M-1$,与一趟连接算法的代价是一样的。

（3）排序-归并连接算法假设关系 R 和 S 按照连接属性 Y 有序聚集存储,占用两个内存缓冲区,按照连接属性 Y 值的存储顺序分别读入关系 R 和 S 的一个磁盘块,顺序查找连接属性 Y 上的最小匹配值,连接其中具有相同 Y 属性值的所有元组,对于匹配处理完所有元组的关系,读入关系的下一个磁盘块,直到依次处理完两个关系的所有磁盘块。算法仅对各关系中的元组扫描一次,只需要 $B(S)+B(R)$ 次磁盘 I/O。该算法可能要考虑使用某种排序算法对关系 R 和 S 进行排序的代价。

（4）基于散列的连接算法使用一个合适的散列函数,按连接属性对两个关系中的元组分别进行散列,将散列值相同的元组分配到相同桶号的一对桶中,然后通过一次处理具有相同散列值的一对桶的方式执行元组的连接操作。只要每对桶中有一个能全部装入 $M-1$ 个缓冲区中,则连接操作仅需从磁盘读取一次数据,需要 $B(S)+B(R)$ 次磁盘 I/O。

（5）基于索引的连接算法假设参与连接的一个关系（如关系 S）有连接属性 Y 上的索引,则读入 R 的一个磁盘块,对于块中每一个元组 $t,t[Y]$ 是元组 t 中 Y 属性的值,利用关系 S 中属性 Y 上的索引,找到关系 S 中所有 Y 属性的值与 $t[Y]$ 相同的那些元组所在的磁盘块并读入内存,将这些元组与 R 中的元组 t 进行连接,直到处理完 R 中的所有元组。

如果 R 是聚集的,读取 R 的所有元组需要 $B(R)$ 次磁盘 I/O,否则可能需要将近 $T(R)$ 次磁盘 I/O。

对于 R 的每一个元组,将平均读取 S 的 $T(S)/V(S,Y)$ 个元组。如果 S 在属性 Y 上的索引是非聚集的,那么读取 S 所需的磁盘 I/O 次数是 $T(R)T(S)/V(S,Y)$;如果 S 在属性 Y 上的索引是聚集的,那么仅需 $T(R)B(S)/V(S,Y)$ 次磁盘 I/O。算法可能需要考虑索引记录读取的代价。

7. 以选择操作和连接操作为例,说明基于启发式规则进行物理优化的一些常用启发式规则有哪些。

答：对于关系的代数操作,有多种执行这个操作的算法,DBMS 对查询进行物理优化时,可以根据一些启发式规则选择代价较小的实现操作的算法。

（1）对于选择操作,常用的启发式规则如下。

① 若关系 R 的元组数较小,比如 $T(R)<M$,则可采用简单的全表扫描方法。

② 对于形如 $\sigma_{a=v}(R)$ 的选择操作,且关系 R 在属性 a 上有索引,则采用索引扫描方法。若除 $a=v$ 一个条件外还有其他选择条件,则可对索引扫描选中的元组作进一步筛选。

（2）对于连接操作,常用的启发式规则如下。

① 如果两个关系都已经按照连接属性排序,则采用排序-归并算法。

② 如果一个关系在连接属性上有索引,则采用基于索引的连接。

③ 如果前两个规则不适用,而其中一个关系较小,则采用基于散列的连接。

④ 若其他规则不适用,则再考虑采用嵌套循环连接,并选择其中较小的关系作为算法外循环中的关系。

四、计算题

1. 假设关系 R 和 S 的 $B(R)=B(S)=10000$,并且 $M=1001$,计算基于块的嵌套循环连接的磁盘 I/O 代价。

答:因 $B(R)=B(S)$,所以可任选一个关系作外循环,如关系 S。基于块的嵌套循环连接的磁盘 I/O 代价(读数据)为

$$B(S)+B(S)B(R)/(M-1)=10000+10000×10000/1000=110000(次)$$

2. 假设关系 R 的 $B(R)=10000$,$T(R)=500000$,$V(R,a)=k$,$R.a$ 上有一个索引,给出下列情况下 $\sigma_{a=0}(R)$ 的代价。

答:若 $B(R)=10000$,$T(R)=500000$,$V(R,a)=k$,则 $a=0$ 的元组大约有 $T(R)/V(R,a)=500000/k$ 个。

(1) 若索引是非聚集的,则 $a=0$ 的元组可随机分布在 $T(R)/V(R,a)$ 个磁盘块中,利用索引估计要读取 $T(R)/V(R,a)$ 次磁盘,即 $500000/k$ 次。

(2) 若索引是聚集的,则 $a=0$ 的元组将顺序存储在连续的 $B(R)/V(R,a)$ 个磁盘块中,利用索引估计要读取 $B(R)/V(R,a)$ 次磁盘,即 $10000/k$ 次。

(3) 若 R 是聚集的,则 $a=0$ 的元组可随机分布在 $B(R)$ 中,不使用索引估计要读取大约 $B(R)$ 次磁盘,即 10000 次。

3. 假设关系 $R(a,b,c,d)$ 的 $T(R)=5000$,$B(R)=500$,$V(R,a)=50$,$V(R,b)=1000$,$V(R,c)=5000$,$V(R,d)=500$,且 R 有一个属性 a 上的聚集索引以及其他属性上的非聚集索引。给出下列选择运算的最佳查询计划及其磁盘 I/O 代价。

答:若 $T(R)=5000$,$B(R)=500$,$V(R,a)=50$,$V(R,b)=1000$,$V(R,c)=5000$,$V(R,d)=500$,a 上的索引是聚集的,属性 b 和 c 上的索引是非聚集的,则 $a=1$ 的元组平均聚集存储在 $B(R)/V(R,a)=500/50=10$ 个磁盘块中,$b=2$ 的元组随机存储在 $T(R)/V(R,b)=5000/1000=5$ 个磁盘块中,$c=3$ 的元组随机存储在 $T(R)/V(R,c)=5000/5000=1$ 个磁盘块中,c 属性可能为候选键。

因存在索引,所以只考虑索引扫描方法。$B(R)=500$,全表扫描方法代价较高,不考虑。

(1) $\sigma_{a=1 \wedge b=2 \wedge c \geqslant 3}(R)$。

可能的查询计划的代价估算:

① 使用 a 的索引进行索引扫描,找出 $a=1$ 的元组,再从中过滤出 $b=2$ 和 $c \geqslant 3$ 的元组,代价大约为 10 次磁盘 I/O。

② 使用 b 的索引进行索引扫描,找出 $b=2$ 的元组,再从中过滤出 $a=1$ 和 $c \geqslant 3$ 的元组,代价大约为 5 次磁盘 I/O。

③ 使用 c 的索引进行索引扫描,找出 $c \geqslant 3$ 的元组,再从中过滤出 $a=1$ 和 $b=2$ 的元组。由于索引不是聚集的,因此大约需要访问一半的元组,需要 $T(R)/2=2500$ 次磁盘 I/O。

因此,选择运算的最佳查询计划是使用 b 的索引进行索引扫描,代价大约为 5 次磁盘 I/O。

（2）$\sigma_{a=1 \wedge b \leqslant 2 \wedge c \geqslant 3}(R)$。

可能的查询计划的代价估算：

① 使用 a 的索引进行索引扫描，找出 $a=1$ 的元组，再从中过滤出 $b \leqslant 2$ 和 $c \geqslant 3$ 的元组，代价大约为 10 次磁盘 I/O。

② 使用 b 的索引进行索引扫描，找出 $b \leqslant 2$ 的元组，再从中过滤出 $a=1$ 和 $c \geqslant 3$ 的元组。由于索引不是聚集的，因此大约需要 $T(R)/2 = 2500$ 次磁盘 I/O。

③ 使用 c 的索引进行索引扫描，找出 $c \geqslant 3$ 的元组，再从中过滤出 $a=1$ 和 $b \leqslant 2$ 的元组。由于索引不是聚集的，因此大约需要 $T(R)/2 = 2500$ 次磁盘 I/O。

因此，选择运算的最佳查询计划是使用 a 的索引进行索引扫描，代价大约为 10 次磁盘 I/O。

（3）$\sigma_{a=1 \wedge b=2 \wedge c=3}(R)$。

可能的查询计划的代价估算：

① 使用 a 的索引进行索引扫描，找出 $a=1$ 的元组，再从中过滤出 $b=2$ 和 $c=3$ 的元组，代价大约为 10 次磁盘 I/O。

② 使用 b 的索引进行索引扫描，找出 $b=2$ 的元组，再从中过滤出 $a=1$ 和 $c=3$ 的元组，代价大约为 5 次磁盘 I/O。

③ 使用 c 的索引进行索引扫描，找出 $c=3$ 的元组，再从中过滤出 $a=1$ 和 $b=2$ 的元组，代价大约为 1 次磁盘 I/O。

因此，选择运算的最佳查询计划是使用 c 的索引进行索引扫描，代价为 1 次磁盘 I/O。

第8章 事 务 处 理

8.1 知识图谱

1. 学习内容

事务处理的学习内容主要包括事务的概念及 ACID 特性,用 SQL 定义事务的方法;DBMS 为保持事务的 ACID 特性、保证数据库的一致性实现的事务处理机制,包括对各类故障后的数据库进行恢复,对并发事务操作进行控制。

2. 知识点

本章涉及的知识点主要包括:

(1) 事务的概念,事务的 ACID 特性,原子性、一致性、隔离性和持久性的特性内涵。

(2) 事务定义语句 COMMIT 和 ROLLBACK 的功能。

(3) 数据库系统的各类故障,各类故障产生的数据库不一致状态。

(4) 数据恢复的实现技术,日志的作用,数据转储的方式。

(5) 故障后的数据恢复策略,REDO 操作和 UNDO 操作的系统实现,检查点技术的作用和恢复策略。

(6) 并发事务的调度,串行调度、非串行调度、可串行化调度、冲突操作、冲突可串行化调度的概念。

(7) 并发事务产生的数据不一致问题,更新丢失、脏读、不可重复读等问题的产生。

(8) 封锁技术,共享锁和排它锁的运用,锁相容矩阵的作用,两阶段封锁协议的内容。

(9) 产生死锁的原因,死锁的预防和解除,事务等待图的作用和绘制。

(10) 多粒度封锁的作用,锁粒度的层次,意向锁的作用。

(11) 定义隔离级别的作用,各隔离级别的名称、封锁协议及存在的不一致性问题。

(12) 多版本并发控制技术,基于时间戳的并发控制技术,基于有效性的并发控制技术。

3. 知识点概念图

知识点涉及的概念及其概念间内涵可用概念图呈现,如图 8-1 所示。

4. 概念图解读

事务是数据库系统的逻辑工作单元,利用 SQL 提供的事务定义语句可将需要一组 SQL 语句作为一个整体完成的数据操作定义为一个事务,定义的事务以 BEGIN TRANSACTION 开始,以 COMMIT 或 ROLLBACK 结束。DBMS 为了保证定义的事务中的操作能作为一个逻辑整体,实现的事务处理机制要保证定义的事务具有 ACID 特性,即原子性、一致性、隔离性和持久性。

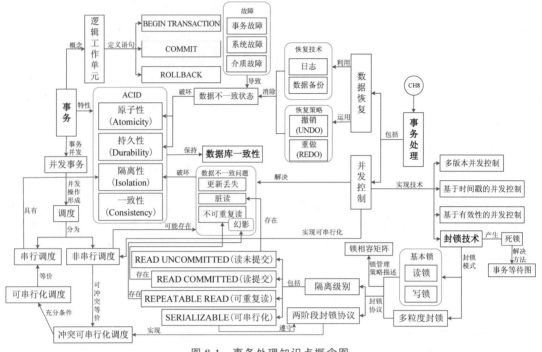

图 8-1　事务处理知识点概念图

　　数据库系统发生事务故障、系统故障和介质故障等各类故障后,数据库可能处于数据不一致的错误状态,DBMS 事务处理的数据恢复机制,采用数据恢复技术,利用存储在系统日志和数据备份中的冗余数据,将数据库恢复到故障前某一时刻的一致性状态,保证事务的原子性和持久性。针对不同故障导致的数据库错误状态,数据恢复策略不同,主要利用日志撤销(UNDO)夭折事务对数据库的更新、重做(REDO)所有已提交的事务,可采用检查点技术提高系统故障后的数据库恢复的效率,介质故障后的恢复需要先装入转储的数据备份。

　　并发事务中的并发操作按执行顺序构成一个调度序列,交错执行构成的非串行调度因相互干扰会带来更新丢失、脏读、不可重复读等数据不一致问题,为保证并发事务具有隔离性,DBMS 需要对事务的并发执行进行控制。

　　DBMS 常用的并发控制技术是封锁技术。封锁技术通过对数据对象加锁控制并发操作的执行。常用的封锁模式包括共享锁和排它锁,锁之间的相容性用锁相容矩阵表示,锁的运用遵循封锁协议。两阶段封锁协议是常用的一种可实现冲突可串行化的封锁协议,可使并发事务中非冲突操作并发执行、冲突操作串行执行,产生冲突可串行化调度。冲突可串行化调度是一个可串行化调度,等价一个串行调度,并发事务的执行具有隔离性。

　　封锁技术会产生死锁现象,可采用事务等待图等方法加以避免和解除。

　　大多数商业 DBMS 还允许根据应用需求采用多粒度封锁模式,通过将锁加在大小不同的数据库对象上克服封锁技术造成的事务并发度降低的问题。

　　大多数商业 DBMS 还提供了遵循 ANSI 标准的隔离级别供用户选择,主要包括 READ UNCOMMITTED(读未提交)、READ COMMITTED(读提交)、REPEATABLE READ(可重复读)和 SERIALIZABLE(可串行化)等。不同隔离级别允许封锁的数据对象粒度、保持锁的时间不同,构成不同的封锁协议。SERIALIZABLE(可串行化)隔离级别遵守严格的两阶段封锁协议,可实现并发事务的可串行化,其他较低的隔离级别在提高并发度的同时,会允许并发事务容忍不同程度的干扰,存在某种数据不一致问题,如 READ UNCOMMITTED(读未提交)隔离级别存在脏读问题,READ COMMITTED(读提交)隔离级别存在不可重复读问题,REPEATABLE READ(可重复读)隔离级别存在幻影现象。

除封锁技术外,有的 DBMS 还采用多版本并发控制、基于时间戳的并发控制和基于有效性的并发控制等实现技术。

8.2　习题

一、填空题

1. DBMS 的基本逻辑工作单元是_____。

2. 在关系型 DBMS 中,事务是用户定义的一组_____或整个程序。

3. 用 SQL 显式定义事务时,用_____语句开始事务;用_____语句提交事务。

4. 事务必须具有的 4 个特性是_____、_____、_____和_____,简称为事务的_____特性。

5. 一个事务中,对数据库的所有操作是一个不可分割的操作序列,要么都做,要么都不做,这个特性称为事务的_____。

6. 一个事务的执行不能被其他事务干扰的特性,称为事务的_____。

7. 如果数据库中只包含事务成功提交的结果,则认为数据库处于_____状态。

8. 数据库系统可能发生的故障有_____故障、_____故障和_____故障。

9. 事务在执行过程中因违反完整性约束或发生运算溢出而终止,属于_____故障。

10. 数据库系统在运行过程中发生的操作系统突然崩溃,或突然停电导致系统停止运行等故障问题,属于_____故障。

11. 用于数据库恢复的基本技术有登记_____和数据_____。通常在一个数据库系统中,这两种方法是一起使用的。

12. _____上记录着事务对数据库中数据进行的每一次更新操作。

13. 当数据库系统发生系统故障时,应撤销所有未提交事务,_____所有已提交事务。

14. _____语句的执行表示事务执行的过程中发生了某种故障,事务夭折,事务夭折前所有已完成的对数据库的更新操作结果应该撤销。

15. _____语句的执行表示事务中的所有操作语句均已成功执行,对数据库的所有更新操作结果应写到磁盘上的数据库中。

16. 在数据库系统出现系统故障进行恢复时,对于事务 T,如果在日志中有 BEGIN TRANSACTION 记录,也有 COMMIT 记录,则 DBMS 恢复这类事务时应进行的操作是_____;如果只有 BEGIN TRANSACTION 记录,而没有 COMMIT 或 ABORT 记录,则 DBMS 恢复这类事务时应执行的操作是_____。

17. 利用日志进行数据恢复的_____操作可实现对事务的 ROLLBACK。

18. 数据库管理员创建的数据库备份文件,主要用于_____故障后的数据库恢复。

19. 对于动态转储,利用转储的数据库备份只能将数据库恢复到转储过程中的某个状态,且备份中的数据可能是数据库处于不一致状态时的值,还需利用_____,才能将数据库恢复到一致性状态。

20. 现需将 SQL Server 中的数据库 sjk 做完全备份,可用如下的 SQL 语句实现:

```
_____ DATABASE sjk to disk='d:\sjk2020.bak'
```

21. 假设已将 SQL Server 中的数据库 students 完全备份到 BK 设备上,且此设备上仅有此次备份数据,则恢复此数据库的 SQL 语句可表示为:_____ DATABASE students FROM bk。

22. _____技术是主要的并发控制技术。

23. 多个事务的并发操作会带来_____、_____和_____三种数据不一致现象。

24. 并发事务的非串行调度会产生数据不一致问题,是因为破坏了事务的_____性。

25. 如果事务是一致的,多个事务并发执行的整体效果等同于某一次序下事务串行执行的效果,那么该并发事务的调度将保持数据库的_____状态。

26. 利用两阶段封锁协议可以实现并发事务调度的_____。

27. 若事务 T 对数据对象 A 加了 S 锁,则其他事务只能对数据对象 A 再加_____,不能加_____,直到事务 T 释放 A 上的锁。

28. 在并发执行的事务中,两个或多个事务同时处在相互等待状态,称为_____。

29. 系统中的事务等待图如图 8-2 所示,_____(是/否)存在死锁。

30. 事务 T_1 中两次查询学生关系中的女生人数,在这两次查询操作之间,事务 T_2 对学生关系中插入了一女生元组,导致 T_1 两次查询的结果不一致,为避免该问题,应设置事务 T_1 的隔离级别为_____。

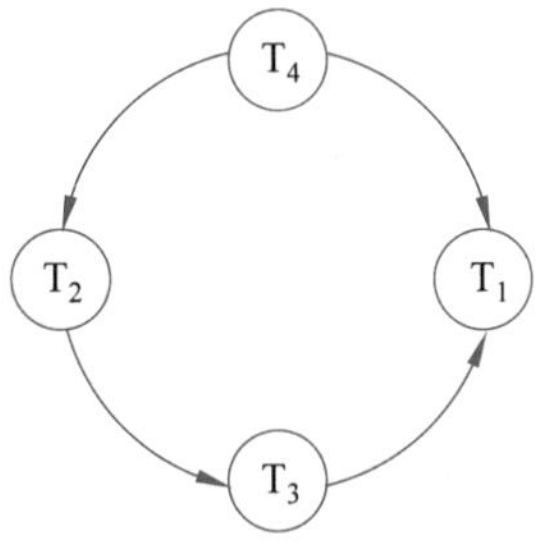

图 8-2　事务等待图

二、选择题

1. 显式定义事务时,不会使用的 SQL 语句是_____。
   A. COMMIT
   B. BEGIN TRANSACTION
   C. ABORT
   D. ROLLBACK

2. 下列选项中,可以定义成一个事务的是_____。
   A. 一条 SQL 语句
   B. 一组 SQL 语句
   C. 一段程序
   D. 以上选项皆可

3. 事务中的 COMMIT 语句的主要作用是_____。
   A. 结束程序　　　B. 返回系统　　　C. 提交事务　　　D. 存储数据

4. 下列说法正确的是_____。
   A. 事务中至少包含两个 SQL 操作语句
   B. 事务必须用 BEGIN TRANSACTION 显式定义
   C. 事务中包含的操作可以是一段程序
   D. 事务定义语句中,COMMIT 和 ROLLBACK 不能同时出现

5. SQL 使用 COMMIT 或 ROLLBACK 语句结束事务,以下说法正确的是_____。
   A. 事务执行了 ROLLBACK 语句,表示事务正确执行完毕
   B. 事务执行了 ROLLBACK 语句,可将其对数据库的更新写入数据库
   C. 事务执行了 ROLLBACK 语句,可将其对数据库的更新撤销

    D. 事务执行了 COMMIT 语句，其影响可用 ROLLBACK 语句撤销

6. 事务的持久性是指_____。

    A. 事务中包括的所有操作要么都执行，要么都不执行

    B. 事务一旦提交，对数据库的更新应永久保存在数据库中

    C. 一个事务内部的操作及结果不会干扰并发执行的其他事务

    D. 事务的执行结果与业务操作结果保持一致性

7. 事务的原子性是指_____。

    A. 事务中包括的所有操作要么都执行，要么都不执行

    B. 事务一旦提交，对数据库的更新应永久保存在数据库中

    C. 一个事务内部的操作及结果不会干扰并发执行的其他事务

    D. 事务的执行结果与业务操作结果保持一致性

8. 一个事务执行过程中，其正在访问的数据被其他事务所修改，导致操作结果不正确，这是由于事务的_____没满足而引起的。

    A. 原子性   B. 一致性   C. 隔离性   D. 持久性

9. 当多个事务并发执行时，若任何一个事务的更新操作直到其成功提交前的整个过程，对其他事务都是不可见的，则并发事务满足_____。

    A. 原子性   B. 一致性   C. 隔离性   D. 持久性

10. DBMS 实现并发控制和恢复的基本单位是_____。

    A. 表   B. 命令   C. 事务   D. 程序

11. 数据库系统可能发生的故障类型不包括_____。

    A. 事务故障   B. 系统故障   C. 介质故障   D. 运行故障

12. 事务在并发执行过程中陷入死锁而不能继续执行，此现象是出现了_____。

    A. 事务故障   B. 系统故障   C. 介质故障   D. 运行故障

13. 若系统在运行过程中由于某种硬件故障，使存储在外存上的数据部分损失或全部损失，这种情况是出现了_____。

    A. 事务故障   B. 系统故障   C. 介质故障   D. 运行故障

14. 系统故障会造成_____。

    A. 内存数据丢失   B. 硬盘数据丢失

    C. 软盘数据丢失   D. 磁带数据丢失

15. 对事务回滚的正确描述是_____。

    A. 将事务对数据库的更新进行撤销

    B. 将事务对数据库的更新写入硬盘

    C. 跳转到事务程序的开头重新执行

    D. 将事务中修改的变量值恢复到事务开始时的初值

16. _____会导致事务不能保持原子性。

    A. 事务故障和系统故障   B. 系统故障和介质故障

    C. 事务故障和介质故障   D. 系统故障、事务故障和介质故障

17. 当数据库系统发生系统故障后，恢复时应该_____。

    A. 撤销所有未提交事务，重做所有已提交事务

    B. 只重做所有已提交事务

C. 只撤销所有未提交事务

D. 什么都不做

18. 在对数据库进行恢复时,对已经 COMMIT 但更新未写入磁盘的事务执行_____操作。

    A. REDO   B. UNDO

    C. ABORT   D. ROLLBACK

19. 数据库恢复是利用_____中的冗余数据重建数据库。

    A. 数据字典、应用程序、数据库后备副本

    B. 数据字典、应用程序、审计档案

    C. 日志文件、数据库备份

    D. 数据字典、应用程序、日志文件

20. 下列关于数据库系统日志的描述,正确的是_____。

    A. 数据库系统不要求日志的写入顺序必须与并行事务中操作执行的时间次序一致

    B. 为了保证数据库是可恢复的,必须严格保证先写数据库后写日志

    C. 日志中检查点记录的主要作用是提高出现系统故障后的恢复效率

    D. 系统故障恢复必须使用日志以保证数据库系统重启时能正常恢复,事务故障恢复不一定需要使用日志

21. 下列对数据转储的描述,不正确的是_____。

    A. 静态转储在转储期间不允许对数据库进行更新

    B. 动态转储在转储期间允许对数据库进行读取,但不允许更新

    C. 完全转储是指每次转储复制整个数据库

    D. 增量转储是指每次只复制上次转储后更新过的数据

22. 关于日志文件,下列说法错误的是_____。

    A. 保存数据更新前的数据   B. 保存数据更新后的数据

    C. 可单独用来恢复事务故障   D. 可单独用来恢复介质故障

23. 假设系统中有运行的事务,若要转储全部数据库,应采用_____方式。

    A. 静态完全转储   B. 静态增量转储

    C. 动态完全转储   D. 动态增量转储

24. 下列对数据库故障的描述中,不正确的是_____。

    A. 系统故障指软硬件错误导致的系统崩溃

    B. 由于事务内部的逻辑错误造成该事务无法执行的故障属于事务故障

    C. 可通过数据的异地备份减少磁盘故障可能给数据库系统造成的数据丢失

    D. 系统故障一定会导致磁盘数据丢失

25. 采用检查点技术能减少数据库系统恢复时扫描的日志,提高数据库恢复效率。下列有关检查点的描述,错误的是_____。

    A. 检查点记录的内容包括建立检查点时正在执行的事务清单和这些事务最近一个日志记录的地址

    B. 在检查点建立的同时,DBMS 会将当前数据缓冲区中的所有数据写入数据库中

    C. 数据库管理员应定时手动建立检查点,保证数据库系统出现故障时可以快速恢复数据库数据

    D. 使用检查点进行恢复时需要从"重新开始文件"中找到最后一个检查点记录在日志文件中的地址

26. 在数据库技术中，"脏"数据是指_____。

    A. 未回滚的数据   B. 尚未提交的数据

    C. 回滚的数据   D. 未提交随后又被撤销的数据

27. DBMS 中的封锁机制是用来实现_____的。

    A. 完整性   B. 安全性   C. 并发控制   D. 恢复

28. 为了防止一个事务的执行影响并发执行的其他事务，DBMS 应该采取_____。

    A. 索引机制   B. 故障恢复   C. 并发控制   D. 完整性约束

29. 现有 T_1、T_2 两个事务，$W_i(X)$ 表示事务 T_i 更新数据对象 X，$R_i(X)$ 表示事务 T_i 读取数据对象 X，关于两个调度 S_1 和 S_2，下列说法正确的是_____。

$S_1: R_1(X); R_2(Y); W_1(X); R_1(Y); W_2(Y); R_2(Z); W_1(Y); W_2(Z)$

$S_2: R_1(X); R_2(Y); W_1(X); W_2(Y); R_1(Y); R_2(Z); W_1(Y); W_2(Z)$

    A. S_1 是可串行化调度，S_2 是可串行化调度

    B. S_1 不是可串行化调度，S_2 是可串行化调度

    C. S_1 是可串行化调度，S_2 不是可串行化调度

    D. S_1 不是可串行化调度，S_2 不是可串行化调度

30. 下列描述中错误的是_____。

    A. 并发事务如果不加控制，可能会破坏事务的隔离性

    B. 可串行化调度是正确的调度

    C. 两阶段封锁协议能够实现可串行化调度

    D. 两阶段封锁协议能够确保不会产生死锁

31. 事务的并发执行会带来_____等数据不一致性问题。

    A. 丢失修改、不可重复读、读脏数据、死锁

    B. 不可重复读、读脏数据、死锁

    C. 丢失修改、读脏数据、死锁

    D. 丢失修改、不可重复读、读脏数据

32. 保证并发事务的可串行化，是为了确保事务的_____。

    A. 原子性   B. 持久性   C. 隔离性   D. 一致性

33. 下列描述正确的是_____。

    A. 并发控制只能依靠封锁的方法实现

    B. 只要对数据库对象加锁，就能保证数据更新的一致性

    C. 两阶段封锁协议一定能保证事务调度的可串行化

    D. 两阶段封锁协议不会产生死锁问题

34. 图 8-3 中两个事务的调度是一个_____。

    A. 可串行化调度   B. 串行调度

    C. 非可串行化调度   D. 不会产生死锁的调度

35. 下列关于封锁技术的说法，错误的是_____。

    A. 一个事务只能给一个数据对象加一种锁

    B. 数据库中的锁主要有排它锁和共享锁，当某个数据项上已加有多个共享锁时，只

Time	T_1	T_2
1	Read(A,t_1)	
2	$t_1=t_1+100$	
3	Write(A,t_1)	
4		Read(B,s_1)
5		$s_1= s_1*2$
6		Write(B, s_1)
7	Read(B,t_2)	
8	$t_2= t_2-100$	
9	Write(B, t_2)	
10		Read(A, s_2)
11		$s_2= s_2*3$
12		Write(A, s_2)

图 8-3   事务调度

能再加一个排它锁

C. DBMS 可以采用先来先服务的方式防止出现死锁现象

D. 当 DBMS 检测到死锁后,可撤销产生死锁的事务解除死锁

36. 设事务 T_1 和事务 T_2 对数据库中的数据 A 进行的操作可能有如下几种情况,不会发生冲突的是_____。

    A. T_1 正在写 A,T_2 要读 A   B. T_1 正在写 A,T_2 也要写 A

    C. T_1 正在读 A,T_2 要写 A   D. T_1 正在读 A,T_2 也要读 A

37. 下列对两阶段锁协议的描述,错误的是_____。

    A. 每个事务的执行划分为加锁和解锁两个阶段

    B. 加锁阶段事务可以申请获得数据对象上的锁,允许释放锁

    C. 在解锁阶段,事务可以释放数据对象上的锁,但不能再申请锁

    D. 每个事务开始执行后就进入了加锁阶段

38. 设有两个事务 T_1、T_2,其并发操作如图 8-4 所示,可能存在的不一致问题是_____。

Time	T_1	T_2
1	Read(A,t)	
2	$t=t*2$	
3	Write(A,t)	
4		Read(A,s)
5	ROLLBACK	

图 8-4   并发操作 1

    A. 不存在问题   B. 事务 T_1 更新丢失

    C. 事务 T_2 不能重复读   D. 事务 T_2 脏读

39. 设有两个事务 T_1、T_2,其并发操作如图 8-5 所示,可能存在的不一致问题是_____。

    A. 不存在问题   B. 事务 T_1 更新丢失

    C. 事务 T_1 不能重复读   D. 事务 T_1 脏读

40. 设有两个事务 T_1、T_2,其并发操作如图 8-6 所示,可能存在的不一致问题是_____。

    A. 不存在问题   B. 事务 T_1 更新丢失

    C. 事务 T_1 不能重复读   D. 事务 T_2 脏读

Time	T_1	T_2
1	Read(A,t_1)	
2	Read(B,t_2)	
3	SUM=t_1+t_2	Read(A,s)
4		$s=s*2$
5		Write(A,s)
6	Read(A,t_1)	
7	Read(B,t_2)	
8	SUM=t_1+t_2	

图 8-5　并发操作 2

Time	T_1	T_2
1	Read(A,t);	
2	$t=t-5$;	Read(A,s);
3	Write(A,t)	$s=s-8$;
4		Write(A,s)

图 8-6　并发操作 3

41. 已知事务 T_1 的封锁序列为

LOCKS(A)···LOCKS(B)···LOCKX(C)···UNLOCK(B)···UNLOCK(A)···UNLOCK(C)

事务 T_2 的封锁序列为

LOCKS(A)···UNLOCK(A)···LOCKS(B)···LOCKX(C)···UNLOCK(C)···UNLOCK(B)

则遵守两段封锁协议的事务是_____。

    A. T_1 B. T_2 C. T_1 和 T_2 D. 没有

42. 若事务 T 对数据对象 A 加上 S 锁,则_____。

    A. 事务 T 可以读 A 和更新 A,其他事务只能再对 A 加 S 锁,而不能加 X 锁

    B. 事务 T 可以读 A 但不能更新 A,其他事务能对 A 加 S 锁和 X 锁

    C. 事务 T 可以读 A 但不能更新 A,其他事务只能再对 A 加 S 锁,而不能加 X 锁

    D. 事务 T 可以读 A 和更新 A,其他事务能对 A 加 S 锁和 X 锁

43. 若事务 T 对数据对象 A 已加 X 锁,则其他事务对数据对象 A _____。

    A. 可以加 S 锁,不能加 X 锁   B. 不能加 S 锁,可以加 X 锁

    C. 可以加 S 锁,也可以加 X 锁   D. 不能加任何锁

44. 下列对死锁的描述,正确的是_____。

    A. 死锁是操作系统中的问题,数据库操作中不存在

    B. 在数据库操作中防止死锁的方法是禁止两个用户同时操作数据库

    C. 当两个用户竞争相同资源时不会发生死锁

    D. 只有存在并发操作时,才有可能出现死锁

45. 若数据库系统中存在并发事务 T_1、T_2、T_3、T_4、T_5，其中 T_1 正在请求访问被 T_2 加锁的数据项 A_2，T_2 正在请求访问被 T_4 加锁的数据项 A_4，T_3 正在请求访问被 T_4 加锁的数据项 A_4，T_5 正在请求访问被 T_1 加锁的数据项 A_1，则关于系统状态正确的描述是_____。

    A. 系统处于死锁状态，需要撤销其中任意一个事务退出死锁状态

    B. 系统处于死锁状态，撤销 T_4 可使系统退出死锁状态

    C. 系统处于死锁状态，撤销 T_5 可使系统退出死锁状态

    D. 系统未处于死锁状态，不需要撤销其中的任何事务

46. 下列关于 SQL Server 的多粒度封锁模式的描述，不正确的是_____。

    A. TABLOCK 对表实施共享封锁，读完数据后立即释放封锁

    B. TABLOCKX 对表实施独占封锁

    C. NOLOCK 不进行封锁，但不允许事务读取未提交事务的数据

    D. HOLDLOCK 与 TABLOCK 一起使用，可将共享锁保留到事务完成

47. 下列关于封锁粒度的选择，正确的方法是_____。

    A. 需要处理大量元组的事务应以数据库为封锁粒度

    B. 需要处理多个关系的大量元组的事务应以关系为封锁粒度

    C. 需要处理少量元组的事务应以元组为封锁粒度

    D. 其他选项都不正确

48. 在事务的 4 种隔离级别中，不能避免脏读的是_____。

    A. SERIALIZABLE   B. REPEATABLE READ

    C. READ COMMITTED   D. READ UNCOMMITTED

49. 下列关于 ANSI 标准隔离级别的描述，不正确的是_____。

    A. READ UNCOMMITTED 可以读未提交的数据

    B. READ COMMITTED 只能读提交的数据，可重复读

    C. REPEATABLE READ 对同一元组连续的读取不会产生不同的值

    D. SERIALIZABLE 不允许有幻影

50. ANSI 标准隔离级别按隔离性能从低到高的顺序是_____。

    A. READ UNCOMMITTED, READ COMMITTED, REPEATABLE READ, SERIALIZABLE

    B. READ UNCOMMITTED, READ COMMITTED, SERIALIZABLE, REPEATABLE READ

    C. READ COMMITTED, READ UNCOMMITTED, REPEATABLE READ, SERIALIZABLE

    D. READ COMMITTED, REPEATABLE READ, READ UNCOMMITTED, SERIALIZABLE

三、简答题

1. 解释事务定义中的 COMMIT 语句和 ROLLBACK 语句的功能和执行结果。

2. 事务的特性有哪些？解释每个特性的含义，说明 DBMS 提供的特性保证机制。

3. 数据库系统运行中可能产生的故障有哪些？会导致数据库出现哪些错误状态？

4. 针对数据库系统可能发生的不同故障，简述系统进行数据库恢复所采用的技术与策略。

5. 系统中的日志一般包含哪些内容信息？在日志中登记日志记录时，一般遵循哪些原则？

6. 在日志中,[abort,T]记录是如何产生的? 在利用日志进行数据库恢复时,对该日志记录如何处理?

7. 系统何时需要对事务进行 UNDO 和 REDO 操作? 操作是如何进行的?

8. 具有检查点的恢复技术有什么优点? 简述使用检查点技术进行系统恢复的步骤。

9. 若 DBMS 的事务处理机制中,采用静态检查点技术进行系统故障的恢复,在图 8-7 所示的 T$_c$ 时刻系统设置了一个静态检查点,在设置下一个检查点前的 T$_f$ 时刻系统发生故障,图 8-7 中用横线段表示事务从开始到结束的时间,请确定图 8-7 中 T$_i$ 所代表的各类事务哪些事务需要撤销,哪些事务需要重做? 说明理由。

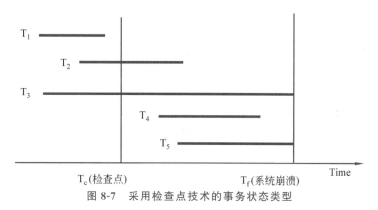

图 8-7 采用检查点技术的事务状态类型

10. 若 DBMS 的事务处理机制中,采用静态检查点技术进行系统故障的恢复,DBMS 会定期或不定期地在日志上设置检查点,请说明设置检查点的频率对以下各项有何影响?

(1) 无故障发生时的系统性能。

(2) 从系统崩溃中恢复所需的时间。

(3) 从介质(磁盘)故障中恢复所需的时间。

11. 什么是可串行化调度? 什么是冲突可串行化的调度? 它们两者之间有什么关系?

12. 并发事务的非串行调度会带来哪些数据不一致性问题? 基于锁的并发控制技术如何解决这些问题,又会带来什么新的问题?

13. 实现并发控制的封锁技术通常提供哪些锁类型? 不同类型的锁如何发挥作用?

14. 严格的两阶段封锁协议包含哪些内容? 效用如何?

15. 什么是死锁? 预防死锁的方法有哪些?

16. 简述如何用事务等待图预防和检测死锁。

17. 在下面的并发事务的非串行调度序列中,假设在每个读动作前申请共享锁,在每个写动作前申请排它锁,在事务执行的最后一个动作完成后释放锁。说明调度序列中哪些动作会被阻塞,并画出最后一个动作后的事务等待图,判断是否发生死锁。如果存在死锁,请给出一个解除死锁的方案,说明调度序列中被阻塞操作将怎样继续下去。

(1) $r_1(A)$;$r_3(B)$;$r_2(C)$;$w_1(B)$;$w_3(C)$;$w_2(D)$

(2) $r_1(A)$;$r_3(B)$;$r_2(C)$;$w_1(B)$;$w_3(C)$;$w_2(A)$

(3) $r_1(A)$;$r_3(B)$;$w_1(C)$;$w_3(D)$;$r_2(C)$;$w_1(B)$;$w_4(D)$;$w_3(A)$

(4) $r_1(A)$;$r_3(B)$;$w_1(C)$;$r_2(D)$;$r_4(E)$;$w_2(B)$;$w_3(C)$;$w_4(A)$;$w_1(D)$

18. 在下面的并发事务的非串行调度序列中,包含 9 个并发事务的操作,假设事务读操作前要获得数据对象上的 S 锁,写操作前要获得数据对象上的 X 锁或将 S 锁升级为 X 锁,且所有锁都保持到事务结束才释放。请画出该序列最后的事务等待图,并判断此时是否发生死锁。

$r_1(G);r_2(A);w_2(A);r_1(K);r_3(D);r_4(A);r_5(G);r_2(C);w_2(C);r_3(F);r_2(F);w_2(F);$
$w_5(G);COMMIT(T_1);r_6(G);ROLLBACK(T_5);w_6(G);r_6(K);w_6(K);r_7(E);r_8(H);$
$w_8(H);r_9(E);w_9(E);r_8(C);COMMIT(T_7);r_9(H)$

19. 简述在多粒度封锁协议中引入意向锁的作用。

20. ANSI 标准提供了哪几种隔离级别选项？各级别如何使用锁、存在何种数据不一致问题？

21. 除了封锁技术，DBMS 还采用哪些并发控制技术？多版本并发控制如何解决读写冲突来提高事务的并发度？

22. 已知学生选课数据库中包含选课关系表 $sc(sno,cno,grade)$，其中 sno 是学生学号，cno 是课程编号，$grade$ 是学生选修课程的成绩。表 8-1 给出了在 SQL Server 上建立的学生选课数据库中表 sc 上并发执行的两个事务，其中事务 A 使用多粒度的封锁方式，事务 B 使用隔离级别保证事务的隔离性。请回答如下问题，并验证结论。

(1) 在 t1 时刻，事务 B 的 SELECT 语句能否及时执行？为什么？

(2) 在 t2 时刻，事务 B 的 SELECT 语句能否及时执行？为什么？

(3) 在 t3 和 t4 时刻，事务 B 的 SELECT 语句查询得到的结果是否一致？为什么？

(4) 在 t5 时刻，新事务 A 的 UPDATE 语句能否及时执行？为什么？

表 8-1 学生选课数据库上并发执行的事务

时间	事务 A	事务 B
t0	BEGIN TRANSACTION SELECT * FROM sc WITH(TABLOCKX);	
		SET TRANSACTION ISOLATION LEVEL READ UNCOMMITTED; BEGIN TRANSACTION
t1		SELECT * FROM sc;
		SET TRANSACTION ISOLATION LEVEL READ COMMITTED;
t2		SELECT * FROM sc;
	ROLLBACK;	
t3		SELECT * FROM sc WHERE sno='s01';

	BEGIN TRANSACTION
	  UPDATE sc WITH(UPDLOCK)
	    SET grade=100
	    WHERE sno='s01';
	COMMIT TRANSACTION	

t4		SELECT * FROM sc WHERE sno='s01';
		SET TRANSACTION ISOLATION LEVEL REPEATABLE READ; SELECT * FROM sc WHERE sno='s01';

t5	UPDATE sc WITH(UPDLOCK)
	    SET grade=95
	    WHERE sno='s01';	

		COMMIT TRANSACTION

四、应用题

某图书馆的图书借还业务系统包含如下的关系模式：

书目(ISBN,书名,出版社,在库数量)

图书(书号,ISBN,当前位置)

其中每本图书只能对应一条书目，每条书目信息对应多本相同的图书，在库数量为一个书目对应的可借阅的入库图书数量，每本图书在被借出后当前位置改为空值。

读者借还书时，系统逐一扫描每本图书的书号并进行出、入库操作。

- 出库操作：根据该图书的书号将该图书的当前位置属性值改为空值，并根据其 ISBN 号将对应书目的在库数量减 1。
- 入库操作：系统根据书号自动生成该本书的存放位置，并根据该图书的书号将其当前位置属性值改为生成的存放位置，然后将对应书目的在库数量加 1。

针对上述业务描述，完成以下问题：

(1) 用 SQL 分别定义出库和入库事务。

(2) 假设同一书目的不同图书的出、入库操作存在并发性，即存在对同一书目的在库数量的同步更新，请为出、入库事务设置保证隔离性的最低隔离级别，并说明理由。

8.3　参考答案

一、填空题

1. 事务　　2. SQL 语句　　3. BEGIN TRANSACTION、COMMIT

4. 原子性、一致性、隔离性、持久性、ACID　　5. 原子性

6. 隔离性　　7. 一致　　8. 事务、系统、介质

9. 事务　　10. 系统　　11. 日志、转储(备份)

12. 日志　　13. 重做(REDO)　　14. ROLLBACK

15. COMMIT　　16. 重做(REDO)、撤销(UNDO)　　17. 撤销(UNDO)

18. 介质　　19. 日志　　20. BACKUP　　21. RESTORE

22. 封锁　　23. 更新丢失、脏读、不可重复读　　24. 隔离

25. 一致性　　26. 冲突可串行化(可串行化)　　27. S 锁(共享锁)、X 锁(排它锁)

28. 死锁　　29. 否　　30. SERIALIZABLE(可串行化)

二、选择题

题号	1	2	3	4	5	6	7	8	9	10
答案	C	D	C	C	C	B	A	C	C	C
题号	11	12	13	14	15	16	17	18	19	20
答案	D	A	C	A	A	D	A	A	C	C
题号	21	22	23	24	25	26	27	28	29	30
答案	B	D	C	D	C	B	C	C	B	D

题号	31	32	33	34	35	36	37	38	39	40
答案	D	C	C	C	B	D	B	D	C	B
题号	41	42	43	44	45	46	47	48	49	50
答案	A	C	D	D	D	C	C	D	B	A

三、简答题

1. 解释事务定义中的 COMMIT 语句和 ROLLBACK 语句的功能和执行结果。

答：COMMIT 语句用来提交事务。COMMIT 语句的执行,表示事务中的所有操作均已成功执行,事务正常结束,事务中对数据库的所有更新操作结果,应写到磁盘上的物理数据库中,数据库进入一个新的正确状态。

ROLLBACK 用来回滚事务。ROLLBACK 语句的执行,表示事务在运行过程中发生了某种故障,事务夭折,事务夭折前所有已完成的对数据库的更新操作结果应该撤销,使数据库恢复到该事务执行前的数据库状态。

2. 解释事务的每个特性的含义,说明 DBMS 提供的特性保证机制。

答：事务的特性包括原子性、一致性、持久性和隔离性。

(1) 原子性是指事务作为数据库系统的逻辑工作单元,事务中的所有数据库操作,是不可分割的。事务必须作为整体,执行或根本不执行,即事务中包括的所有操作要么都执行完,要么就根本没有执行。

(2) 事务的一致性是指事务成功执行后,事务提交的结果不仅应与业务操作结果保持一致,而且要满足对业务操作的完整性约束,业务操作正确完成,结果有效。

(3) 事务的隔离性是指一个事务正常执行,不会被来自并发执行的事务中的数据库操作所干扰。每个事务感觉不到系统中有其他事务在并发地执行。

(4) 事务的持久性是指一个事务一旦提交,它对数据库中数据的更新应该持久地保存在数据库中,后续的其他操作或故障不应该对其执行结果有任何影响,即使计算机或数据库的存储介质发生故障甚至崩溃,也不应丢失执行的结果。

由于并发执行的事务会破坏事务的隔离性,因此 DBMS 对并发执行的事务进行并发控制,保证事务的隔离性;系统出现的各类故障会破坏事务的原子性和持久性,DBMS 对发生故障后系统中的事务更新结果进行恢复,撤销未完成的事务对数据库的更新,保证事务的原子性,重做已成功执行的事务对数据库的更新,保证事务的持久性;由应用程序员利用 DBMS 的完整性约束机制保证事务的一致性。

3. 简述数据库系统运行中可能产生的各类故障,及其导致数据库可能出现的错误状态。

答：数据库系统运行中可能发生事务故障、系统故障和介质故障。

由于大多数 DBMS 的事务管理器常采用一种窃取而不强制的缓冲区管理策略,因此会出现：在事务提交之前,事务的部分执行结果可能已被更新到磁盘上的数据库;或事务提交后,事务的执行结果可能并没有立即更新到磁盘上的数据库。因此,当数据库系统发生故障后,数据库可能会处于如下的不一致错误状态。

(1) 事务故障后,事务不能正常提交,但夭折事务的部分执行结果可能已对数据库进行了更新。事务不能保持原子性。

（2）系统故障后,除了未提交事务的部分执行结果可能已写入磁盘上的数据库;有些已提交事务对数据库的更新结果可能有一部分甚至全部还只在缓冲区中,尚未写回磁盘上的数据库中。事务不能保持原子性和持久性。

（3）介质故障后,不仅影响所有正在存取磁盘上数据库的运行事务,使这些事务夭折;更会破坏磁盘上的数据库,使已提交事务对数据库的更新结果丢失。事务不能保持原子性和持久性。

4. 针对数据库系统可能发生的不同故障,简述系统进行数据库恢复所采用的技术与策略。

答:（1）事务故障后的数据库恢复。系统恢复机制在不影响其他事务运行的情况下,强行回滚该夭折事务,对该事务进行撤销（UNDO）操作,利用日志撤销该事务已对数据库进行的更新,将更新前的旧值重新写回磁盘的数据库中,并在日志中生成事务的异常中止记录,即ABORT 日志记录,标记事务以 ROLLBACK 方式结束。

（2）系统故障后的数据库恢复。系统恢复机制在系统重新启动时,利用日志撤销所有未提交事务已对数据库进行的更新,将更新前的旧值重新写回磁盘的数据库中,并在日志中生成事务的异常中止记录,标记事务以 ROLLBACK 方式结束;利用日志重做（REDO）所有已提交事务对数据库的更新,将更新后的新值写到磁盘的数据库中,使事务以 COMMIT 方式结束。

（3）介质故障后的数据库恢复。数据库的恢复不仅要使用日志,还要使用数据转储的备份。利用备份将数据库恢复到转储时的数据库状态,再使用日志（前提是故障后日志仍存在或日志的备份得到保存）,重做故障前（或日志转储前）已完成的事务,将数据库恢复到与故障时刻（或日志转储时刻）一致的状态。对于动态转储,还需根据日志,撤销转储结束时未提交的事务在数据库备份中产生的更新结果。

5. 简述系统中的日志一般包含的内容信息,以及在日志中登记日志记录时应遵循的原则。

答:系统维护日志用来记录事务对数据库的操作,不同 DBMS 采用的日志格式并不完全一样,但日志中均需要包括:

（1）事务的开始标记（BEGIN TRANSACTION）。

（2）事务的结束标记（COMMIT 或 ROLLBACK）。

（3）事务对数据库的所有更新操作。

对于更新操作的日志记录,每个日志记录主要包括:

（1）事务的标识（表明是哪个事务）。

（2）操作的数据对象（数据对象的内部标识,可为物理存储地址）。

（3）更新前数据的旧值（对插入操作而言,此项为空值）。

（4）更新后数据的新值（对删除操作而言,此项为空值）。

为保证数据库是可恢复的,把日志记录登记在日志中必须遵循如下两条原则:

（1）DBMS 可能同时处理多个事务,在日志中登记日志记录的顺序必须严格按并发事务中操作执行的时间次序,事务 T 中的操作可能和其他事务中的操作相互交错。

（2）必须先写日志,后写数据库。因为把对数据的更新结果写到数据库中和把表示这个更新的日志记录写到日志中是两个不同的操作,有可能在这两个操作之间发生故障,即这两个写操作只完成了一个,因此,必须先将日志记录写到日志中,后将更新结果写到数据库中。如果先进行了数据库更新,而在日志中没有表示这个更新的日志记录,那么在发生故障事务夭折后,就无法利用日志撤销这个夭折事务的更新操作了。如果先写日志,但没有更新数据库,则可以利用日志进行恢复。

6. 简述在日志中[abort,T]记录产生的原因,以及利用日志进行数据库恢复时,对该日志记录如何处理。

答:恢复机制对夭折事务 T 进行撤销(UNDO)操作后,即利用日志撤销此事务已对数据库进行的所有更新后,便在日志中生成该事务的异常终止记录[abort,T],来标记该事务以 ROLLBACK 方式结束。

因此,对于有 Abort 日志记录的事务 T,表明系统已对该事务进行了撤销恢复操作。利用日志进行数据库恢复时,不再对事务 T 进行恢复操作。

7. 解释系统何时需要对事务进行 UNDO 和 REDO 操作,以及操作是如何进行的。

答:DBMS 在执行事务定义中的 ROLLBACK 操作时,或事务发生故障后,夭折事务的部分执行结果可能已对数据库进行了更新,DBMS 为了保持事务的原子性,需对该事务进行 UNDO 操作。

发生系统故障以及介质故障后,已提交事务的更新操作结果可能并没有写入磁盘上的数据库中,DBMS 为了保持事务的持久性,则需对该事务进行 REDO 操作。

恢复机制对事务进行 UNDO 操作时,首先从日志尾部开始反向扫描日志(即从最近写的记录到最早写的记录),找到该事务的更新操作日志记录,对该更新操作执行逆操作,即将更新记录中"更新前的值"写入数据库;继续扫描日志,查找该事务的其他更新操作,并做同样处理;直至扫描到此事务的开始标记,日志扫描结束,在日志中生成该事务的异常中止记录[abort,T],该事务的 UNDO 操作完成。

恢复机制对事务进行 REDO 操作时,首先从日志头部开始正向扫描日志(即从最早写的记录到最近写的记录),从该事务的 BEGIN TRANSACTION 记录开始,逐一将该事务的更新操作日志记录中"更新后的值"写入数据库,直至扫描到此事务的 COMMIT 记录,日志扫描结束,该事务的 REDO 操作完成。

8. 简述具有检查点的恢复技术的优点和使用检查点技术进行系统恢复的步骤。

答:利用检查点技术实现系统故障的恢复可以限制恢复过程必须回溯的日志长度,有效减少搜索日志的时间,同时有效减少系统因故障重新启动后数据库恢复需要重做的事务,从而减少数据库恢复所需的时间和资源。

采用检查点技术的 DBMS,其恢复机制在系统运行过程中,要定期或不定期地在生成日志上设置检查点。假设设置检查点时,系统处于静止状态,即系统中运行事务中止,则恢复机制把当前日志缓冲区中的所有日志记录写入磁盘的日志文件中,在日志中写入一个检查点记录,检查点记录的内容包括所有中止执行的事务,并把检查点记录在日志中的地址写入一个重新开始文件,再将当前数据缓冲区中的所有数据写入磁盘的数据库中。根据系统在检查点所做的工作,使用检查点技术进行系统恢复的步骤如下。

(1) 从重新开始文件中找到系统崩溃前最后一个检查点记录在日志中的地址,由该地址在日志中找到最后一个检查点记录。

(2) 由该检查点记录得到在设置检查点时刻所有正在执行的事务,将其放入活动事务队列 ACTIVE-LIST 中。

(3) 建立两个事务队列,分别是需要执行 UNDO 操作的事务集合 UNDO-LIST 和需要执行 REDO 操作的事务集合 REDO-LIST。把 ACTIVE-LIST 队列中的事务暂时放入 UNDO-

LIST 队列中,REDO-LIST 队列暂时为空。

(4) 从检查点记录开始向后正向扫描日志,确定需要重做或撤销的事务。如有新开始的事务 T_i,即遇到事务 T_i 的 BEGIN TRANSACTION 日志记录,就把 T_i 暂时放入 UNDO-LIST 队列;如有新提交的事务 T_j,即遇到事务 T_j 的 COMMIT 日志记录,就把 T_j 从 UNDO-LIST 队列移到 REDO-LIST 队列,扫描日志直到日志结束,即系统崩溃处。当日志扫描结束后,UNDO-LIST 队列和 REDO-LIST 队列中分别为需要撤销的事务以及需要重做的事务。

(5) 从日志尾部向前反向扫描日志,对 UNDO-LIST 队列中的每个事务执行 UNDO 操作。

(6) 从检查点开始向后正向扫描日志,对 REDO-LIST 队列中的每个事务执行 REDO 操作。

由于恢复过程是从检查点开始搜索日志和重做已提交事务,因此采用检查点技术可以提高恢复效率。

9. 若 DBMS 采用具有静态检查点技术进行系统故障的恢复,确定图 8-7 中 T_i 所代表的各类事务中需要撤销或重做的事务,并说明理由。

答:根据系统在检查点所做的工作可以确定:

(1) T_1 类事务不必重做。因为此类事务在设置检查点之前已提交,其对数据库的更新结果,已在设置检查点的 T_c 时刻写到数据库中了。

(2) T_2、T_4 类事务需要重做。因为这两类事务在故障点之前已提交,但在检查点之后仍在运行,事务对数据库的更新结果可能仍在内存缓冲区中,还未写到磁盘的数据库中。但是重做 T_2 类事务时,并不需要重做此类事务早于检查点记录的更新操作,因为这些操作对数据库的更新结果在建立检查点过程中已经被刷新到磁盘。

(3) T_3、T_5 类事务必须撤销。因为这两类事务在故障点时还未完成,事务还未提交,但在系统崩溃前它们对数据库的更新结果可能已写到磁盘的数据库中,如 T_3 类事务在检查点前对数据库进行的更新操作结果已在设置检查点时写到磁盘的数据库中,所以必须撤销这两类事务可能造成的对数据库的更新。

10. 若 DBMS 采用具有静态检查点技术进行系统故障的恢复,说明设置检查点的频率对以下各项有何影响。

(1) 无故障发生时的系统性能。

答:由于设置静态检查点时,系统会中止运行事务,也不执行新事务,因此无故障发生时,设置静止检查点的频率越高,系统性能会越低。

(2) 从系统崩溃中恢复所需的时间。

答:由于利用检查点技术实现系统故障的恢复时,是从检查点记录开始向后正向扫描日志,确定需要重做或撤销的事务;对重做事务队列中的每个事务执行 REDO 操作也是从检查点开始向后正向扫描日志的,因此,设置静止检查点的频率越高,扫描日志的时间越少,重做事务队列中的事务越少,需要执行的重做操作越少。因此,设置静止检查点的频率越高,从系统崩溃中恢复所需的时间会越少,恢复的效率越高。

(3) 从介质(磁盘)故障中恢复所需的时间。

答:从介质(磁盘)故障中恢复所需的时间主要是备份的恢复时间,加上利用转储后生成的日志重做故障前已完成的事务,故设置静态检查点的频率对此影响不是很大。

11. 阐述可串行化调度和冲突可串行化的调度,以及它们两者之间的关系。

答：(1)可串行化调度。若 n 个并发事务的一个非串行调度 S 的执行效果,等价于这 n 个事务的某个串行调度 S′ 的执行效果,则称这 n 个事务的该非串行调度 S 是可串行化的调度。

(2)冲突可串行化的调度。若将一非串行调度通过一系列相邻的非冲突操作的交换可转换为一个串行调度,则称该非串行调度是冲突可串行化的调度。

冲突可串行化的调度是可串行化调度的一个充分非必要条件,即冲突可串行化的调度是可串行化调度,但可串行化调度不一定是冲突可串行化的调度。

12.说明并发事务的非串行调度会带来哪些数据不一致性问题,基于锁的并发控制技术如何解决这些问题,又会带来什么新的问题。

答：并发事务的非串行调度会带来更新丢失、脏读、不可重复读等数据不一致问题。

产生上述数据不一致问题的主要原因是,并发事务的非串行调度的执行使并发的事务之间互相干扰,破坏了并发事务之间的隔离性。为解决这些问题,需要对并发执行的事务进行控制。DBMS 通常采用基于锁的并发控制技术解决这些问题。

封锁技术通过在数据对象上维护"锁"阻塞其他会产生冲突操作的事务,即当一个事务在对其需要访问的数据对象(如关系、元组等)进行操作之前,先向系统发出封锁请求,获得所访问的数据库对象上的锁,即对数据对象进行加锁,限制并发的其他事务对这些数据对象的访问,实现并发事务非串行调度的冲突可串行化。

封锁技术会造成并发执行的事务由于竞争数据库对象上的锁资源而产生一种运行事务被阻塞或等待的现象,带来死锁问题。

13.说明实现并发控制的封锁技术通常提供的锁类型,以及不同类型的锁如何发挥作用。

答：封锁技术常用的封锁模式都提供两种不同种类的锁：一种用于读,称为"共享锁"或"读锁";另一种用于写,称为"排它锁"或"写锁"。

(1)共享锁(简称 S 锁)的作用。若事务 T 想读取数据库对象 A 而不更新 A,事务 T 必须申请获得 A 上的共享锁;若申请成功,则事务 T 在数据对象 A 上加共享锁,事务 T 可以读取 A 但不能更新 A,其他事务只能再对 A 加共享锁,而不能加排它锁。这就保证了其他事务可以读取 A,但在事务 T 释放 A 上的共享锁之前不能对 A 做任何更新。

(2)排它锁(简称 X 锁)的作用。若事务 T 不仅要读取数据库对象 A,还要更新 A,则事务 T 必须申请获得 A 上的排它锁;若申请成功,则事务 T 在数据对象 A 加上排它锁,事务 T 不仅可以读取 A,还能更新 A,其他事务不能再对 A 加任何类型的锁。这就保证了在事务 T 释放 A 上的排它锁之前,其他事务不能再读取或更新 A。

因此,对任何数据库对象 A,其上可以有一个排它锁,或者没有排它锁而有多个共享锁,即可以有多个事务同时读取 A,但只能有一个事务读取并更新 A。

14.阐述严格的两阶段封锁协议包含的内容及效用。

答：两阶段封锁协议是最常用的一种实现并发事务可串行化的封锁协议,其协议规则包含如下的具体内容。

(1)事务 T 在读一个数据库对象前必须获得该数据库对象上的读锁,如果没有其他事务拥有这个数据库对象上的写锁,那么事务 T 的封锁请求得到满足,操作继续执行。

(2)事务 T 在更新一个数据库对象前必须获得该数据库对象上的写锁,如果没有其他事务拥有这个数据库对象上的读锁或写锁,那么事务 T 的封锁请求得到满足,操作继续执行。若事务 T 已具有该数据库对象上的读锁,则必须将读锁升级到写锁,也必须获得该数据库对象上的写锁。

（3）若事务 B 对数据库对象的封锁请求与事务 A 已获得的锁不相容,事务 B 将处于等待状态,直到事务 A 释放其所拥有的锁为止。

（4）事务所获得的锁将一直保持到事务结束才释放,即直到事务提交或夭折,且提交或回滚日志记录已被刷新到磁盘后,事务才允许释放锁。这是严格封锁的要求。

可以证明,若并发执行的所有事务均遵循严格的两阶段封锁协议,则对这些事务的任何并发调度策略都是冲突可串行化的,即两阶段封锁协议可以实现并发事务的可串行化。

15. 解释死锁的概念,说明预防死锁的方法有哪些。

答:死锁是并发执行的事务由于竞争数据库对象上的锁资源而产生的一种运行事务被阻塞或等待的现象。发生死锁时并发事务有两种等待状态:一种是并发事务中有部分事务因封锁请求得不到满足而长期处于等待状态（被"饿死"）,但其他事务仍然可以继续运行下去,这种状态称为"活锁";另一种是并发执行的某些事务各自拥有一些数据对象上的"锁",并去申请或等待其他事务释放其所持有的某数据库对象上的"锁",因请求得不到满足而产生的循环等待状态,称为"死锁"。

根据产生死锁的原因,预防死锁的发生就是要破坏产生死锁的条件。常用的预防死锁的方法有以下 3 种。

① 一次封锁法:该方法要求每个事务必须获得所有要访问的数据对象上的锁后,才能开始执行,而不是先占有部分锁。

② 顺序封锁法:该方法将数据库对象按某种顺序排列,所有并发事务都按这个顺序申请数据对象上的锁,不会由于事务相互等待锁而导致死锁。

③ 事务等待图法:该方法使用事务等待图检测死锁,并回滚所提封锁请求将导致事务等待图中出现环路的任一事务来避免死锁的发生。

16. 简述如何用事务等待图预防和检测死锁。

答:事务等待图是一个由结点和边构成的有向图 $G=(T,U)$。T 为结点的集合,每个结点表示正运行的事务;U 为边的集合,每条有向边表示一个事务在等待另一个事务释放其拥有的锁。

DBMS 用事务等待图动态反映系统中并发事务相互间申请等待其他事务持有的锁的情况。若事务等待图中存在环路,则表示系统中存在死锁,那么环路中的任何事务都不能继续执行。如果事务等待图中无环路,那么至少有一个事务不在等待其他事务,该事务肯定能完成并释放资源;然后有另一个事务不用等待,这个事务又能完成;以此类推,最终每个事务都能完成。

事务等待图可用来预防死锁的形成,也可用来检测是否发生死锁。

预防死锁的一种策略是判断新的封锁请求是否会导致事务等待图中出现环路,若是,则回滚提出封锁请求的事务,避免死锁的发生。

检测死锁则由 DBMS 周期性地检测事务等待图,一旦检测到事务等待图中存在环路后,则判定存在死锁,再进行解除。通常采用的解除死锁的策略是:在环路中选择一个撤销该事务所需代价最小的事务将其回滚,被撤销的事务将不再申请锁,且释放其持有的所有锁,环路中的其他事务能继续执行,解除死锁。

17. 说明下列并发事务的非串行调度序列中哪些动作会被阻塞,画出在最后一个动作后的事务等待图,并判断是否发生死锁。如果存在死锁,请给出一个解除死锁的方案,说明调度序列中被阻塞操作将怎样继续下去。

（1）$r_1(A)$；$r_3(B)$；$r_2(C)$；$w_1(B)$；$w_3(C)$；$w_2(D)$

答：在调度序列中，$w_1(B)$、$w_3(C)$动作会被阻塞。最后的事务等待图如图 8-8 所示，不存在死锁。

（2）$r_1(A)$；$r_3(B)$；$r_2(C)$；$w_1(B)$；$w_3(C)$；$w_2(A)$

答：在调度序列中，$w_1(B)$、$w_3(C)$、$w_2(A)$动作会被阻塞。最后的事务等待图如图 8-9 所示，存在死锁。可将引发环路的事务 T_2 终止，释放对 C 的锁，$w_3(C)$、$w_1(B)$可依次执行。

（3）$r_1(A)$；$r_3(B)$；$w_1(C)$；$w_3(D)$；$r_2(C)$；$w_1(B)$；$w_4(D)$；$w_3(A)$

答：在调度序列中，$r_2(C)$、$w_1(B)$、$w_4(D)$、$w_3(A)$动作会被阻塞，最后的事务等待图如图 8-10 所示，存在死锁。可将引发环路的事务 T_3 终止，释放对 B、D 的锁，$w_1(B)$、$w_4(D)$、$r_2(C)$可依次执行。

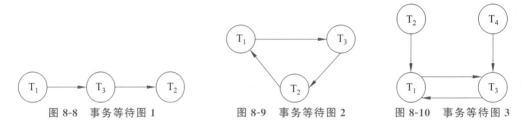

图 8-8　事务等待图 1　　　　图 8-9　事务等待图 2　　　　图 8-10　事务等待图 3

（4）$r_1(A)$；$r_3(B)$；$w_1(C)$；$r_2(D)$；$r_4(E)$；$w_2(B)$；$w_3(C)$；$w_4(A)$；$w_1(D)$

答：在调度序列中，$w_2(B)$、$w_3(C)$、$w_4(A)$、$w_1(D)$动作会被阻塞。最后的事务等待图如图 8-11 所示，存在死锁。可将引发环路的事务 T_1 终止，释放对 A、C 的锁，$w_3(C)$、$w_4(A)$、$w_2(B)$依次执行。

18. 画出下面的并发事务的非串行调度序列最后的事务等待图，并判断此时是否发生死锁。

$r_1(G)$；$r_2(A)$；$w_2(A)$；$r_1(K)$；$r_3(D)$；$r_4(A)$；$r_5(G)$；$r_2(C)$；$w_2(C)$；$r_3(F)$；$r_2(F)$；$w_2(F)$；$w_5(G)$；COMMIT(T_1)；$r_6(G)$；ROLLBACK(T_5)；$w_6(G)$；$r_6(K)$；$w_6(K)$；$r_7(E)$；$r_8(H)$；$w_8(H)$；$r_9(E)$；$w_9(E)$；$r_8(C)$；COMMIT(T_7)；$r_9(H)$。

答：在调度执行过程中，操作 $r_4(A)$、$w_2(F)$、$w_5(G)$先后被阻塞，随着事务 T_1 提交、T_5 回滚，事务 T_6 可正常执行。之后操作 $w_9(E)$、$r_8(C)$、$r_9(H)$先后被阻塞，随着事务 T_7 提交，被阻塞的 $w_9(E)$可执行。最后的事务等待图如图 8-12 所示，因事务等待图中没有出现回路，故此时没有死锁发生。

图 8-11　事务等待图 4　　　　　　图 8-12　事务等待图 5

19. 简述在多粒度封锁协议中引入意向锁的作用。

答：为了减少事务的响应时间，提高事务的吞吐量，一些 DBMS 实现了多粒度封锁功能，提供不同的封锁粒度，供不同的事务选择使用，来更好地满足应用需求和提高系统性能。设置多粒度锁引入了新的实现问题,即如何检测加在不同粒度的数据对象上的锁的冲突。为解决这个问题,采用多粒度树表示多级封锁粒度,有层次地组织锁,根结点是数据库对象,表示最大的数据粒度,叶子结点(元组或属性)表示最小的数据粒度。

DBMS 对多粒度树中的数据库对象上锁的管理遵循多粒度封锁协议,多粒度封锁协议既包括普通锁(S 锁和 X 锁),又包括意向锁(intention lock)。意向锁的作用就是标识数据对象正在被锁定,或其他用户将要锁定该数据对象。

具有意向锁的多粒度封锁协议要求申请封锁时应按粒度树自上而下的次序进行,释放封锁时则应按自下而上的次序进行。在事务对数据对象进行封锁时,如在给元组加锁前,要先给元组所在的关系加一个意向锁,具体按如下规则给粒度树中的数据对象加锁:

(1) 要给任何结点加 S 锁或 X 锁,必须从粒度树的根结点开始加锁。

(2) 给树中任一结点加普通锁前,必须先对它的上层结点加意向锁;若对一个结点加上意向锁,则说明将对该结点的下层结点加锁。

(3) 给多粒度树中的每个结点加上普通锁,意味着这个结点的所有下层结点也被加以同样类型的锁。

根据事务要对数据对象进行的读写操作不同,一般有以下三种意向锁。

(1) 意向共享锁(IS):表明拥有该锁的事务想(意向)获得该结点的下层结点上的 S 锁。例如,事务想获得某个元组的共享锁,它必须首先获得元组所在关系上的 IS 锁。

(2) 意向排它锁(IX):表明拥有该锁的事务想(意向)获得该结点的下层结点上的 X 锁。例如,事务想获得某个元组上的排它锁,它必须首先获得元组所在关系上的 IX 锁。

(3) 共享意向排它锁(SIX):SIX 锁是 S 锁和 IX 锁的组合。SIX 锁表明拥有该锁的事务同时获得了该结点上的 S 锁和 IX 锁,被允许读取整个结点和更新部分下层结点。例如,事务想更新关系中的某个元组,需要读取所有的元组来决定更新哪些元组,它必须首先获得这个关系上的 SIX 锁。

意向锁比读锁和写锁弱,意向锁之间不会产生冲突,互相兼容,可提高系统的并发度,减少加锁和解锁的开销。

20. 说明 ANSI 标准提供的隔离级别选项,以及各级别使用锁的方式和存在的数据不一致问题。

答:隔离级别表示一个事务在与其他事务并发执行时所能容忍的被其他事务干扰的程度。事务的隔离级别越高,与其他事务间的隔离性能越好,被其他事务的干扰程度越小,事务的并发程度越低。

不同的隔离级别,对应的封锁协议不同,即事务封锁的数据对象粒度、保持锁的时间不同。有的隔离级别要求将锁保持到事务提交时(长期锁),有的隔离级别只将锁保持到语句执行完毕,就释放(短期锁)。实际的 DBMS 将不同的读锁和写锁进行组合运用,同时结合多粒度封锁,就形成了不同的封锁协议。

ANSI 用 4 个隔离级别定义这些封锁协议,并用每个级别满足的数据一致性来命名。这 4 个隔离级别按隔离性能从低到高递增的顺序依次是 READ UNCOMMITTED(读未提交)、READ COMMITTED(读提交)、REPEATABLE READ(可重复读)和 SERIALIZABLE(可串行化)。

各隔离级别所对应的封锁协议和产生的数据不一致问题如下。

(1) READ UNCOMMITTED(读未提交):运行在该隔离级别下的事务,没有获得读锁,也可以执行读操作,即事务可以读取其他事务已经在其上加了写锁的数据。因此,该事务可能会读取没有提交事务所写的脏数据。

(2) READ COMMITTED(读提交):运行在该隔离级别下的事务,读数据之前,要获得数据对象上的读锁,若该数据对象上已加写锁,则要等到该数据对象上的写锁释放。因此,事务只会读取其他事务提交后的数据,不会读取脏数据。但事务的读锁是短期锁,读操作完成之后就立即释放了读锁,若有另一个事务随后对该事务所读的数据进行了更新并提交,则该事务对同一数据对象进行的再次读取结果,与前一次是不一样的,会出现不可重复读问题。

(3) REPEATABLE READ(可重复读):运行在该隔离级别下的事务,要获取 SELECT 语句读取的查询结果中每个元组上的长期读锁,即保持读锁直到事务提交,因此该事务对查询结果中元组的再次查询不存在不可重复读问题。但在该事务执行时,可能有其他事务向数据库插入满足该 SELECT 语句查询条件的新元组,或修改了其他已有元组使之满足该 SELECT 语句的查询条件,从而导致该事务中该 SELECT 语句的再次执行有可能检索到前次查询没有检索到的新元组,产生幻影现象。

(4) SERIALIZABLE(可串行化):该隔离级别对应的是严格的两阶段封锁协议(S2PL)。运行在该隔离级别下的事务,在进行所有数据对象的读操作之前都要求获得长期读锁,对关系表做查询,锁会加在关系表上,不会有幻影现象,事务的执行是可串行化的。

21. 除了封锁技术,DBMS 还采用哪些并发控制技术。阐述多版本并发控制如何解决读写冲突来提高事务的并发度。

答:除了封锁技术,DBMS 还采用多版本并发控制、基于时间戳的并发控制、基于有效性的并发控制等技术实现并发控制。

多版本并发控制技术采用快照隔离的方式解决读写冲突。快照就是系统中事务执行的一个时间段,是多个正处于活动状态(尚未提交或回滚)的事务列表,用以表明本事务与其他事务的生命重叠范围,也决定这些事务中的操作可以读写数据的范围。

该技术为同一数据对象在不同快照中生成多个版本,使得不同事务对同一数据对象的读操作可以根据读时刻的快照作用在不同的版本上,避免了三种读数据异常现象,允许读写操作并发,使得长的读事务也能够被放心地并发执行,大大提高了传统的以更新操作为主的事务型数据库在分析、查询方面的能力。

如当并发事务读一个数据对象时,在已经提交的事务最近生成的版本上读;并发事务要写该数据对象时,则以事务的开始时间戳为获取版本的基准,在当前最新的版本上生成一个新的版本,从而并发的事务在同一数据对象的不同版本上进行读写,不会发生读-写或写-读冲突,不会产生脏读、不可重复读以及幻影现象;若并发事务在不同的版本上同时写了同一数据对象,则遵循"先提交者获胜"(first committer wins)或"先写者获胜"(first writer wins)原则,即并发的、同时写同一数据对象的事务只能有一个成功提交,另一个必须回滚,从而解决写-写冲突,不会产生更新丢失现象。

22. 针对表 8-1 中在学生选课数据库中选课关系表 sc 上并发执行的两个事务,回答如下问题。

(1) 在 t1 时刻,事务 B 的 SELECT 语句能否及时执行?为什么?

答:(1)在 t1 时刻,事务 B 的 SELECT 语句能及时执行,与事务 A 的执行结果相同,可看到选课关系表 sc 中的元组。

因为事务 B 的隔离级别为 READ UNCOMMITTED,所以没有获得读锁也可以执行读操作,即事务 B 可以读取事务 A 已经在其上加过 X 锁的数据(元组)。

(2) 在 t2 时刻,事务 B 的 SELECT 语句能否及时执行? 为什么?

答:在 t2 时刻,事务 B 的 SELECT 语句不能执行。

因为事务 B 的隔离级别已设置为 READ COMMITTED,所以读数据之前,要获得选课关系表 *sc* 上的短期读锁,要等事务 A 已经加在选课关系表 *sc* 上的 X 锁释放。但 X 锁是长期锁,要到事务 A 结束时才能释放,所以事务 B 的 SELECT 语句不能执行。

(3) 在 t3 和 t4 时刻,事务 B 的 SELECT 语句查询得到的结果是否一致? 为什么?

答:在 t3 和 t4 时刻,事务 B 的 SELECT 语句查询得到的结果不一致。

在 t3 时刻,事务 A 已经夭折回滚,事务 B 在 t2 时刻不能执行的语句也已执行,此时事务 B 可读取选课关系表 *sc* 中学号 *sno* 为 s01 的元组信息。因为在 READ COMMITTED 隔离级别下,读锁是短期锁,事务 B 完成读操作之后就释放读锁,新事务 A 则可随后更新选课关系表 *sc* 中学号 *sno* 为 s01 的元组的 *grade* 值为 100,并提交事务,释放关系表选课 *sc* 上的写锁。因此,在 t4 时刻,事务 B 的 SELECT 语句可执行,但查询得到的结果是新事务 A 已对选课关系表 *sc* 更新后的结果,与 t3 时刻查询的结果不一致,事务 B 出现了不可重复读现象。

(4) 在 t5 时刻,新事务 A 的 UPDATE 语句能否及时执行? 为什么?

答:在 t5 时刻,新事务 A 的 UPDATE 语句不能及时执行。

在 t5 时刻,事务 B 已将隔离级别设置为 REPEATABLE READ,并读取了选课关系表 *sc* 中学号 *sno* 为 s01 的元组信息,获取了由 SELECT 返回的每个元组上的长期读锁,但还没有提交事务。此时,新事务 A 的 UPDATE 语句需要获得选课关系表 *sc* 中学号 *sno* 为 s01 的元组上的 X 锁来更新 *grade* 值,这与事务 B 已持有的锁冲突,新事务 A 的 UPDATE 语句不能执行,需等待事务 B 提交。

四、应用题

某图书馆的图书借还业务系统基于如下的关系模式:

书目(ISBN,书名,出版社,在库数量)

图书(书号,ISBN,当前位置)

(1) 用 SQL 分别定义出库和入库事务。

(2) 假设同一书目的不同图书的出、入库操作存在并发性,即存在对同一书目的在库数量的同步更新,请为出库、入库事务设置保证隔离性的最低隔离级别,并说明理由。

答:(1)在事务中需定义一个变量存储该图书对应的 ISBN 号。假设用变量 *@book_id* 存储扫描的书号,用变量 *@isbn* 保存图书的 ISBN 号,用函数 *location*()根据书号获得图书的当前位置,则可定义出库事务 T-out 和入库事务 T-in 如下。

```
BEGIN TRANSACTION T-out
  DECLARE @isbn char(20)
  UPDATE 图书
    SET 当前位置=NULL, @isbn=ISBN
    WHERE 书号=@book_id;
  UPDATE 书目
    SET 在库数量=在库数量-1
```

```
        WHERE ISBN = @isbn;
   COMMIT

   BEGIN TRANSACTION T-in
     DECLARE @isbn char(20)
     UPDATE 图书
       SET 当前位置=location(@book_id), @isbn=ISBN
       WHERE 书号=@book_id;
     UPDATE 书目
       SET 在库数量=在库数量+1
       WHERE ISBN = @isbn;
   COMMIT
```

（2）因为事务的 UPDATE 语句在 DBMS 中包括对在库数量的读、修改和写操作，要保证每个事务读取的在库数量是正确的，是提交事务的结果，不能脏读。而事务中不存在 SELECT 语句和 INSERT 语句，不会有不可重复读和幻影的问题，只设置隔离级别为 READ COMMITTED（读提交）即可。

第 9 章 数据库设计

9.1 知识图谱

1. 学习内容

数据库设计的学习内容主要包括数据库规范化设计阶段,各设计阶段的内容和方法。

2. 知识点

本章涉及的知识点主要包括:
(1) 数据库设计的内容和规范化设计阶段。
(2) 需求分析的任务、方法和工具,数据流图的绘制,数据字典的使用。
(3) 基于 E-R 模型的数据库概念结构设计的步骤和方法,E-R 图之间的结构冲突和命名冲突。
(4) E-R 图向关系数据库模式的转换规则,关系模式的优化。
(5) 数据库的存储结构和存取方法的设计。

3. 知识点概念图

知识点涉及的概念及其概念间内涵可用概念图呈现,如图 9-1 所示。

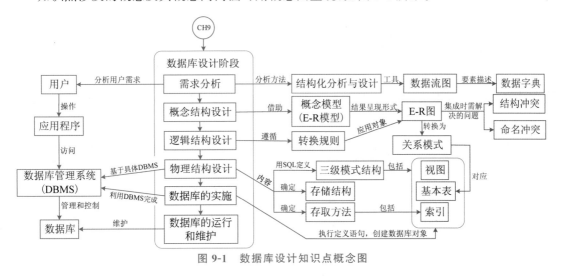

图 9-1 数据库设计知识点概念图

4. 概念图解读

数据库设计是基于应用系统需求分析中的数据需求,解决数据的抽象、数据的表达和数据的存储等问题,得到一个满足应用要求的数据库。

以基于 E-R 模型的规范设计方法为基础,通常将数据库设计分为需求分析、概念结构设计、逻辑结构设计、物理结构设计、数据库的实施、数据库的运行和维护 6 个阶段。

需求分析通常采用结构化系统分析和设计技术,用自顶向下、逐步分解的方式分析系统,分析的过程和结果借助数据流图表达,用数据字典描述数据流图中的数据流和数据存储。

概念结构设计在需求分析的基础上,借助概念模型,如 E-R 模型,表达抽象出来的实体及其属性、实体间的联系。对于全局数据库的概念结构设计,在集成局部概念结构时,还需解决局部 E-R 图要素之间的结构冲突和命名冲突,以及消除冗余的属性和联系。

逻辑结构设计把概念结构设计得到的 E-R 图中的实体以及实体间的联系,按规则转换为关系模式,并对其进行优化。

物理结构设计是在充分考虑选用的 DBMS 产品性能和数据库存储设备特性基础上,利用 SQL 描述逻辑结构设计得到的关系数据库模式,以及定义满足应用操作需求的用户视图和关系表上的索引,定义数据库文件存储,从而确定适合应用环境的数据库的存储结构和存取方法。

数据库的实施在具体的 DBMS 上实现物理结构设计的结果,建立数据库,组织数据入库,并进行数据测试运行。

数据库的运行和维护是对投入使用的数据库进行维护,在系统运行过程中不断地对其进行评估与完善。

数据库设计是上述 6 个阶段的不断反复迭代、逐步求精的过程。数据库设计同时伴随着数据库系统应用软件的设计,在设计过程中需要把两者加以结合,相互完善。

9.2 习题

一、填空题

1. 数据库设计的步骤依次是 _____、_____、_____、_____、_____ 和 _____ 6 个阶段。

2. 在数据库设计中,使用 E-R 图工具的阶段是 _____ 设计阶段。

3. 在集成局部 E-R 图时,不同局部 E-R 图中同一实体包含的属性不同,这属于 _____ 冲突。

4. 将 E-R 图转换为关系数据库模式,属于数据库 _____ 设计阶段的任务。

5. 部门、员工和项目的 E-R 图如图 9-2 所示。

部门(部门代码,部门名称,电话)

员工(员工代码,姓名,部门代码,联系方式,薪资)

项目(项目编号,项目名称,承担任务)

图 9-2 部门、员工和项目的 E-R 图

则员工和项目关系之间的联系类型是 _____,员工和项目之间的联系需要转换为一个单独的关系模式,且该关系模式的主键是 _____。

6. 在 E-R 图中,如果有 7 个实体,实体间有 2 个 $m:n$ 联系,3 个 $1:n$ 联系和 1 个 $1:1$ 联系,则需将实体及其联系转换为至少_____个关系模式。

7. 在关系数据库的设计中,关系模式的优化是_____设计阶段的任务。

8. 在数据库设计中,规划存储结构和存取方法属于_____设计阶段。

9. "为哪些表、在哪些属性上、建立何种索引"这一设计内容属于数据库_____设计阶段的任务。

二、选择题

1. 下述不属于数据库设计内容的是_____。
    A. 磁盘上的数据记录的物理结构　　　　B. 数据库概念结构
    C. 数据库逻辑结构　　　　　　　　　　D. 数据库物理结构

2. 需求分析阶段得到的结果是_____。
    A. 数据字典描述的数据需求
    B. E-R 图表示的数据库概念结构
    C. 某个 DBMS 所支持的数据库模式
    D. 包括存储结构和存取方法的数据库物理结构

3. 数据库设计的需求分析阶段要准确回答_____。
    A. 是否有可行的方法解决问题　　　　B. 如何解决问题
    C. 系统必须做什么　　　　　　　　　D. 系统需要处理哪些数据

4. 数据字典中"数据项"的内容包括:数据项名称、含义说明、_____、取值范围和长度等。
    A. 处理频率　　　　B. 最大记录数　　　　C. 数据类型　　　　D. 数据流量

5. 数据流图是数据库设计_____所用的工具。
    A. 需求分析阶段　　　　　　　　　　B. 概念结构设计阶段
    C. 逻辑结构设计阶段　　　　　　　　D. 物理结构设计阶段

6. 数据流图的作用是_____。
    A. 描述数据对象之间的关系　　　　B. 描述对数据的处理流程
    C. 说明对数据的各种查询要求　　　　D. 指明系统对外部事件的处理

7. 图 9-3 表达的是一个_____。
    A. E-R 图　　　　B. I/O 图　　　　C. 数据流图　　　　D. 事务等待图

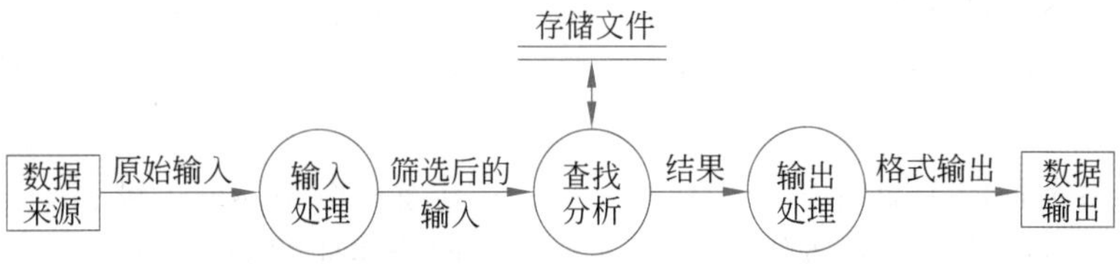

图 9-3　示意图

8. 数据库概念结构设计阶段是在_____的基础上,借助概念模型对数据进行抽象和建模。
    A. 需求分析　　　　B. 物理结构设计　　　　C. 逻辑结构设计　　　　D. 运行和维护

9. 概念结构设计阶段得到的结果是_____。

A. 数据字典描述的数据需求

B. E-R 图表示的数据库概念结构

C. 某个 DBMS 所支持的数据库模式

D. 包括存储结构和存取方法的数据库物理结构

10. _____是用来描述数据库概念结构的工具。

    A. 二维表   B. 关系模型   C. E-R 模型   D. 数据流图

11. 概念结构设计是整个数据库设计的关键,通过对用户需求进行综合、归纳与抽象,用独立于具体 DBMS 的_____描述数据库概念结构。

    A. 数据模型   B. 概念模型   C. 层次模型   D. 关系模型

12. 数据库概念结构设计的一般步骤为_____。

    A. 设计局部概念结构→抽象数据→消除冲突和冗余→集成局部概念结构

    B. 设计局部概念结构→抽象数据→集成局部概念结构→消除冲突和冗余

    C. 抽象数据→设计局部概念结构→消除冲突和冗余→集成局部概念结构

    D. 抽象数据→设计局部概念结构→集成局部概念结构→消除冲突和冗余

13. 在某企业的信息综合管理系统概念结构设计阶段,员工实体在质量管理子系统中被称为"质检员",而在人事管理子系统中被称为"员工",这类冲突称为_____。

    A. 属性冲突   B. 命名冲突   C. 语义冲突   D. 结构冲突

14. 在合并局部 E-R 图时必须消除各局部 E-R 图中的冲突。下列选项不属于结构冲突的是_____。

    A. 对于同一对象,有的抽象为实体,有的抽象为属性

    B. 同名异义或同义异名

    C. 同一实体的属性个数不同

    D. 实体之间的联系不同

15. 逻辑结构设计阶段得到的结果是_____。

    A. 数据字典描述的数据需求

    B. 包括存储结构和存取方法的数据库物理结构

    C. 某个 DBMS 所支持的数据库概念模式

    D. E-R 图表示的数据库概念结构

16. 在关系数据库的设计中,将 E-R 图转换成关系数据库模式是_____的任务。

    A. 需求分析阶段   B. 概念结构设计阶段

    C. 逻辑结构设计阶段   D. 物理结构设计阶段

17. 从 E-R 图向关系模式转换,一个 1:1 联系单独转换为一个关系模式时,关系模式的主键为_____。

    A. 冒号前面的 1 端实体的关键字   B. 任意一端实体的关键字

    C. 冒号后面的 1 端实体的关键字   D. 两个实体的关键字组合

18. 从 E-R 图向关系模式转换时,一个 1:n 联系单独转换为一个关系模式时,关系模式的主键为_____。

    A. 1 端实体的关键字   B. 两个实体的关键字的组合

    C. n 端实体的关键字   D. 任意一端实体的关键字

19. 从 E-R 图向关系模式转换时,一个 $m:n$ 联系转换为一个关系模式时,该关系模式的

候选键是_____。

    A. m 端实体的关键字   B. n 端实体的关键字

    C. 两个实体的关键字组合   D. 任意一端实体的关键字

20. 以下关于 E-R 图向关系模式转换的叙述中，不正确的是_____。

    A. 一个 1∶1 联系可以转换为一个独立的关系模式，也可以与参与联系的任意一端实体所对应的关系模式合并

    B. 一个 1∶n 联系可以转换为一个独立的关系模式，也可以与参与联系的 n 端实体所对应的关系模式合并

    C. 一个 m∶n 联系可以转换为一个独立的关系模式，也可以与参与联系的任意一端实体所对应的关系模式合并

    D. 三个或三个以上的实体间的多元联系一般转换为一个独立的关系模式

21. 如图 9-4 所示的 E-R 图，转换后不可能是其关系模式的是_____。

    A. $r_1(k,h,s)$

    B. $E_1(k,a,h,s)$

    C. $E_2(h,b,k,s)$

    D. $E_1(k,a,s)$

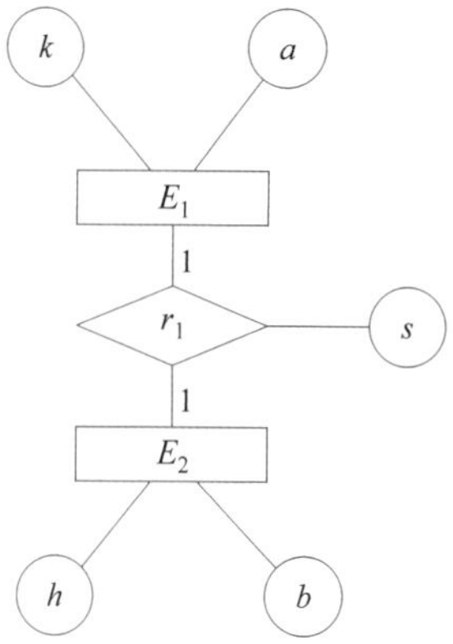

22. 在关系数据库的设计中，用 SQL 语句定义视图是_____的任务。

    A. 需求分析阶段

    B. 概念结构设计阶段

    C. 逻辑结构设计阶段

    D. 物理结构设计阶段

图 9-4 E-R 图

23. 关系数据库的规范化理论主要用来指导_____。

    A. 数据库逻辑结构的设计   B. 数据库物理结构的设计

    C. 用户应用程序的设计   D. 用户的数据操作权限定义

24. 在设计数据库的关系模式时，有时为了提高系统的操作性能，并不要求关系模式满足 3NF 或 BCNF，这种情况称为反规范化，下列不属于反规范化手段的是_____。

    A. 合并关系模式   B. 不消除冗余数据   C. 创建视图   D. 增加派生属性

25. 物理结构设计阶段得到的结果是_____。

    A. 数据字典描述的数据需求

    B. E-R 图表示的数据库概念结构

    C. 某个 DBMS 所支持的数据库模式

    D. 包括存储结构和存取方法的数据库物理结构

26. 数据库设计的_____，需要用 SQL 定义数据库模式。

    A. 需求分析阶段   B. 逻辑结构设计阶段

    C. 物理结构设计阶段   D. 数据库实施阶段

27. 数据库物理结构设计完成后，进入数据库实施阶段，_____一般不属于实施阶段的工作。

    A. 创建数据库   B. 系统调试   C. 加载数据   D. 扩充功能

28. 根据数据库逻辑结构设计和物理结构设计的结果,在计算机上建立实际数据库结构,装入数据,测试和运行的过程,为数据库的_____。

    A. 需求分析阶段　　　　　　　　　　B. 概念结构设计阶段

    C. 实施阶段　　　　　　　　　　　　D. 维护阶段

29. 在数据库系统的运行和维护阶段,当数据库的关系模式改变时,通过重建视图能够实现_____。

    A. 程序的逻辑独立性　　　　　　　　B. 程序的物理独立性

    C. 数据的逻辑独立性　　　　　　　　D. 数据的物理独立性

30. 关于数据库设计,下列描述正确的是_____。

    A. 若要开发一个信息管理系统,首先要确定使用的 DBMS,根据该 DBMS 的特点设计数据库

    B. 概念结构设计主要关注用概念模型(如 E-R 模型)正确表达用户需求的数据描述

    C. 逻辑结构设计主要关注属性、结构和命名的冲突,设计的规范性问题和 DBMS 的选型问题

    D. 物理结构设计需要考虑数据量的大小、磁盘空间的占用及存储结构等特性,与具体的 DBMS 无关

三、简答题

1. 简述数据库设计的阶段及各设计阶段完成的主要任务。

2. 以基于 E-R 模型的规范设计方法为基础,简述数据库概念结构设计和逻辑结构设计的具体内容。

3. 关系模式规范化设计理论对关系数据库设计有什么指导意义?

4. 在数据库维护阶段,何时需要进行数据库的再组织和重构造? 主要完成哪些工作?

四、设计题

1. 学校中有若干系,每个系有若干班级和教研室。每个教研室有多名教师,一个教师可讲授多门课程,一门课程可由多名教师讲授。教师中的教授和副教授每人可指导若干名研究生。每个班有多名学生,每个学生选修多门课程,每门课程有多名学生选修。用 E-R 模型设计此学校管理这些信息的系统中的数据库概念结构。

2. 假定一个学生运动会管理系统的数据库包括以下信息:

(1) 有若干班级,每个班级的信息有班级号、班级名、专业、人数。

(2) 每个班级有若干运动员,每个运动员只能属于一个班,运动员的信息有运动员号、姓名、性别、年龄。

(3) 有若干比赛项目,其信息有项目号、名称、比赛地点。

(4) 每名运动员可参加多项比赛,每个项目可有多人参加。

(5) 每个运动员参加比赛项目有名次与成绩。

要求:

(1) 确定系统涉及的实体及其包含的属性,并设计用 E-R 模型表示的数据库概念结构。

(2) 根据数据库的概念结构设计系统的关系数据库模式,指出各关系模式的主键和外键。

(3) 用 SQL 定义运动员参加比赛信息的关系模式(要求包含相关的完整性约束)。

3. 假定一个企业的数据库包括以下信息。

职工的信息：职工号、姓名、住址和所在部门等。

部门的信息：部门名称、经理、销售的产品及价格、职工人数等。

产品的信息：产品名称、制造厂、价格、型号及产品内部编号，以及销售的部门等。

制造厂的信息：制造厂名称、地址、生产的产品及型号等。

根据上述描述，解答以下问题：

（1）画出反映数据库所涉及的实体及其联系的 E-R 图。

（2）将 E-R 图转换为关系数据库模式，指出各关系模式的主键和外键。

4. 设计一个图书馆的图书管理系统，经需求分析得到如下信息：

（1）图书馆购来的图书均应在系统中登记，记录图书的 ISBN 号、书名、作者、出版社、出版日期、价格和采购数量等。

（2）购来的图书需进行分类、编码，编码后才能上架流通，系统需为每种图书分配一个分类检索号，同时分配一个内部编码标识每一本上架图书。若同一本图书采购了多本，则其分类检索号相同，但内部编码并不相同。对于上架图书，还要标注每本书的流通状况是库存状态，还是借阅状态。

（3）图书馆会为每个借阅者办理借书证，分配唯一的借书证号，登记借阅者的姓名、单位和联系方式。

（4）系统应存储每个借阅者借阅图书的信息，包括借阅日期和归还日期。每个借阅者可以借阅多本图书，每本图书可以不断地供多人借阅。

请为该图书馆的图书管理系统所需的数据库进行概念结构设计和逻辑结构设计。

要求：

（1）确定涉及的实体及其包含的属性，设计用 E-R 模型表示的数据库概念结构。

（2）根据数据库的概念结构设计结果设计该数据库的关系模式，可根据系统的业务功能对关系模式进行分析和优化，标出各关系模式的主键和外键。

（3）用 SQL 定义各关系模式。要求包含主、外键定义，以及其他相关的完整性约束，如归还日期应大于借阅日期等。可采用便于查询的关系名和属性名，但要注明其语义。

5. 为网上商城设计一个信息管理系统，要求管理：

（1）商铺信息，包括商铺代码、商铺名称、所在地区、服务评分。

（2）商品分类信息，商品分大类（如家用电器、手机数码、食品生鲜等），每个大类可分多个小类（如家用电器又分料理机、电饭煲、豆浆机等）。每种商品的分类信息要说明小类码、小类名称、所属的大类。

（3）品牌信息，包括品牌编码、品牌名称、品牌商标。每个商铺可销售一到多个品牌的一定数量商品，同样的品牌商品可以在多个商铺销售。

（4）商品信息，包括商品编号、商品名称、型号规格、单价；每件商品要说明所属的唯一的商品小类、品牌和商铺，每个商品小类、品牌可对应多个商品。

（5）客户信息，包括客户代码、客户名称、客户地址、客户银行卡账户、联系方式。

（6）订单信息，包括订单号、订单日期、支付方式、订单状态。每份订单可订购多种商品，对于每种订购的商品，要说明订购的实际单价和数量；每份订单对应唯一的客户。对于订单中的每种商品，客户均可在收货后给出唯一的评分和评价。

根据上述需求，回答下列问题：

（1）确定涉及的实体及其包含的属性，设计用 E-R 模型表示的数据库概念结构。

（2）根据概念结构设计系统的数据库关系模式，标出各关系模式的主键和外键。

（3）为方便客户，若允许客户在系统中保存多组联系方式，对 E-R 图进行修改和完善，并修改相关的关系模式。

6. 拟为某学校开发一在线网络考试和自动评分系统，辅助教师和学生进行考试相关的工作。经需求分析，系统中与考试有关的主要功能如下。

（1）考试科目设置。系统管理员负责设置专业名称、课程编号和名称、任课教师、考试时间等相关考试科目信息，负责录入参加考试的学生信息。

（2）考试设置。教师制定试题（题目和答案），编写考试说明、考试时长和提醒时间等考试信息。

（3）学生答题。系统根据教师设定的考试信息，在考试有效时间内向学生显示考试说明和题目，根据设定的考试提醒时间进行提醒，并接收学生的解答。

（4）试卷评分。系统根据参考答案对接收到的试题解答进行批改，然后存储试题评分结果。

（5）生成试卷成绩。系统根据试题批改结果生成学生试卷成绩，制作考试成绩单并发送给学生，制作课程成绩单并发送给教师。

根据以上需求分析，请尝试完成以下问题：

（1）采用结构化分析与设计方法对考试系统进行需求分析，给出图 9-5 所示的系统顶层（0 层）数据流图中 E1～E2 的名称，并设计第 1 层数据流图。

（2）给出"考试信息"数据结构的描述。

（3）给出"试题评分"数据存储的描述。

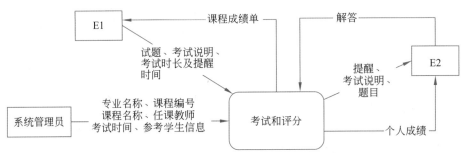

图 9-5 在线网络考试和自动评分系统顶层数据流图

9.3 参考答案

一、填空题

1. 需求分析、概念结构设计、逻辑结构设计、物理结构设计、数据库实施、数据库运行与维护

2. 概念结构   3. 结构   4. 逻辑结构

5. $m:n$、（员工代码，项目编号）   6. 9   7. 逻辑结构

8. 物理结构   9. 物理结构

二、选择题

题号	1	2	3	4	5	6	7	8	9	10
答案	A	A	D	C	A	B	C	A	B	C
题号	11	12	13	14	15	16	17	18	19	20
答案	B	D	B	B	C	C	B	C	C	C
题号	21	22	23	24	25	26	27	28	29	30
答案	D	D	A	C	D	C	D	C	C	B

三、简答题

1. 简述数据库设计的阶段及各设计阶段完成的主要任务。

答：通常，数据库设计过程分为 6 个阶段：需求分析阶段、概念结构设计阶段、逻辑结构设计阶段、物理结构设计阶段、数据库的实施阶段、数据库的运行和维护阶段。

各设计阶段完成的主要任务如下：

（1）需求分析阶段。需求分析是整个数据库设计的基础，主要任务是准确了解与分析用户以及应用系统的数据需求，包括在数据库中需要存储和管理哪些数据，用户对数据的安全性和完整性方面的需求，以及用户的存取权限的设置等。

（2）概念结构设计阶段。概念结构设计是整个数据库设计的关键，是在需求分析的基础上，借助概念模型，对用户需求进行综合、归纳和抽象，形成一个独立于具体的 DBMS 的数据库概念结构。

（3）逻辑结构设计阶段。逻辑结构设计与数据库采用的数据模型有关，主要是将用概念模型表达的数据库概念结构转换为所用 DBMS 支持的数据库模式结构。

（4）物理结构设计阶段。物理结构设计是在选定的 DBMS 上，利用数据定义语言描述数据库的模式结构，并确定适合应用环境的数据库的存储结构和存取方法。

（5）数据库的实施阶段。数据库实施是在具体的 DBMS 上，实现物理结构设计的结果，建立数据库，进行数据库编程，组织数据入库，并进行测试操作。

（6）数据库的运行和维护阶段。对正式投入使用的数据库，在系统运行过程中不断地对其进行测试、评估与完善。

数据库设计是上述 6 个阶段的不断反复迭代、逐步求精的过程。

2. 以基于 E-R 模型的规范设计方法为基础，简述数据库概念结构设计和逻辑结构设计的具体内容。

答：基于 E-R 模型的数据库概念结构设计具体内容包括：从需求分析的结果文档中抽取实体与实体的属性并绘制实体的 E-R 图；确定实体间的联系，以及发生联系后产生的属性特征，绘制联系的 E-R 图；组合实体与联系的 E-R 图，构造应用系统的完整 E-R 图。若应用系统含多个功能子系统，则为各应用子系统的数据库设计局部数据库概念结构后，还要通过相同实体进行叠加的方式完成局部概念结构的集成，并在集成过程中解决局部 E-R 图要素之间的冲突和冗余问题。

若应用系统采用支持关系模型的 DBMS，则数据库的逻辑结构设计具体内容包括把用

E-R 模型表示的数据库概念结构转换为关系数据库模式,即将 E-R 图中的实体及其属性,以及实体间的联系转换为相应的关系模式,并根据应用的需求对关系数据库模式进行优化。转换应遵循相应的原则,具体包括以下内容。

(1) 一个实体转换为一个关系模式。实体的属性就是关系的属性,实体的关键字就是关系的主键。

(2) 对于 1∶1 的联系,若将联系单独转换为一个关系模式,关系模式的属性由参与联系的各实体的关键字以及该联系本身的属性构成,每个实体的关键字均可作为该关系模式的主键,且每个实体的关键字均为该关系模式的外键;如果联系不单独对应一个关系模式,则可将联系合并到与该联系相关的任意一端实体所对应的关系模式中,并在被合并的关系模式中增加联系本身的属性以及与联系相关的另一端实体的关键字,新增属性后该关系模式的主键不变,增加的另一端实体的关键字为该关系模式的外键。

(3) 对于 1∶n 的联系,若将联系单独转换为一个关系模式,关系模式的属性由参与联系的各实体的关键字以及该联系本身的属性构成,关系模式的主键为 n 端实体的关键字,每个实体的关键字均为该关系模式的外键;若联系不单独对应一个关系模式,则可将联系合并到 n 端实体所对应的关系模式中,并在 n 端实体对应的关系模式中增加联系本身的属性以及与联系相关的另一端实体的关键字,新增属性后,该关系模式的主键不变,1 端实体的关键字应是该关系模式的外键。

(4) 对于 $m∶n$ 的联系,只能单独转换为一个关系模式,关系模式的属性由参与联系的各实体的关键字以及联系本身的属性构成,关系模式的主键由各实体的关键字属性共同组成,每个实体的关键字均为该关系模式的外键。

(5) 对于 3 个或 3 个以上实体间的联系,若只有一个多端实体,则可按 1∶n 联系的转换规则进行转换,可单独转换为一个关系模式,也可不单独转换为一个关系模式;若有多个多端实体,则按 $m∶n$ 联系的转换规则进行转换,需单独转换为一个关系模式。

(6) 对于子实体和 ISA 联系,将子实体和 ISA 联系转换为一个关系模式,该关系模式的属性由超类实体的关键字和子实体本身的属性构成,超类实体的关键字作为该关系模式的主键,也作为该关系模式的外键。子实体可通过外键继承超类实体的所有属性和与超类实体相关的联系。

(7) 对于弱实体和依赖联系,将弱实体和依赖联系转换为一个关系模式,该关系模式的属性由常规实体的关键字和弱实体本身的属性构成。因弱实体要依赖于常规实体,不能单独存在,且弱实体和常规实体之间只能是 1∶1 或 $n∶1$ 的联系,因此该关系模式的主键由常规实体的关键字与弱实体的关键字组合构成,且常规实体的关键字作外键,来体现两个实体间的联系。

3. 简述关系模式规范化设计理论对关系数据库设计的指导意义。

答:关系模式规范化理论是基于关系模式中属性间的数据依赖,讨论数据依赖对关系模式的影响,通过消除关系模式属性间不好的数据依赖,使数据库模式中各关系模式达到某种程度的分离,每个关系模式描述的信息比较单一,仅描述一个实体或实体之间的一种联系,即遵循"一事一地"的模式设计原则。

在进行数据库逻辑结构设计时,将由 E-R 模型描述的数据库概念结构转换为关系数据库模式时,相应的转换规则也遵循该设计原则,如 E-R 图中的一个实体转换为一个关系模式,联系也需转换为一个独立的关系模式(某种情况下可与实体关系模式合并)。对于转换后的关系模式,还需利用关系模式规范化理论,根据需求分析中数据间的依赖关系,对关系模式进行优化。

4. 说明在数据库运行与维护阶段,需要进行数据库的再组织和重构造的时机及完成的主要工作。

答:随着应用系统所管理的数据变化,数据库中的数据会不断更新,有可能导致数据库的物理存储性能变差,磁盘存储空间利用率和应用系统数据访问性能下降,此时就需要进行数据库的重组织。一般由数据库管理员(DBA)定期进行,可利用 DBMS 提供的实用工具重新调整数据的存储位置,来减少数据存储空间,调整数据缓冲区和溢出区大小等来进行重组织,提高系统效能。

为适应应用系统的应用需求的变化,如增加数据项、分割存储较大的表等,需要对数据库进行重构造,通过部分修改数据库的模式结构适应应用的变化。若应用系统对数据的需求变化太大,重构造也无济于事,则必须重新设计数据库。

四、设计题

1. 用 E-R 模型设计学校管理系统中的数据库概念结构。

答:学校管理系统中的数据库概念结构 E-R 图可参考图 9-6 所示。

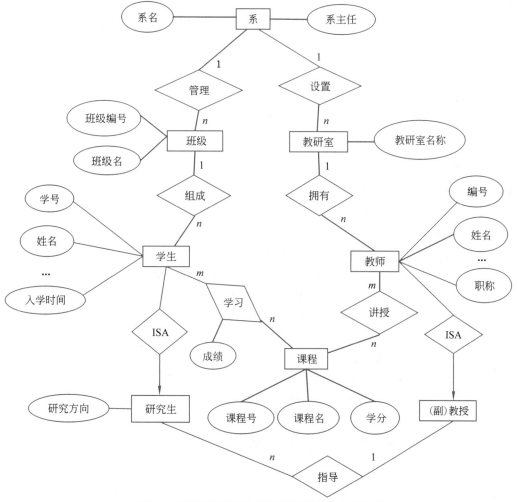

图 9-6　学校管理系统中的数据库概念结构 E-R 图

2. 学生运动会管理系统的数据库设计。

(1) 确定所涉及的实体及其包含的属性,并设计用 E-R 模型表示的数据库概念结构。

答:学生运动会管理系统中涉及运动员、班级和项目 3 个实体,其包含的属性及用 E-R 模型表示的数据库概念结构如图 9-7 所示。

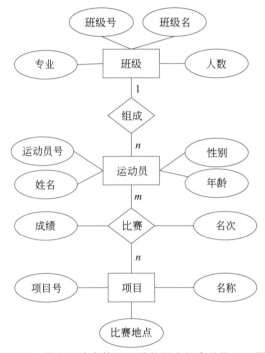

图 9-7　学生运动会管理系统数据库概念结构 E-R 图

(2) 根据数据库的概念结构设计系统的关系数据库模式,说明各关系模式的主键和外键。

答:根据数据库的概念结构,利用转换规则,可得到 3 个实体的关系模式,以及运动员和项目实体间多对多联系对应的关系模式。班级和运动员实体之间是一对多的联系,可单独对应一个关系模式,也可将该联系合并到运动员实体关系模式中,具体可参考如下的关系模式:

班级(班级号,班级名,专业,人数);"班级号"属性为关系模式的主键。

运动员(运动员号,姓名,性别,年龄,班级号);"运动员号"属性为关系模式的主键,"班级号"为外键,对应"班级"模式的主键"班级号";或分为运动员(运动员号,姓名,性别,年龄)和属于(运动员号,班级号)2 个关系模式,在属于(运动员号,班级号)关系模式中,"运动员号"属性为关系模式的主键,也是关系模式的外键,对应"运动员"关系模式的主键"运动员号","班级号"为外键,对应"班级"关系模式的主键"班级号"。

项目(项目号,名称,比赛地点);"项目号"属性为关系模式的主键。

比赛(项目号,运动员号,成绩,名次);"项目号,运动员号"属性组为关系模式的主键,"项目号""运动员号"为外键,分别参照"项目"关系模式的主键"项目号"和"运动员"关系模式的主键"运动员号"。

(3) 给出运动员参加比赛信息的关系模式的参考定义。

答:

CREATE TABLE 比赛

```
(项目号   CHAR(4),
 运动员号  CHAR(4),
 成绩 DECIMAL(5,2),
 名次  INT,
 PRIMARY  KEY  (项目号,运动员号),
 FOREIGN  KEY  (项目号)  REFERANCES 项目(项目号),
 FOREIGN  KEY  (运动员号)  REFERANCES  运动员(运动员号));
```

3. 某企业数据库的设计。

（1）数据库所涉及的实体及其联系的 E-R 图。

答：分析可得该企业数据库涉及职工、部门、产品和制造厂 4 个实体,实体的属性和实体间的联系参见图 9-8 所示的企业数据库概念结构 E-R 图。

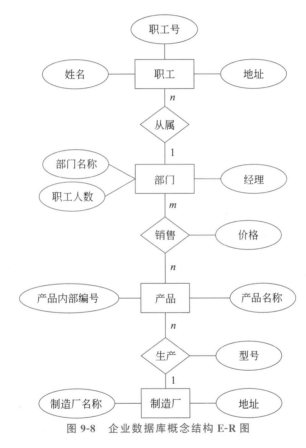

图 9-8　企业数据库概念结构 E-R 图

（2）将 E-R 图转换为关系数据库模式,指出各关系模式的主键和外键。

答：根据图 9-8 所示企业数据库涉及的实体及其联系的 E-R 图,利用转换规则,可得到 4 个实体的关系模式,以及部门和产品实体间多对多联系对应的关系模式。制造厂和产品、部门和职工实体之间的一对多的联系,可单独对应一个关系模式,也可以将该联系合并到产品、职工实体关系模式中,具体可参考如下的关系模式。

职工(__职工号__,姓名,地址,部门名称)；"职工号"属性为关系模式的主键,"部门名称"属性为外键,参照"部门"关系模式的主键"部门名称"。

部门(__部门名称__,经理,职工人数)；"部门名称"为关系模式的主键。

产品(产品内部编号,产品名称);"产品内部编号"为关系模式的主键。

制造厂(制造厂名称,地址);"制造厂名称"为关系模式的主键。

生产(产品内部编号,制造厂名称,型号);"产品内部编号"属性为关系模式的主键,"产品内部编号""制造厂名称"属性为外键,分别参照"产品"关系模式的主键"产品内部编号"和"制造厂"关系模式的主键"制造厂名称"。

销售(部门名称,产品内部编号,价格);"部门名称,产品内部编号"属性组为关系模式的主键,"部门名称""产品内部编号"属性为外键,分别参照"部门"关系模式的主键"部门名称"和"产品"关系模式的主键"产品内部编号"。

4. 图书馆的图书管理数据库的设计。

(1) 确定涉及的实体及其包含的属性,设计用 E-R 模型表示的数据库概念结构。

答:分析可得该图书管理数据库涉及采购图书、上架图书和借阅者 3 个实体,实体的属性和实体间的联系参见图 9-9 所示的图书管理数据库概念结构 E-R 图。

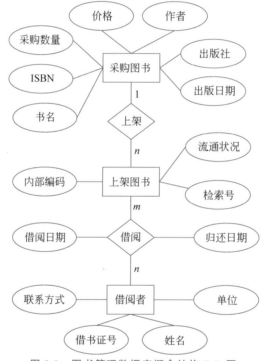

图 9-9　图书管理数据库概念结构 E-R 图

(2) 根据数据库的概念结构设计结果设计该数据库的关系模式。

答:根据图 9-9 所示图书管理数据库所涉及的实体及其联系的 E-R 图,利用转换规则,可得到 3 个实体的关系模式,以及上架图书和借阅者实体间多对多联系对应的关系模式。采购图书和上架图书实体之间的一对多的联系,可单独对应一个关系模式,也可将该联系合并到上架图书实体关系模式中,具体可参考如下的关系模式。

采购图书(ISBN,书名,作者,采购数量,价格,出版社,出版日期);ISBN 属性为关系模式的主键。

上架图书(内部编码,检索号,流通状况,ISBN);"内部编码"属性为关系模式的主键,ISBN属性为关系模式的外键,参照"采购图书"关系模式的主键 ISBN。

借阅者(**借书证号**,姓名,单位,联系方式);"借书证号"属性为关系模式的主键。

借阅(**借书证号**,**内部编码**,借阅日期,归还日期);"借书证号,内部编码"属性组为关系模式的主键,"内部编码"和"借书证号"属性为外键,分别参照"上架图书"关系模式的主键"内部编码"和"借阅者"关系模式的主键"借书证号"。

分析可得,转换后的各关系模式均为 BCNF,根据题目所给需求不需要进一步优化。

(3) 图书馆数据库的关系模式的参考定义语句。

答:

```
CREATE TABLE 采购图书
(ISBN  CHAR(13)  PRIMARY KEY,
  书名   CHAR(40),
  作者   CHAR(20),
  采购数量   INT,
  价格   MONEY,
  出版社   CHAR(40),
  出版日期   DATE);
CREATE TABLE 上架图书
(内部编码   CHAR(20)  PRIMARY KEY,
  检索号   CHAR(20),
  流通状况   CHAR(4),
  ISBN   CHAR(13)
  FOREIGN KEY (ISBN) REFERENCES 采购图书(ISBN));
CREATE TABLE 借阅者
(借书证号   CHAR(20)  PRIMARY KEY,
  姓名   CHAR(20),
  单位   CHAR(50),
  联系方式   CHAR(11));
CREATE TABLE 借阅
(借书证号   CHAR(20),
  内部编码   CHAR(20),
  借阅日期   DATE,
  归还日期   DATE,
  PRIMARY KEY (借书证号,内部编码),
  FOREIGN KEY (借书证号) REFERANCES 借阅者(借书证号),
  FOREIGN KEY (内部编码) REFERANCES 上架图书(内部编码),
  CHECK (借阅日期<归还日期));
```

5. 网上商城信息管理系统数据库设计。

(1) 确定涉及的实体及其包含的属性,设计用 E-R 模型表示的数据库概念结构。

答:分析可得该网上商城信息管理系统数据库涉及商铺、商品、商品分类、品牌、客户和订单 6 个实体,实体的属性和实体间的联系参见图 9-10 所示网上商城信息管理系统数据库概念结构 E-R 图。

图 9-10　网上商城信息管理系统数据库概念结构 E-R 图

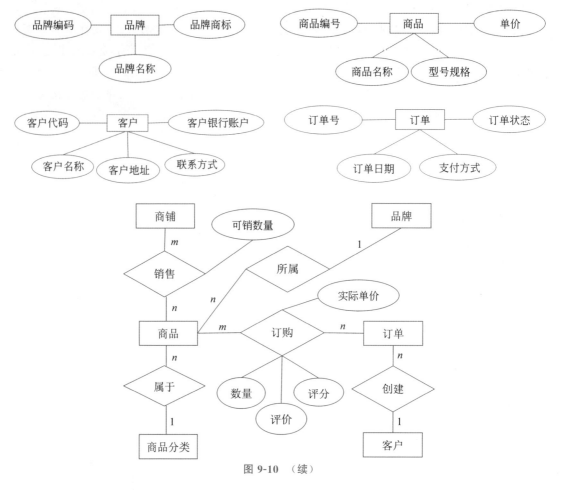

图 9-10 （续）

（2）根据数据库概念结构设计系统的数据库关系模式，标出各关系模式的主键和外键。

答：根据图 9-10 所示网上商城信息管理系统数据库概念结构 E-R 图，利用转换规则，可得到 6 个实体的关系模式，以及商铺和商品、商品和订单实体之间多对多联系对应的关系模式。品牌和商品、商品分类和商品、客户和订单实体之间一对多的联系，可单独对应一个关系模式，也可以将联系分别合并到商品和订单实体关系模式中，具体可参考如下的关系模式。

商铺（**商铺代码**，商铺名称，所在地区，服务评分）；"商铺代码"属性为关系模式的主键。

商品分类（**分类码**，分类名称，所属大类）；"分类码"属性为关系模式的主键。

品牌（**品牌编码**，品牌名称，品牌商标）；"品牌编码"属性为关系模式的主键。

商品（**商品编号**，商品名称，型号规格，单价，**分类码**，**品牌编码**）；"商品编号"属性为关系模式的主键，"品牌编码""分类码"属性为关系模式的外键，分别对应"品牌"关系模式的主键"品牌编码"和"商品分类"关系模式的主键"分类码"。

客户（**客户代码**，客户名称，客户地址，客户银行账户，**联系方式**）；"客户代码"属性为关系模式的主键。

订单（**订单号**，订单日期，支付方式，订单状态，**客户代码**）；"订单号"属性为关系模式的主键，"客户代码"属性为关系模式的外键，对应"客户"关系模式的主键"客户代码"。

订购（**订单号，商品编号**，数量，实际单价，评分，评价）；"订单号，商品编号"属性组为关系模式的主键,"订单号"和"商品编号"属性为关系模式的外键,分别对应"订单"关系模式的主键"订单号"和"商品"关系模式的主键"商品编号"。

销售(**商铺代码,商品编号**,可销数量);"商铺代码,商品编号"属性组为关系模式的主键,"商铺代码"和"商品编号"属性为关系模式的外键,分别对应"商铺"关系模式的主键"商铺代码"和"商品"关系模式的主键"商品编号"。

（3）若允许客户在系统中保存多组联系方式,则修改并完善 E-R 图和相关关系模式。

答：若允许客户在系统中保存多组联系方式,一是可根据允许保存的联系方式数为实体客户增加多个联系方式属性,二是增加一个弱实体"联系方式"。针对两种方法,修改后的客户实体 E-R 图如图 9-11 所示。

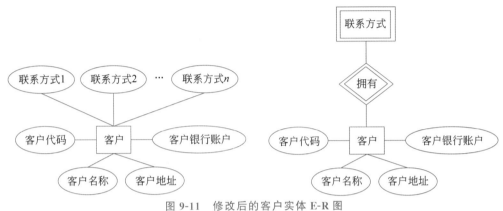

图 9-11　修改后的客户实体 E-R 图

根据修改后的客户实体 E-R 图,修改"客户"关系模式：

一是将原客户关系模式修改为

客户(**客户代码**,客户名称,客户地址,客户银行账户,联系方式 1,……,联系方式 *n*);

二是增加关系模式：

联系方式(**客户代码,联系电话**);主键为"客户代码,联系电话"属性组,"客户代码"属性为关系模式的外键,对应"客户"关系模式的主键"客户代码"。

6. 在线网络考试和自动评分系统的需求分析。

（1）采用结构化分析与设计方法对考试系统进行需求分析,给出图 9-5 所示的系统顶层（0 层）数据流图中 E1～E2 的名称,并设计第 1 层数据流图。

答：根据需求分析的描述,图 9-5 所示的系统顶层（0 层）数据流图中 E1 应为教师外部实体,E2 应为学生外部实体。

对系统顶层（0 层）数据流图中的考试和评分处理功能进一步分解,可形成如图 9-12 所示的系统第 1 层数据流图,包括科目设置、考试设置、学生答题、批改试卷和生成试卷成绩 5 个处理功能,以及考试科目、考试信息、学生信息、试题和试题评分 5 个数据存储。

（2）给出"考试信息"数据结构的描述。

答：数据结构：考试信息。

含义说明：定义一场考试的相关信息。

组成：课程编号、考试说明、考试时长、提醒时间、试题卷号等。

（3）给出"试题评分"数据存储的描述。

答：数据存储：试题得分。

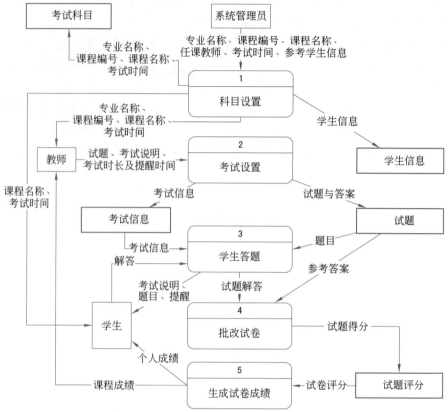

图 9-12　在线网络考试和自动评分系统第 1 层数据流图

说明：对学生的解答进行批改后的试题评分情况，即数据结构"试题评分"保存的地方。

编号：……

流入数据流：每道试题的评分。

流出数据流：每名参考学生答卷中的试题评分。

组成：试题评分。

数据量：每批 1000 份。

存取频度：……

存取方式：随机存取。

第 10 章　数据库编程

10.1　知识图谱

1. 学习内容

数据库编程的学习内容主要包括在数据库应用系统中访问和管理数据库中数据的方法；数据访问接口的选择与使用；存储过程和函数的定义与使用方法。

2. 知识点

本章涉及的知识点主要包括：

（1）数据库系统体系结构，C/S 结构和 B/S 结构的特点。

（2）嵌入式 SQL 语句形式，数据库连接与关闭的作用，嵌入式 SQL 与宿主语言之间的通信方式，动态 ESQL（嵌入 SQL）的优点。

（3）存储过程和函数的定义和调用。

（4）数据库访问接口的作用，专用数据库访问接口和通用数据库访问接口规范。

3. 知识点概念图

知识点涉及的概念及其概念间内涵可用概念图呈现，如图 10-1 所示。

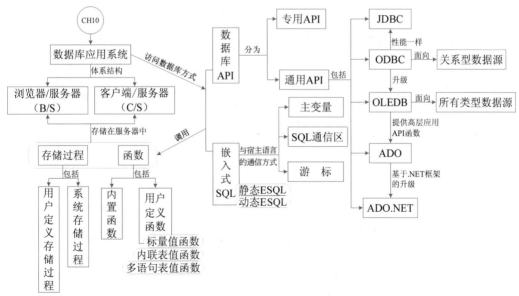

图 10-1　数据库编程知识点概念图

4. 概念图解读

数据库应用系统的体系结构主要有两层的客户端/服务器结构(C/S 结构)和三层的浏览器/服务器结构(B/S 结构)。

应用程序对数据库的访问与应用系统的体系结构有关,主要的数据库访问方式包括嵌入SQL(ESQL),使用宿主语言的专用数据库访问接口,或使用 ODBC、ADO 等通用的数据库访问接口等。

嵌入式 SQL 方式将 SQL 语句直接嵌入宿主语言的程序代码中,应用程序与负责 SQL 语句执行的数据库执行引擎之间需建立数据通信,主要利用主变量由应用程序向数据库执行引擎提供 SQL 语句执行时需要的参数,数据库执行引擎利用 SQL 通信区向应用程序提交 SQL 语句执行的结果和状态信息,使用游标对查询得到的多条数据记录依次进行提取,再赋值给相应的主变量,由应用程序完成对查询结果的数据处理。

在应用程序中还可嵌入调用存储过程或函数的语句。主流 DBMS 产品除提供一些系统存储过程和函数,也允许用户使用 DBMS 产品支持的 SQL 过程语言自定义存储过程和函数,将应用程序中一些常用的业务功能提前编译和优化后置于数据库服务器中,供应用程序进行调用。用户自定义的函数根据返回值类型分为标量值函数和表值函数,表值函数又可细分为内联表值函数和多语句表值函数。

随着数据库访问技术的发展,应用编程语言趋于采用标准化的应用程序接口(API)操作字符串形式的 SQL 语句,包括编程语言专用的 API,以及各语言通用的 API。如 Python 语言提供了专门的第三方库实现对数据库的访问,利用不同的库实现对不同 DBMS 的访问。而大多数编程语言则遵循 ODBC API 提高程序的可移植性和 DBMS 独立性。

DBMS 产品也遵循 ODBC API,规范 DBMS 应用接口设计,提供数据库的驱动程序,使遵循 ODBC API 开发的应用程序可以实现对不同 DBMS 的访问,可以同时存取多个数据库中的数据。

基于 ODBC 开发的应用程序遵循 OLEDB 数据访问标准后不仅可访问关系型数据库,还可访问非关系型数据源。ADO 将 OLEDB 面向 C++ 的复杂接口封装起来,使流行的各种编程语言都可以编写符合 OLEDB 标准的应用程序。ADO.NET 基于.NET 框架结构,在 ADO 基础上,增强对非连接编程模式的支持,以 XML 作为传送和接收数据的格式,具有更大的兼容性和灵活性。

用 Java 语言编写的客户端应用程序,则遵循 JDBC 数据库访问接口标准规范。JDBC 具有 ODBC 一样的性能,应用系统的体系结构也相似。

通用数据库访问接口中,ODBC 是用途最广、最基准的 API,OLEDB 和 JDBC 均是在 ODBC 的基础上进行升级完善。ADO 和 ADO.NET 不是直接访问数据库的接口程序,而是连接应用程序与 ODBC 的快速访问通道。

10.2 习题

一、选择题

1. 若要将具有特定功能的 SQL 语句序列在数据库服务器上进行预先定义并编译,以供应用程序调用,则可将该 SQL 语句序列定义为_____。

  A. 事务   B. 触发器   C. 视图   D. 存储过程

 2. 下列说法错误的是_____。

  A. 存储过程中可包含流程控制语句

  B. 存储过程被调用执行时要重新编译

  C. 函数定义中可包含流程控制语句

  D. 函数被调用时不需要重新编译

 3. 可通过提供_____供应用程序开发人员调用完成对数据库的数据更新。

  A. 索引   B. 视图   C. 存储过程   D. 触发器

 4. 下列对存储过程的描述,不正确的是_____。

  A. 存储过程可以返回多个值

  B. 存储过程是一组为了完成特定功能的 SQL 语句组成的程序

  C. 存储过程修改了,调用存储过程的应用程序也要修改

  D. 存储过程可以一次编译,多次执行

 5. 嵌入式 SQL 中,若查询结果为多条记录时,需要使用_____获取每一条记录,由应用程序完成对查询结果的处理。

  A. 主变量   B. 游标   C. SQLCA   D. 指示变量

二、操作题

1. 在 SQL Server 上创建学生选课数据库,关系数据库模式如下:

学生(学号,姓名,性别,出生日期,所在系)
课程(课程号,课程名,先修课程)
选修(学号,课程号,成绩)

编程完成以下功能,其中(1)~(3)用存储过程实现,(4)~(5)用函数实现。

(1)统计某门课程指定分数段的学生人数。

(2)统计某门课程的平均成绩。

(3)将学生选课成绩从百分制显示为等级制,其中,成绩>=90 为"优",90>成绩>=80 为"良",80>成绩>=70 为"中",70>成绩>=60 为"及格",60>成绩为"不及格"。

(4)根据给定的学生学号,统计其平均成绩和总成绩。

(5)根据给定的学生学号,统计其选修的课程号、课程名和选课成绩情况。

2. 实现将已在 SQL Server 上创建的学生选课数据库中的数据转移到 MySQL 上的学生选课数据库中。

3. 针对第 4 章操作实现题第 4 题中的学校教务管理系统数据库,利用 Python 语言,分别采用如下数据库访问方式,编程实现在不同 DBMS 中创建的该数据库上统计某院系学生中选修某门课程分数最高的学生学号、姓名和所得分数。

(1)用 pymssql 库实现对 SQL Server 上的数据库的访问。

(2)用 pymysql 库实现对 MySQL 上的数据库的访问。

(3)用 cx_Oracle 库实现对 Oracle 上的数据库的访问。

(4)用 pyodbc 库实现对 SQL Server、MySQL 和 Oracle 上的数据库的访问。

（5）用 pywin32 库的 ADO 功能实现对 SQL Server、MySQL 和 Oracle 上的数据库的访问。

三、应用题

某航空售票系统负责所有本地起飞航班的机票销售，并设有多个机票销售网点。假设用 ESQL 编写的系统程序中涉及售票操作的部分代码如下：

```
……
EXEC SQL SELECT re_number INTO :x, price INTO :y FROM tickets WHERE flight = :
flightno;
printf ("航班%s 当前剩余机票数为:%d\n 请输入购票数:",flightno,x);
scanf ("%d", &a);
EXEC SQL UPDATE tickets SET re_number = :x - :a WHERE flight = :flightno;
//调用客户付款存储过程，输入参数是票价和购票数，输出参数 flag 标记客户付款是否成功，若成
//功，则返回 0，否则返回负值，表示各种付款失败原因
EXEC SQL EXECUTE payment USING :y,:a,:flag;
……
```

其中，数据库表 tickets 具有剩余机票数不小于 0 约束。

针对以上程序代码，完成以下问题：

（1）因存在多个网点同时售票，对于上述售票程序，可能出现哪些问题？产生问题的原因是什么？

（2）用 ESQL 创建一个可用于主程序调用的存储过程，实现程序中的售票操作，存储过程要能避免（1）中存在的问题。要求：存储过程以航班号、购票数和票价为输入参数，结果状态为输出参数，0 表示成功；-1 表示余票不足，无法购票；-2 表示付款失败。

10.3　参考答案

一、选择题

题号	1	2	3	4	5
答案	D	B	C	C	B

二、操作题

1. 在 SQL Server 上创建学生选课数据库，编程完成以下功能。

（1）定义存储过程，实现统计某门课程指定分数段的学生人数。

答：创建存储过程 score_amount，指定分数段的边界值以及课程名称为输入参数，返回指定分数段的人数，参考定义如下：

```
CREATE PROCEDURE score_amount
    @min_g int, @max_g int, @cname varchar(20),@amount int OUT
    AS
```

```
    SELECT @amount = COUNT( * )
    FROM 课程, 选修
    WHERE 课程.课程号=选修.课程号 AND 课程名=@cname
        AND 成绩 BETWEEN @min_g AND @max_g;
```

（2）定义存储过程，实现统计某门课程的平均成绩。

答：创建存储过程 score_avg，指定课程名称为输入参数，返回课程的平均成绩，参考定义如下。

```
CREATE PROCEDURE score_avg
    @cname varchar(20),@s_avg decimal(4,1) OUT
    AS
      SELECT @ s_avg = AVG(成绩)
        FROM 课程, 选修
        WHERE 课程.课程号=选修.课程号 AND 课程名= @cname;
```

（3）定义存储过程，实现将学生选课成绩从百分制显示为等级制（优、良、中、及格、不及格）。

答：创建存储过程 score_grade，根据成绩值，采用分支结构判定成绩值所属等级，并显示为等级值，参考定义如下。

```
CREATE PROCEDURE score_grade
AS
    SELECT 学号, 课程号, CASE WHEN 成绩>=90 then '优'
                        WHEN 成绩>=80 then '良'
                        WHEN 成绩 E>=70 THEN '中'
                        WHEN 成绩>=60 THEN '及格'
                        ELSE '不及格'
                        END   AS 成绩
    FROM 选修;
```

（4）定义函数，实现根据给定的学生学号，统计其平均成绩和总成绩。

答：因为需要返回两个统计值，所以可采用内联表值函数的形式，将平均成绩和总成绩组成表的方式作为函数执行结果返回，函数参考定义如下。

```
CREATE FUNCTION AVG_SUM_GRADE (@stu_id varchar(30))
  RETURNS TABLE
  AS
    RETURN (SELECT AVG(成绩), SUM(成绩) FROM 选修 WHERE 学号=@stu_id);
```

（5）定义函数，实现根据给定的学生学号，统计其选修的课程号、课程名和选课成绩情况。

答：因一名学生的选课情况会涉及多条元组，所以需要以表的形式返回查询情况，可采用内联表值函数实现，如同题（4），也可采用多语句表值函数的形式。多语句表值函数的参考定义如下。

```
CREATE FUNCTION SC (@stu_id varchar(30))
  RETURNS @temp_table TABLE(cno varchar(30), cn varchar(50), score decimal(4,1))
  BEGIN
    INSERT INTO temp_table
      SELECT 课程号, 课程名, 成绩
```

```
    FROM 课程, 选修
    WHERE 课程.课程号=选修.课程号 AND 学号=@stu_id;
  RETURN;
END;
```

2. 简述如何实现将已在 SQL Server 上创建的学生选课数据库中的数据转移到 MySQL 上的学生选课数据库中。

参考思路: 可有两种实现方法, 一种是利用 SQL Server DBMS 的"生成脚本"功能得到 SQL Server 脚本文件, 从脚本中提取出数据插入语句, 并形成符合 MySQL 语法规则的 MySQL 脚本文件, 在 MySQL DBMS 上执行 MySQL 脚本文件即可实现数据转移; 另一种是编程实现, 在应用程序中需配置两个不同的数据源, 可利用 ODBC 接口的 DSN 连接方式, 事先在 ODBC 数据源管理程序中创建好连接 SQL Server 和 MySQL 中学生选课数据库的连接 conn1 和 conn2, 利用 SQL 查询语句通过 conn1 连接在 SQL Server 上依次读取数据库中每个基本表的数据, 在每个查询结果中通过游标的遍历依次取出每个元组, 利用宿主语言编写符合 MySQL 语法规则的 SQL 插入语句字符串, 并通过 conn2 连接在 MySQL 上执行插入语句实现数据的转移。

3. 针对第 4 章操作实现题第 4 题中的学校教务管理系统数据库, 利用 Python 语言, 分别采用不同数据库访问方式, 编程实现在不同 DBMS 中创建的该数据库上统计某系学生中选修某门课程分数最高的学生学号、姓名和所得分数。

解题思路: Python 中的 pymssql、pymysql 等所有数据库访问接口都在一定程度上遵守 Python DB_API 规范, 因此它们对数据库的访问方式是比较相似的, 连接对象、游标对象的使用方法也是相似的, 区别主要在于连接不同 DBMS 的连接字符串有所区别。以 pymssql 实现对 SQLServer 数据库的访问为例, 代码可表示为

```
import pymssql
#连接数据库,生成连接对象
  conn = pymssql.connect(server='127.0.0.1', user='sa', password='123456',
                          database='teachingmanage')
  #创建游标对象
  cursor = conn.cursor()
  department=input('请输入院系名称:')
  lname=input('请输入课程名称:')
  #构造查询语句字符串
  sql = "SELECT grade.sno, sname, score FROM grade,student,lesson
      WHERE grade.sno = student.sno AND grade.lno=lesson.lno AND lname= '%s'
        AND cno IN (SELECT cno FROM class WHERE department= '%s')
        AND score =(SELECT max(score)
                    FROM student, grade, lesson
                    WHERE grade.sno=student.sno
                      AND grade.lno=lesson.lno
                      AND lname= '%s' AND cno IN
                      (SELECT cno FROM class WHERE department= '%s')); " \
          % (lname, department, lname, department)
  try:
      cursor.execute(sql)                    #执行查询语句
  except:
```

```
            print ("\n 执行过程出现错误!")
       if cursor.rowcount==0:
            print("\n 没有符合条件的记录!")
       else:
            results = cursor.fetchall()        #遍历查询结果中的每条元组
            print("取得最高成绩的学生有:")
            for row in results:
                print("%s\t%s\t%.1f" % (row[0],row[1], row[2]))
       cursor.close()                          #关闭游标
       conn.close()                            #关闭数据库连接
```

三、应用题

针对某航空售票系统程序中售票操作的部分代码,完成以下问题。

(1)因存在多个网点同时售票,说明售票程序可能出现的问题及原因。

参考解答:可能存在的问题一是因数据库表 tickets 具有剩余机票数不小于 0 约束,所以当剩余机票数小于 0 时,会因违反完整性约束而非正常退出;问题二是当剩余机票数更新操作完成后,而机票扣款操作不成功,会造成数据库数据的不一致问题。

(2)用 ESQL 创建一个可用于主程序调用的存储过程,实现程序中的售票操作,存储过程要能避免(1)中存在的问题。

参考解答:要解决(1)存在的问题,在定义的存储过程中,应对剩余机票数更新操作的执行是否成功进行判断,控制程序正常退出。同时,应将剩余机票数更新操作与机票扣款操作定义在一个事务中,保证这两个操作的原子性。

```
CREATE PROCEDURE buy_tickets (char [ ] flightno IN, int a IN, float price IN, int
result OUT)
AS
BEGIN
  BEGIN TRANSACTION;
    UPDATE tickets SET re-number = re-number -a WHERE flight = flightno;
    IF  @@ERROR <> 0
    BEGIN
      ROLLBACK;
      result = -1;
      RETURN;
    END
    EXECUTE payment price,a,flag;
    IF flag<>0
    BEGIN
      ROLLBACK;
      result = -2;
      RETURN;
    END
  COMMIT;
  result = 0;
  RETURN;
END
```

第二部分

实 验 指 导

    实验作为科学发现的重要手段,在认知中发挥着重要的作用。数据库技术是一门理论与实践结合紧密的技术,课程实验是帮助学生将理论知识与实践结合、提高应用能力必需的教学环节。

    实验指导基于"最近发展区"(Zone of Proximal Development,ZPD)认知理论,构建从解决数据库操作问题到数据库的设计与优化,再到实现一个较为完整地反映应用需求的数据库应用系统的实验内容体系,由浅入深,循序渐进,逐步培养学生的分析问题和解决问题的能力。基础实验部分注重实验方法的指导,学生不是被动验证数据库操作,而是以问题为牵引,按实验指导步骤进行自主设计和探索,并对实验结果进行分析,以加强对知识的理解和对技术的运用。

第 11 章 课程实验要求

11.1 实验目标

课程上机实验的主要目标是：

（1）通过操作具体的 DBMS，熟悉一种主流的数据库管理系统的功能及使用方法，并掌握其操作技术。

（2）通过完成实验内容，掌握 SQL 的运用，加深对数据库管理技术理论知识的理解和对数据库管理系统实现技术的感知。

（3）在实验过程中，提高动手能力以及分析问题和解决问题的能力，培养计算思维，养成严谨的工作作风和敢于迎难而上、坚持不懈的意志品质。

11.2 实验环境

实验用数据库管理系统可采用目前流行的、应用较广泛的 DBMS，同时考虑实验机型的配置和安装的操作系统，能支持实验内容的相应版本即可，不必采用大而全的高版本系统。例如，可采用如下一些系统。

（1）Microsoft SQL Server 2019 Express 版。

（2）MySQL 选择 8.0 及其后的版本，默认的存储引擎是 InnoDB，支持创建表的主外键约束。

本书的一些实验内容的描述以 Microsoft SQL Server 2019 Express 版本为基础，并与配套的理论教材一致。

11.3 实验方式与基本要求

（1）第一次实验前，应明确实验的目标任务、进度安排、考核要求、实验室安全管理制度及上机操作的基本方法等。

（2）每次实验前，应知晓实验的目的和基本内容，学习掌握相关的理论知识，做好实验准备，提高上机操作的效率。

（3）实验过程中，应根据具体实验环境，按实验方法和步骤独立设计完成实验内容，并注重对实验结果和现象的分析。

（4）课程实验内容具有相关性和延续性，应充分利用实验场地的网络等环境措施，保存实验数据、程序等，避免被清除、改动或盗用。

（5）最好自备计算机，课余时间多做练习。如果能结合实际课题进行拓展训练，就会达到更好的效果。

11.4 实验内容设置

表 11-1 列出了课程的参考实验项目和内容,并给出建议学时。建议教师根据课程目标、课程学时要求、理论课的进度等,安排实验项目及每次实验的具体内容,指导学生在课内和课外完成。最后一个综合实验,学生可在教师指导下在课后分组完成。

表 11-1　实验内容设置

序号	实验名称	实验目的及内容	实验学时
1	数据库的定义	体验 DBMS 软件安装过程,了解 DBMS 提供的对象资源管理器和查询编辑器等集成开发环境的操作;创建数据库及库中的关系表,定义关系表上的完整性约束,修改关系表结构;向数据库中输入数据	2
2	数据库的查询	掌握 SELECT 查询语句的语法格式和语句功能,熟练运用 SELECT 查询语句实现对关系表进行投影、选择、查询结果计算和排序,以及分组统计等功能,实现多个关系表间的连接查询和嵌套查询,实现对 SELECT 查询结果的集合操作	4
3	数据库的更新	掌握 SQL 更新语句的语法格式和语句功能,熟练运用更新语句实现向数据库中插入元组、修改元组属性值和删除元组操作,理解完整性约束的作用;了解实验用 DBMS 的更新处理策略;了解触发器的概念和作用	2
4	视图的定义和操作	掌握视图定义语句的语法格式和语句功能,能创建满足要求的视图,能通过视图实现数据库的查询和更新,进一步理解视图的概念和作用	2
5	授权控制	了解 DBMS 为实现系统的安全性提供的登录用户管理、数据库用户管理、角色及权限管理等功能,能为数据库添加用户和角色;了解实验用 DBMS 提供的授权访问控制机制,能使用 GRANT、REVOKE 语句对用户和角色进行权限管理	2
6	索引的创建	掌握索引定义语句的语法格式和语句功能,能创建满足需要的索引,进一步理解聚集索引和非聚集索引的概念和作用	2
7	事务及并发控制	掌握定义事务的方法,进一步理解事务的概念和隔离性;了解实验用 DBMS 封锁技术的实现,理解封锁类型及作用,认识到死锁问题;了解多粒度封锁和隔离级别在实验用 DBMS 中的应用,掌握隔离级别的设置方法	2
8	数据库的转储与加载	了解 DBMS 为应对各类故障提供的数据安全保护措施,掌握 DBMS 常用的实现数据安全保护的方法,以及转储与恢复、全备份和差异备份等概念;了解在数据恢复过程中事务日志的作用	2
9	存储过程和函数	基于实验用 DBMS,能利用其提供的 SQL 创建和执行存储过程,以及定义和调用函数,理解存储过程和函数的概念和作用	2
10	数据库设计	掌握数据库设计的基本方法,可利用辅助工具完成设计过程,加强对所学知识的综合运用	4~8
11	数据库应用系统设计	进一步掌握数据库设计方法,了解数据库应用系统的数据库编程方法,以及应用程序设计及开发环境的配置等,加深对数据库应用系统概念和特点的理解	10~12

11.5　实验考核和报告要求

数据库课程一般采用理论知识考核和实验操作考核综合评定成绩。实验考核内容可包括如下 3 方面。

（1）完成指定要求的实验项目，可依据学生撰写的反映实验项目完成情况的实验报告评定成绩。

（2）给定一个数据库设计和操作需求，完成数据库设计过程和对数据库的操作，可依据数据库设计过程文档和操作实现的验收结果评定成绩。

（3）完成一个小型的数据库应用系统的设计与开发，依据项目研制报告及操作演示答辩等评定成绩。

实验报告要求采用统一格式的实验报告模板。撰写实验报告要注意以下几点。

（1）符合实验报告规范，注明实验时间、地点。

（2）报告内容包括实验名称、内容、完成情况、结果分析、体会或建议等。

（3）实验完成情况应基于自己创建的数据库进行，完成实验内容的操作语句可根据数据库中的数据按实验方法和步骤中的操作示例做相应的修改，但知识点不能少。必要时可附有实验原始记录或实验过程中关键步骤和结果的屏幕截图，截图上包含服务器和数据库名称，以呈现实验的完成情况和实验结果的真实性。

第 12 章　课程实验内容

12.1　数据库的定义

1. 实验目的

体验 DBMS 软件安装过程,了解实验用 DBMS 提供的对象资源管理器和查询编辑器等集成开发环境的操作;创建数据库和库中关系表,定义关系表上的完整性约束条件,修改关系表结构;向关系表中插入数据。在关系表创建和插入数据过程中,理解和体会完整性约束的概念与作用。

2. 实验内容

(1) 安装 DBMS 软件,熟悉实验用 DBMS 所提供的功能组件和管理工具的使用方法。
(2) 利用对象资源管理器,采用交互方式创建、打开和删除数据库。
(3) 利用对象资源管理器,采用交互方式创建关系表并确定表的主键、外键和完整性约束条件。
(4) 利用对象资源管理器,采用交互方式查看和修改表结构,打开表并插入数据。
(5) 利用查询编辑器,用 SQL 数据定义语句完成上述操作。
(6) 利用对象资源管理器,采用交互方式分离数据库,存储数据库文件。

3. 实验准备

(1) 在实验用微机或指定网络空间中存储实验用 DBMS 安装软件。
(2) 确定实验中要创建的数据库的模式结构,即所要创建的数据库中各关系表的关系模式,关系表中各属性列的数据类型、关系表间的参照关系、有关的完整性约束条件等。

为便于阐述问题,以学生选课数据库为案例数据库进行后续实验内容的介绍。若创建其他数据库,则可进行对应的操作。

学生选课数据库中包括如下 3 个关系表。

```
学生(学号,姓名,所在系,出生时间,性别)
课程(课程号,课程名,先修课程号)
选课(学号,课程号,成绩)
```

为便于后续的查询,可定义其关系模式(表结构)为

```
S(SNO, SN, SD, SB, SEX)
C(CNO, CN, PC)
SC(SNO, CNO, GRADE)
```

为属性选择合适的数据类型,定义每个关系表的主键、外键,表中属性是否允许空值、默认

值和取值范围等列级完整性约束。这里给出学生选课数据库中各关系表的参考定义语句。

```
CREATE  TABLE  S
(SNO CHAR(10)  PRIMARY  KEY,
 SN CHAR(20)  NOT  NULL,
 SD CHAR(20),
 SB DATE,
 SEX CHAR(2),
 CHECK (SEX IN('男','女')));
CREATE  TABLE  C
(CNO CHAR(10)  PRIMARY  KEY,
 CN CHAR(20),
 PC CHAR(10),
 FOREIGN KEY (PC) REFERENCES C(CNO));
CREATE  TABLE SC
(SNO CHAR(10),
 CNO CHAR(10),
 GRADE DECIMAL(4,1),
 PRIMARY  KEY(SNO,CNO),
 FOREIGN KEY (SNO) REFERENCES S(SNO),
 FOREIGN KEY (CNO) REFERENCES C(CNO),
 CHECK (GRADE BETWEEN 0.0 AND 100.0));
```

4. 实验方法与步骤

1）安装 DBMS

解压安装软件包,找到可执行安装文件,按常规步骤进行安装,注意对服务器名称、身份验证模式、系统管理员(SA)的密码等进行正确配置。

对于 SQL Server,存在 Windows 身份验证模式和 SQL Server 身份验证模式的选择问题,为便于完成后续实验,应选择混合模式,参见 13.1.1 节的系统软件安装。

2）连接 DBMS 服务器,熟悉 DBMS 所提供的图形化集成管理工具

DBMS 一般都提供两种操作与管理数据库对象的手段:一种是相对简单易学的交互式图形界面操作方法;另一种是利用 SQL 语句或程序命令的方式操作和管理数据的方法。本书将这两种方式分别称为交互式和命令式,所依托的 DBMS 中的管理工具分别称为对象资源管理器和查询编辑器。

本书第 13 章对实验建议用 DBMS(即 SQL Server 提供的集成管理工具 SQL Server Management Studio 的对象资源管理器和查询编辑器)进行简单介绍,可利用其提供的两种操作与管理数据库对象的手段,完成后续实验的基本操作训练。实验过程中要注意以下 3 点。

(1)在查询编辑器中可进行多任务管理,通过"新建查询"可打开多个查询窗口,分别执行不同的 SQL 语句操作。

(2)对在每个查询窗口中输入的 SQL 语句可首先进行语法分析,也可直接执行,若出现错误反馈信息,则可根据反馈信息定位到出错语句处重新编辑,直至执行成功,根据执行结果判断 SQL 语句是否实现所需的功能。对于一个查询窗口有多条 SQL 语句的情况,若只需执行其中若干条 SQL 语句,则需先选中这些语句再执行,否则每次均执行所有语句,可能会因执行过的语句而不能再执行,例如不能重复创建同名的基本表,导致需执行的语句受到干扰而无

法成功执行。

（3）可将查询窗口中执行通过的 SQL 语句存储在一个.sql 文件中,后续可在查询窗口打开存储的该.sql 文件,执行其中的 SQL 语句。

3）定义数据库

定义数据库包括创建数据库、修改数据库和删除数据库。可采用交互式和命令式两种方式定义数据库。

（1）创建数据库。

若要创建数据库,必须确定数据库名称、所有者,所有者是创建数据库的用户,在创建数据库之前,其必须至少拥有 CREATE DATABASE、ALTER DATABASE 权限。

创建数据库的系统功能是向操作系统申请数据库所需的存储空间。一个数据库需要多少空间,可以在系统规划和需求分析阶段根据对数据库存储数据的分析和预测初步确定。

创建数据库后将生成操作系统文件,数据库作为一个整体对应于磁盘上一个或多个磁盘文件。每个数据库至少具有两个存储的操作系统文件:一个数据文件和一个日志文件,不同DBMS 的文件后缀名不同,SQL Server 中分别为.mdf 和.ldf。数据文件包含数据和对象,例如关系表、视图、索引和存储过程等。日志文件包含用于恢复数据库的所有事务的有关操作信息。因此,创建数据库时,需确定存储该数据库的数据文件名、存储位置及其大小;确定事务日志文件的位置和大小等。通常创建的数据库有默认的存储路径,可通过查看数据库属性了解数据库文件的类型、存储路径等。

在不了解数据库的存储结构概念的情况下,数据库的创建建议在对象资源管理器中采用默认设置进行,在查询编辑器中可使用 CREATE DATABASE 语句进行创建,只确定数据库名即可。CREATE DATABASE 的格式为

```
CREATE DATABASE <数据库名>;
```

数据库名必须唯一,并且符合标识符的命名规则,有长度限制,由具体的 DBMS 决定。

在熟悉 DBMS 提供的数据库存储结构后,可在 CREATE DATABASE 语句中进行详细设置。例如,在 SQL Server 中,创建数据库的 CREATE DATABASE 语句的语法为

```
CREATE DATABASE <数据库名>
  [ON <filespec>[,<filespec>,…]
  [,FILEGROUP <文件组名> <filespec> [,<filespec>,…]];
  [LOG ON <filespec> [,<filespec>,…]];
```

语句中包括以下几方面的内容。

① 定义数据文件。在 ON 子句中,指定了用来存储数据库的操作系统文件(存储在磁盘上的数据文件),文件的具体信息由后面的<filespec>选项列表决定。可以定义多个数据文件,默认第一个文件为主文件。

② 定义用户文件组。在 FILEGROUP 子句中,需给出文件组名称,后面的<filespec>选项列表给出该文件组中的文件描述。利用文件组可以将指定的逻辑文件存储到指定的物理文件中,一个物理文件只可以是一个文件组的成员。

文件组是在数据库中组织文件的一种管理机制,不能独立于数据库创建。为了方便管理和提高性能,DBMS 可能允许用户将数据库中的多个关系表数据分别存储在不同的物理文件

中,或者把经常一起使用的数据(如需要频繁做连接操作的关系表)尽可能地物理存储在一起,以进一步提高系统的查询和操作性能,也便于管理数据。

文件组分为主文件组和用户定义文件组两大类。主文件组包含主数据文件和任何没有明确分配给其他文件组的其他文件。系统表的所有信息都存储在主文件组中。

③ 定义日志文件。在 LOG ON 子句中,指定用来存储数据库日志的操作系统文件(日志文件),后面的<filespec>选项列表给出日志文件的描述,可以定义多个日志文件。如果没有指定 LOG ON,DBMS 将自动创建一个日志文件,该文件使用系统生成的名称,大小一般为数据库中所有数据文件大小总和的 25%。

各子句中的<filespec>选项用于定义对应的操作系统文件属性,其格式为

```
[PRIMARY] [(NAME=<逻辑数据文件名>,
FILENAME = '<操作系统数据文件路径和文件名>'
[,SIZE=<文件长度>]
[,MAXSIZE=<最大长度>]
[,FILEGROWTH=<文件增长率>])]
```

其中各短语和参数的含义如下。

- PRIMARY:为数据库指定主文件名(.mdf)。一个数据库只能有一个主文件,如果没有该选项,语句中列出的第一个文件将成为主文件。
- NAME:为定义的物理数据文件指定逻辑数据文件名,该名称将由 SQL Server 管理和引用。该名称在数据库中必须唯一,并且符合标识符的规则。
- FILENAME:指明物理数据文件的存储位置和文件名,该文件名包含完整的路径名和文件名,并且不能指定为压缩文件系统中的目录。
- SIZE:指定创建的物理数据文件的大小,默认单位是 MB。如果主文件没有提供 SIZE 参数,那么默认是模板数据库中的主文件大小,即 8MB;如果次要文件或日志文件没有提供 SIZE 参数,那么默认也是 8MB。
- MAXSIZE:指定定义的物理数据文件的最大空间,默认单位是 MB。如果没有指定该参数(或设置为 UNLIMITED),那么文件可以增长到磁盘满为止。通常,在磁盘即将变满时,操作系统日志会向数据库系统管理员告警。
- FILEGROWTH:指定物理数据文件的增长率,其结果不能超过 MAXSIZE 设置,默认单位是 MB,如果指定为百分比数(%),则增量大小为发生增长时文件的指定百分比。如果没有指定该值,默认值是 10% 或 64MB。

【例 12-1-1】 在对象资源管理器中,采用默认配置,创建数据库名为"学生选课"的数据库。

具体操作参见 13.1.4 节的"数据库的创建与管理"操作。

【例 12-1-2】 使用 CREATE DATABASE 命令建立 MyDB 数据库,向操作系统申请的数据主文件的初始大小为 10MB,最大为 50MB,增量为 5MB;日志文件的初始大小为 5MB,最大为 25MB,增量为 5MB。

注意:在建立数据库之前,为操作系统文件指定的目录路径必须存在。用一种方式创建数据库后,再用另一种方式创建同名数据库时,需删除前一个数据库。

(2)修改数据库。

创建数据库后,数据库的主数据文件名和主日志文件名就不能改变了,对已存在的数据库

主要可以进行如下的修改。

- 增加和删除次要数据文件；
- 增加和删除次要日志文件；
- 改变数据文件的大小和增长方式；
- 改变日志文件的大小和增长方式；
- 增加和删除文件组。

数据库的修改在对象资源管理器中可通过查看数据库的属性，并对属性的状态值进行配置来完成；在查询编辑器中可使用 ALTER DATABASE 语句完成，语句格式为

```
ALTER DATABASE <数据库名>
    {ADD <filespec>[,<filespec>,…][TO FILEGROUP <文件组名>]
                                            --在文件组中增加数据文件
    | ADD LOG <filespec>[,<filespec>,…]      --增加日志文件
    | REMOVE FILE <逻辑数据文件名>            --删除数据文件
    | ADD FILEGROUP <文件组名>               --增加文件组
    | REMOVE FILEGROUP <文件组名>            --删除文件组
    | MODIFY <filespec>                      --更改文件属性
    | MODIFY FILEGROUP <文件组名>            --更改文件组属性
            {{READ_ONLY|READ_WRITE}|DEFAULT|NAME= <新文件组名>}
    |SET <optionspec>[,…n][WITH<termination>]   --设置数据库属性
    };
```

其中部分参数的含义如下。

- READ_ONLY|READ_WRITE：将文件组设置为只读或读/写模式；
- DEFAULT：将该文件组设置为默认数据库文件组；
- NAME= <新文件组名>：更改文件组名称；
- optionspec：可设置数据库的 READ_ONLY 等属性。

【例 12-1-3】 使用 ALTER DATABASE 命令修改例 12-1-2 中创建的 MyDB 数据库，将主数据文件的最大大小改为 100MB，增量改为 10MB。

（3）删除数据库。

数据库的删除有以下两种方式。

① 在对象资源管理器中删除选定的数据库。

② 在查询编辑器中使用 DROP 语句删除指定的数据库。语句格式为

```
DROP DATABASE <数据库名>;
```

【例 12-1-4】 在对象资源管理器中，删除创建的 MyDB 数据库，或在查询编辑器中用 DROP 语句删除。

注意：数据库的删除操作建议在定义表前体验。因为删除数据库后，库中所定义的关系表及表中的数据将被彻底删除。

4）打开数据库

可通过对象资源管理器打开所选择的数据库，或在查询编辑器中使用 USE 语句打开。语句格式为

```
USE <数据库名>;
```

打开数据库后,该数据库将作为随后使用查询编辑器进行查询的默认数据库,直到打开另一个数据库。

【例 12-1-5】 在对象资源管理器中,打开创建的"学生选课"数据库,或在查询编辑器中用USE 语句打开。

5) 定义基本关系表(基本表)

(1) 创建关系表及其完整性约束条件。

可采用交互式和命令式方式创建关系表及其完整性约束条件,用一种方式创建关系表后,再用另一种方式在同一数据库中创建同名表时,需删除前一个表。创建关系表时需确定关系表的名称、所包含的属性列的名称,为属性选择合适的数据类型,确定属性列或基本表上的完整性约束条件。

用命令方式定义一个关系所对应的关系表,其 SQL 语句格式为

```
CREATE TABLE <表名>
  ( <属性列名 1> <数据类型> [<列级完整性约束条件>]
  [, <属性列名 2> <数据类型> [<列级完整性约束条件>],… ]
  [, <表级完整性约束条件>], …) ;
```

属性列的数据类型要依据所用 DBMS 支持的数据类型。完整性约束条件是针对属性值设置的限制条件,通过定义关系表的主键、外键和属性列约束可实现关系的实体完整性、参照完整性和用户自定义完整性。如果约束条件涉及多列属性,应当定义为表级完整性约束,具体包括如下的约束条件。

① PRIMARY KEY 约束: PRIMARY KEY 约束用于定义主键,保证主键的唯一性和非空性。其语法为

```
PRIMARY KEY [CLUSTERED | NONCLUSTERED] [(<属性列|属性列组>)]
```

若主键是单个属性列,PRIMARY KEY 约束可作为列级约束条件,<属性列>前置。使用 CLUSTERED｜NONCLUSTERED 选项可以建立<属性列|属性列组>上的聚集或非聚集索引,即表中元组是否按主键值排序进行物理存储。一般地,RDBMS 默认在主键上自动建立一个聚集索引。

用 PRIMARY KEY 约束定义关系的主键后,每当用户向关系表中插入一条元组或者对主键进行更新操作时,RDBMS 将按照实体完整性规则自动检查,决定是否执行该更新操作。

② FOREIGN KEY 约束: FOREIGN KEY 约束用来定义关系表的外键,建立基本表的外键属性与被参照表的主键之间的参照关系,保证外键属性的取值为空值或为被参照表中的某个已存在的元组的主键值,实现参照完整性。其语法为

```
FOREIGN KEY (<外键>) REFERENCES <被参照表名> (<与外键对应的主键名>)
[ON DELETE{CASCADE|NO ACTION}]
[ON UPDATE{CASCADE|NO ACTION}]
```

可在约束条件中添加选项,确定对被参照关系表的主键进行更新操作时 DBMS 实现参照

完整性的方式。

- ON DELETE{CASCADE|NO ACTION}：当删除被参照表的元组（即某一主键值）时，DBMS 将级联删除参照表中的所有参照元组或拒绝执行对被参照表的删除操作。
- ON UPDATE{CASCADE|NO ACTION}：当修改被参照表中某元组的主键值时，DBMS 将级联修改参照表中的所有参照元组的外键值或拒绝执行对被参照表的修改操作。

③ NOT NULL 约束：属性值非空约束，不允许属性值为空值。空值（NULL）是所有域的成员，默认是每个属性的合法值，即在没有显式声明属性为 NOT NULL 时，属性值默认为 NULL。对关系表主键外的其他主属性必须限定为"NOT NULL"，以满足实体完整性。

④ UNIQUE 约束：属性值唯一性约束，即不允许同一属性列中出现相同的属性值，但可以都为空。

⑤ DEFAULT ＜默认值＞约束：默认值约束。一般将属性列中使用频率较高的属性值定义为 DEFAULT 约束中的默认值，这样可以减少数据输入的工作量。

⑥ CHECK(约束条件表达式)约束：CHECK 约束设置属性列取值应满足的约束条件。

（2）可检验完整性机制的表创建步骤。

定义的完整性约束条件最终被存入数据库的数据字典中，当用户对基本表进行更新时，DBMS 将根据数据字典中的信息自动检查约束条件是否满足，若不满足，则按指定或系统默认的规则执行。

为更好地体会 DBMS 对完整性约束的支持，建议按例 12-1-6 中的步骤完成库中各关系表的创建。

【例 12-1-6】 在对象资源管理器中，在"学生选课"数据库上创建关系表，或在查询编辑器中用 CREATE TABLE 语句创建。

① 创建一个不含外键的表。

对于"学生选课"数据库，可先创建学生表 S，定义属性 SNO 为主键。

② 创建一个包含外键的表。

对于"学生选课"数据库，创建选课表 SC，定义属性 SNO 和 CNO 为外键，其对应主键分别为表 S 的主键 SNO 和表 C 的主键 CNO。若该表没能创建成功，则分析反馈信息，继续下一步。

③ 创建一个包含外键所对应的主键的表。

对于"学生选课"数据库，再创建课程表 C，定义属性 CNO 为主键。

④ 若②中没能成功创建表，则再次创建那个包含外键的表。

对于"学生选课"数据库，再次创建选课表 SC。

⑤ 对前面各步的执行结果进行分析，并给出结论。

⑥ 可利用对象资源管理器给出数据库关系图。

（3）查看和修改表的模式结构。

通过查看关系表的模式结构，可检查关系表的名称、各属性的名称、属性的数据类型是否与设计的一致。外键与对应主键的数据类型的一致性在前面创建表时就会进行检查。若存在不一致，则可进行修改，关系表结构的修改也可采用两种操作方式。

在查询编辑器中可使用 ALTER TABLE 语句对关系表进行 3 方面的修改。

① 增加列或表约束。

可用 ALTER TABLE 语句为已定义的表增加新的属性列或完整性约束。语句格式为

```
ALTER TABLE [<表的创建者名>.] <表名>
  ADD {<属性列名> <数据类型> [完整性约束]|<完整性约束>};
```

其中的<表名>指定需要修改的基本表,若用户本身就是被修改的表的创建者,则可略去表的创建者名,否则不可省略。在具体的 DBMS 中,表名前可能要加存储路径。

对于新增加的属性列,其完整性约束的定义要保证 DBMS 能为关系表中已有元组的该属性自动赋值,一般默认为空值(NULL)。

② 删除原有的列或约束规则。

可用 ALTER TABLE 语句从已定义的表中删除指定的属性列或完整性约束。语句格式为

```
ALTER TABLE <表名>
  DROP {[CONSTRAINT] <完整性约束名> | COLUMN <属性列名>};
```

③ 修改原有列的类型。

可用 ALTER TABLE 语句修改表中原有属性列的数据类型。语句格式为

```
ALTER TABLE <表名> ALTER COLUMN <属性列名> <数据类型>;
```

注:在 MySQL 中,ALTER COLUMN 需改为 MODIFY COLUMN。

【例 12-1-7】 在对象资源管理器中,查看"学生选课"数据库中各关系表的模式结构,并对关系表进行如下的修改操作,也可在查询编辑器中用 ALTER TABLE 语句完成修改操作。

① 在学生表 S 中加入学生籍贯 SH 属性列。
② 删除关系表 S 中新增加的学生籍贯 SH 属性列。
③ 在学生关系表 S 中补充定义姓名 SN 属性值的唯一性约束。
④ 将关系表 C 中的课程名称长度修改为 30。

(4) 删除关系表。

关系表的删除可采用交互式或命令式两种方式。在查询编辑器中可使用 DROP 语句删除,语句格式为

```
DROP TABLE <表名>  [CASCADE|RESTRICT];
```

- CASCADE:表示在删除基本表的同时,在此表上建立的视图和索引等也将自动被删除。
- RESTRICT:表示该表的删除是有限制的,如果存在依赖该表的对象,如存在基于该表的视图、触发器、存储过程或函数等,则该表不能被删除。该选项为默认选项。

对于 ANSI SQL 标准中的 CASCADE 选项,一般 DBMS 支持的 SQL,如 SQL Server 的 TRANSACT-SQL 并不支持该语法结构,默认采用 RESTRICT 选项。

DROP TABLE 操作建议在建立空表后或在完成数据库转储后体验。因为删除表后,关系表中所包含的所有数据都被删除了。

【例 12-1-8】 在“学生选课”数据库中将学生选课表 SC 删除,再重新执行创建表命令。

6）录入初始实验数据库数据

利用对象资源管理器,在实验数据库中编辑各表,录入实验数据,要求数据满足完整性约束。

【例 12-1-9】 在“学生选课”数据库的学生、课程和选课 3 个表中各录入 10 行以上数据。编辑表的顺序可按前面创建表的步骤进行,以便检验完整性机制的作用,即

① 可先向学生表 S 中录入数据。

② 再向选课表 SC 中录入数据,若数据操作有问题,则分析反馈信息,继续下一步。

③ 再向课程表 C 中录入数据。

④ 若②中没能成功录入数据,则再次向选课表 SC 中录入数据。

⑤ 对前面各步的执行结果进行分析,并给出分析结果。

7）分离数据库

每次实验完成后,应进行数据库分离转储以备后用。分离数据库时,应勾选“删除连接”选项,保证数据库不在使用中。对于默认存储路径的安装,分离的数据库通常存储在默认的目录中,如 SQL Server 默认在 C:\Program Files\Microsoft SQL Server\MSSQL.1\MSSQL\Data 中。若实验数据库是在 DBMS 中附加的数据库,分离后会更新原来的数据库文件。选中分离的数据库的文件(如.mdf 数据文件和.ldf 日志文件),存储在移动介质或网络存储空间中进行安全存储。

【例 12-1-10】 将所创建的“学生选课”数据库从 DBMS 中分离,并将分离出的数据库文件进行异地存储。

5. 注意事项

若操作过程中出现问题,则不能继续进行操作,请分析系统反馈的信息,并注意以下两点。

(1) 输入 SQL 语句时应注意语句中均使用英文操作符号。

(2) 输入数据时要注意符合数据类型、主键和完整性约束的限制。

6. 思考题

(1) 类似“学生选课”数据库中的学号、课程号等属性采用数值类型,还是字符串类型?采用哪种数据类型更好?

(2) 所用的 DBMS 是如何实现关系数据库的三类完整性约束的?

12.2 数据库的查询

1. 实验目的

掌握 SELECT 查询语句的语法格式和语句功能,熟练运用 SELECT 查询语句实现对关系表进行投影、选择、查询结果计算和排序,以及分组统计等功能,实现多个关系表间的连接查询和嵌套查询,实现对 SELECT 查询结果的集合操作。理解 SELECT 查询语句所实现的关系的选择、投影、笛卡儿积、连接、集合和改名等操作。

2. 实验内容

(1) 针对单个表进行查询,在 SELECT 子句中实现查询结果的计算和目标列命名;在

WHERE 子句中构造包含各类运算符和谓词的元组选择条件；用 ORDER BY 子句实现查询结果的排序显示等。

（2）利用 GROUP BY 子句和聚集函数实现对查询结果的分组统计。

（3）实现多表连接、外连接和自身连接查询。

（4）使用 IN、比较符、ANY、ALL 和 EXISTS 等操作符进行 SELECT 语句的嵌套查询。

（5）实现 SELECT 语句查询结果的并、差、交等集合操作。

3. 实验准备

（1）实验用微机已安装好实验用 DBMS。

（2）创建好包含实验数据的实验数据库。本实验以实验 12.1 中创建的"学生选课"数据库为例进行阐述，其他数据库可做类似功能的对应查询。

（3）启动 DBMS 服务器，视情况决定是否附加实验用数据库。

若系统中未加载实验数据库，则要将实验 12.1 中分离的数据库或其他存储在磁盘上的实验数据库附加到系统中。可利用对象资源管理器对数据库对象进行管理，定位数据库文件，进行附加数据库操作。

（4）在查询编辑器中打开查询窗口，选择实验数据库，在实验数据库中实现对"学生选课"数据库的类似查询操作，并尝试用不同的查询方法实现查询示例，例如用嵌套查询形式实现多表连接查询，并进行比较。

4. 实验方法与步骤

1）清楚 SELECT 语句格式及各子句的功能，以及语句使用过程中需注意的问题

一个完整的 SELECT 数据查询语句的格式为

```
SELECT [ALL | DISTINCT] <目标列表达式 1> [,<目标列表达式 2>,…]
  FROM <表名或视图名 1> [,<表名或视图名 2>, …]
  [WHERE <元组选择条件表达式>]
  [GROUP BY <属性列名 1> [,<属性列名 2>,…] [HAVING <组选择条件表达式>]]
  [ORDER BY <目标列名 1> [ASC|DESC] [,<目标列名 2> [ASC|DESC],…]];
```

SELECT 语句的功能是根据 WHERE 子句的元组选择条件表达式，从 FROM 子句指定的关系表或视图中选择满足条件的元组，再按 SELECT 子句中的目标列表达式选出元组中的属性值或计算相关表达式，形成查询结果表并显示；如果有 GROUP BY 子句，则将满足条件的元组按子句中指定的属性列（组）的值进行分组，属性列（组）值相等的元组为一个组，对每个组中的元组使用聚集函数产生结果表中的一条记录；如果 GROUP BY 子句带 HAVING 子句，则只有满足组选择条件的分组才予以输出；如果有 ORDER BY 子句，则查询结果还要依次按子句中的目标列的值升序（ASC）或降序（DESC）显示。

SELECT 语句功能强大，具有数据查询、统计、分组和排序的功能，实验操作时要注意以下几点。

（1）SELECT 子句中的<目标列表达式>不仅可以是表中的属性列，也可以是与属性列有关的表达式，表达式中可包括运算符、函数、字符串常量等，将查询出的属性列值进行运算后再输出结果。可根据应用的需要确定显示结果的顺序及形式，比如，可以使用 AS 选项或赋值运算符"="，将查询结果表中的列名命名为所需的或更直观易懂的名称，或给一个已声明的变

量赋值。

（2）WHERE 子句是可选项，对多个表或视图进行查询时，若缺少 WHERE 子句，相当于对 FROM 子句中的表或视图进行笛卡儿积操作。在 WHERE 子句中，可以使用算术运算符、比较操作符、逻辑运算符，以及谓词 BETWEEN … AND、LIKE、（NOT）IN、IS（NOT）NULL 等构成元组选择条件；还可以使用 IN 谓词、比较操作符、ANY、ALL 和 EXISTS 等操作符嵌套一个子查询，构造一个嵌套查询。

（3）ORDER BY 子句中的目标列可用目标列名表示，也可用目标列在 SELECT 子句中出现的序号表示，主要在目标列为聚集函数或表达式时采用。若 ORDER BY 后有多个列，则先按第一列排序，然后对于具有相同第一列值的各行，再按第二列进行排序，以此类推。

（4）使用 GROUP BY 子句时，在 SELECT 子句中要显示输出的值在分组中必须是唯一的，出现在 SELECT 子句中但没有出现在聚集函数中的属性只能是出现在 GROUP BY 子句中的那些属性，即在 SELECT 子句中要显示的结果只能是出现在 GROUP BY 子句中用来分组的属性值和每组的统计结果。同样，在 HAVING 子句中，没有出现在聚集函数中的属性也必须出现在 GROUP BY 子句中。

（5）外连接需在 FROM 子句中实现。实现外连接的语法规则如下。

```
FROM <左关系> LEFT | RIGHT | FULL [OUTER] JOIN <右关系> ON <search_condition>
```

其中，FULL［OUTER］、LEFT［OUTER］、RIGHT［OUTER］分别表示进行全外连接、左外连接和右外连接，连接结果会产生大量 NULL 值。

ON <search_condition> 指定连接所基于的条件，可包括对参与连接的关系进行元组选择的条件。

（6）自身连接需在 FROM 子句中指定参与连接的关系表的别名，即进行重命名。定义别名的语法规则如下。

```
FROM <表名 1> [<表别名 1>] [,<表名 1> <表别名 2>,…]
```

表名和别名间也可用 AS 分隔，连接表中的同名属性需加表名或别名前缀。

（7）一个 SELECT 子查询，若查询结果是一个集合，理论上可嵌套在 SELECT 语句中任何可为关系表或集合之处，如 FROM 子句、IN 谓词中；若查询结果是一个值，理论上可嵌套在任何该值可参与运算的表达式中，如 SELECT 子句中的目标列表达式、WHERE 子句中的条件表达式。可在实验中进行尝试，验证所用 DBMS 对嵌套查询的支持程度。若在相关子查询中涉及与父查询相同的关系表，则需要进行重命名运算。

（8）在 SELECT 语句中，WHERE、GROUP BY 与 HAVING 子句都出现时，要注意它们的作用对象和执行顺序。

- WHERE 子句作用于由 FROM 子句指定的数据对象（基本表或视图），从中选择满足条件的元组；
- GROUP BY 子句用于对 WHERE 子句选择的元组进行分组；
- HAVING 子句则是对 GROUP BY 子句产生的分组按条件进行选择；
- SELECT 子句对筛选出的分组产生出查询结果。

2）单表查询

运用 SELECT 子句、WHERE 子句、ORDER BY 子句可实现对关系表进行投影、选择、查询结果计算、目标列命名、查询结果的排序显示等操作。

【例 12-2-1】 查询选修了课程的学生的学号。

SQL 默认使用 ALL 选项允许在查询结果中出现重复元组。该查询则要求结果表中去除重复元组，需在 SELECT 子句中指定 DISTINCT 选项，强行删除结果表中的重复行，使得查询的结果中每个学号最多只出现一次。

【例 12-2-2】 查询数据库中学号尾数为双数的学生的学号和年龄，输出的目标列名为"学号""年龄"。

该查询可使用系统提供的字符函数和数学函数实现，并修改目标列的名称。

不同 DBMS 所提供的函数集不同，请参阅实际使用的 DBMS 系统手册获得其所支持的函数的详细信息。

【例 12-2-3】 查询数据库中课程名后缀为"_实验"的课程名称。

该查询可在 WHERE 子句中利用谓词 LIKE 实现数据的模糊查询。

LIKE 谓词用来判断字符串属性值与指定的字符串表达式是否匹配。一般形式为

```
<属性列名> [NOT] LIKE <字符串表达式> [ESCAPE '<换码字符>']
```

字符串表达式可以是一个字符串常量，也可以包含通配符％或_，还可以包含字符串函数。通配符主要有如下两种。

- 通配符_：代表任意一个单字符。
- 通配符％：代表任意长度的字符串（长度可为零）。

若要查询的字符串本身就含有通配符％或_，则需要使用 ESCAPE 选项对通配符进行转义，如本例。

SQL 使用一对单引号标识字符串，如果单引号是字符串的组成部分，就用两个单引号字符表示。SQL 还允许在字符串上有多种函数，如串接、提取子串、计算字符串长度、大小写转换等。在 SQL 标准中，字符串上的字符区分大小写，但在 SQL Server 中，是不区分字符大小写的。

【例 12-2-4】 查询选修课程编号为 C01 且成绩在 80～90 分的学生的学号和成绩。

该查询可利用谓词 BETWEEN…AND 实现数据的范围查询。

BETWEEN 谓词用于判断某个值是否属于一个指定的区间，一般形式为

```
E [NOT] BETWEEN E1 AND E2
```

其语义为

```
[NOT] (E>=E1 AND E<=E2)
```

E、E1 和 E2 都是表达式，且 E1＜E2。在 WHERE 子句中，E 一般为属性名。

【例 12-2-5】 查询缺少成绩值的学生的学号和课程号。

该查询可利用谓词 IS [NOT] NULL 判断属性值是否为空值。

【例 12-2-6】 查询非"数学"系和非"计算机"系学生的学号、姓名和所在系。

该查询所选择的学生所在系的值涉及多个值，可利用 IN 谓词实现。

IN 谓词适用于判断一个值是否属于一个集合,一般格式为

E [NOT] IN (V₁,V₂,…,Vₙ)

其语义为

[NOT] (E=V₁ OR E=V₂ OR … OR E=Vₙ)

根据谓词的语义,该查询也可用逻辑运算表达式实现。

【例 12-2-7】 查询选修课程编号为 C01 课程的学生的学号和成绩,并要求对查询结果按成绩降序排列,若成绩相同,则按学号升序排列。

该查询可利用 ORDER BY 子句实现查询结果的多重排序显示。

3)多表连接、外连接和自身连接查询

根据查询涉及的元组判断是进行单表自身连接,还是多表连接,根据查询结果保留的元组判断是进行内连接还是外连接,确定 FROM 子句的连接形式以及 WHERE 子句中的连接条件。

【例 12-2-8】 查询选修“操作系统”课程且成绩在 90 分以上的学生的学号、姓名及成绩。

该查询可利用多表多条件的连接查询实现。

【例 12-2-9】 查询每个学生及其所选修的课程的信息。

该查询可利用外连接查询实现,查询结果中需保留没有选课的学生的信息。

【例 12-2-10】 查询选修了两门或两门以上课程的学生的学号。

该查询涉及同一选课关系表中的不同元组,需进行选课表的自身连接查询,并要为选课表定义别名。

4)分组聚集查询

使用 GROUP BY 子句和聚集函数实现分组统计查询。

【例 12-2-11】 查询学生所选修的各门课的平均成绩,目标列名显示为“学号”“平均成绩”,并按平均成绩降序显示。

该查询可利用 GROUP BY 子句实现按学号对成绩进行分组统计查询,并用 ORDER BY 子句对统计结果进行排序显示。

【例 12-2-12】 查找女生人数超过 10 人的系的名称。

该查询可利用 GROUP BY 子句按学生所在系进行分组统计查询,并根据统计结果选择满足条件的分组。同时,考虑 SELECT 语句中包含 WHERE、GROUP BY 和 HAVING 子句时各子句的作用对象和执行顺序。

【例 12-2-13】 查询平均成绩在 80 分以上的“数学”系学生的学号和平均成绩,目标列名显示为“学号”“平均成绩”。

该查询可采用连接查询或嵌套查询对数学系的学生成绩按学号进行分组统计查询,并根据统计结果选择满足条件的分组。

5)嵌套查询

利用实验 DBMS 所提供的 IN、比较符、ANY、ALL 和 EXISTS 等操作符进行嵌套查询,对相关子查询可能需进行重命名运算。

【例 12-2-14】 查询没有选修课程编号为 C01 课程的学生的学号和姓名。

该查询可利用 NOT IN 或 NOT EXISTS 实现嵌套查询。思考该查询可否用多表连接查询实现?

【例 12-2-15】 查询选修课程编号为 C01 课程的学生中,其成绩高于"王玲"的学生的学号和成绩。

该查询可利用比较符嵌套一个独立子查询实现。

【例 12-2-16】 查询学生的所修课程成绩超过其所修课程平均成绩的选课信息。

该查询可利用比较符嵌套一个相关子查询实现。

【例 12-2-17】 查询其他系中比"计算机"系某一学生年龄大的学生,并按年龄降序输出。

该查询可利用 ANY 操作符或聚集函数嵌套一个独立子查询实现,并使用 ORDER BY 子句实现结果的排序显示。

【例 12-2-18】 查询选修"数据库"课程的成绩高于"操作系统"课程所有成绩的学生的学号和成绩。

该查询可利用 ALL 操作符或聚集函数嵌套一个独立子查询实现。

【例 12-2-19】 查询所选修课程包括学号为 S01 的学生所选修的全部课程的学生的姓名。

该查询可利用 EXISTS 实现带有全称量词的涉及多个表的嵌套查询。

6) 集合查询

利用 DBMS 所提供的集合操作符对相容的 SELECT 语句查询结果进行集合操作。

【例 12-2-20】 查询未被选修的课程信息。

该带有否定谓词的查询操作可用 NOT IN 或 NOT EXISTS 实现,也可利用集合差(EXCEPT)运算实现。

【例 12-2-21】 查询没有选修"数据库"或"软件工程"课程的学生的姓名。

该带有否定谓词的查询操作可用 NOT IN 或 NOT EXISTS 嵌套一个利用集合并(UNION)运算实现的子查询。

5. 注意事项

在操作过程中注意以下几点。

(1) 输入 SQL 语句时应注意,除字符串中的中文字符,语句中均使用英文半角操作符号,空格符也要用半角。

(2) 查询执行后若没有查询结果显示,可能是查询语句错误,没有得到正确的结果,也可能是实验数据不够丰富,没有满足查询条件的元组,此时需要对数据库中的数据进行更新,再进一步验证。

(3) 对于得不到正确结果的查询,可通过检查查询条件、单独执行子查询、检验子查询和父查询的相关性等方式不断调试来解决问题。

6. 思考题

(1) 所用的 DBMS 对嵌套查询的支持如何?

(2) 用嵌套查询方式实现的"查询其他系中比计算机系某一学生年龄大的学生,并按年龄降序输出",可否改用连接查询方式实现,对执行结果进行比较分析。

(3) 对于既可以用连接查询又可以用嵌套查询实现的查询,哪种方式执行效率较高?

12.3 数据库的更新

1. 实验目的

掌握 SQL 更新语句的语法格式和语句功能,熟练运用更新语句实现向数据库中插入元组、修改元组属性值和删除元组操作,理解完整性约束的作用;了解实验 DBMS 的更新处理策略;了解触发器的概念和作用。

2. 实验内容

(1) 利用 INSERT 语句向关系表中插入元组。
(2) 利用 UPDATE 语句修改关系表中元组的属性值。
(3) 利用 DELETE 语句从关系表中删除元组。
(4) 设置 DBMS 数据修改和删除的处理策略。
(5) 创建触发器,并验证触发器的作用。

3. 实验准备

(1) 实验用微机已安装好实验用 DBMS。
(2) 创建好包含实验数据的实验数据库。本实验以实验 12.1 中创建的"学生选课"数据库为例进行阐述,其他数据库可做类似功能的对应操作。
(3) 启动 DBMS 服务器,视情况决定是否附加实验用数据库。

若系统中未加载实验数据库,则要将实验 12.1 中分离的数据库或其他存储在磁盘上的实验数据库附加到 DBMS 中。

(4) 更新操作可能会造成关系表中的数据无法支持后续实验操作,可在实验前对数据库中原始关系表的数据进行备份,必要时用于还原原始数据。

4. 实验方法与步骤

1) 利用对象资源管理器对数据库进行更新

在"学生选课"数据库的学生、课程和选课 3 个表中进行插入元组、修改元组属性值和删除元组的操作,并尝试使更新的数据违反关系表定义中的约束,如主键值学号或课程号为空、性别值不为"男"或"女"、选课元组的学号或课程号没有对应的学生元组或课程元组等,分析操作后 DBMS 的反馈信息,并回答思考题中的问题(1)。进一步理解完整性约束的概念与作用。

2) 在查询编辑器中利用 SQL 更新语句实现数据库更新

选择实验数据库,在实验数据库中实现类似对"学生选课"数据库的如下更新操作,对操作中出现的问题进行分析,说明其原因,并加以解决。

(1) 利用 INSERT 语句向关系表中插入元组。

向关系表中插入元组,可以指定待插入的元组,或者用 SELECT 查询语句获得待插入的元组集合。

插入单个元组的 INSERT 语句的格式为

```
INSERT
  INTO <表名> [(<属性名 1>[, <属性名 2>, …])]
  VALUES (<常量 1>[,<常量 2>, …]);
```

语句功能是向指定的表中插入一个新元组,其中属性名列表中指定的该元组的属性值分别为 VALUES 后的对应常量值。

语句使用过程中需注意如下问题:

① 如果在 INTO 子句中表中的某些属性没有列出,则插入的新元组在这些属性上将被赋空值。因此,在表定义时说明为 NOT NULL 的属性需要列出,否则会出错。

② 如果 INTO 子句中表名后没有指明任何属性,则 VALUES 子句中新插入的元组必须在每个属性上均有值,且常量值的顺序要与表定义中属性的顺序一致。

插入子查询结果的 INSERT 语句的格式为

```
INSERT
  INTO <表名> [(<属性名 1>[,<属性名 2>, …])]
  子查询;
```

语句功能为先执行子查询,再将查询结果中的每一元组的属性值分别赋予指定表中每一个新元组的指定属性。

利用该语句也可实现将两个相容的表合并的功能,即将对一个表的查询结果插入另一个表中。

【例 12-3-1】 向学生表 S 中插入一行学生元组。

该更新操作可利用插入单个元组的 INSERT 语句完成。避免插入元组的"学号"与表中已有学生元组的"学号"相同,否则 DBMS 将反馈违反实体完整性的信息提示。

【例 12-3-2】 为便于分析本实验中后续更新操作的执行情况,对比操作前后的数据,以及希望更新操作能在原始的数据上进行,在数据库中生成原有的各关系表的数据备份。

对于"学生选课"数据库中的关系表 S、C 和 SC,可分别创建新表 S1、C1 和 SC1,创建新表后再利用插入子查询结果的 INSERT 语句将对关系表 S、C 和 SC 的查询结果分别插入关系表 S1、C1 和 SC1 中。可在查询窗口中执行实验 12.1 中"学生选课"数据库包含的各关系表的定义语句,或打开存储各关系表定义语句的.sql 文件,因新的关系表只用于备份数据,所以可删除表定义中的有关约束,避免后续对表的更新操作受阻,修改表名后执行其中的 SQL 语句即可。

【例 12-3-3】 在课程关系表 C 中增加一门新课,插入"计算机"系学生选修该课程的选课记录。

该更新操作可先利用插入单个元组的 INSERT 语句完成增加新课程的操作,再利用插入子查询结果的 INSERT 语句完成向学生选课关系表 SC 中插入由计算机系学生的学号与新增课程的课程号构成的新元组,新元组的个数应为计算机系学生的人数,且新增选课元组的 GRADE 值均为 NULL 值。

(2) 利用 UPDATE 语句修改关系表中元组的属性值。

如果要在不改变整个元组的情况下修改其部分属性的值,可以使用 UPDATE 语句。其语句格式为

```
UPDATE <表名>
  SET <属性名 1> = <表达式 1> [,<属性名 2> = <表达式 2>,… ]
  [ WHERE <元组选择条件> ];
```

该语句用于修改指定表中满足选择条件的元组,用 SET 子句将元组的属性值修改为相应表达式的值。

语句使用过程中需注意如下问题:

① UPDATE 语句只能对一个表做修改,而不能同时修改多个表,不能在 UPDATE 后有多个表名。

② 如果没有 WHERE 子句,则要对表中所有元组的相关属性进行修改。

③ 当需要其他表的信息确定待修改元组时,可在 WHERE 子句的元组选择条件中嵌套子查询来实现。不同 DBMS 对在 UPDATE 语句中嵌套子查询的支持不同,有的只能嵌套独立子查询,有的可嵌套相关子查询,即子查询中也可引用待更新的关系表,UPDATE 语句会首先执行子查询,找到所有待更新的元组,然后再执行更新操作。

【例 12-3-4】 将"王玲"所学的"高等数学"的成绩改为 93.0。

该更新操作要用 UPDATE 语句对选课表 SC 中满足条件的元组的成绩属性 GRADE 值进行修改,待修改元组的主键学号和课程号需由 WHERE 子句嵌套 2 个独立子查询来确定。

【例 12-3-5】 若学生的某门课程成绩低于该门课程的平均成绩,则将学生该门课程成绩提高 5%。

该更新操作可在 UPDATE 语句的 WHERE 子句嵌入子查询来确定待更新元组,即利用比较操作符嵌入一个相关子查询计算选课表 SC 中当前元组对应的课程的平均成绩。

DBMS 对更新操作中相关子查询的执行情况,可通过查询修改前所有课程的平均成绩、满足条件的元组、修改操作的执行情况以及修改后的选课关系表信息查看,并与执行操作前的选课表中的数据进行对比,分析平均成绩的计算是否随选课表中某元组 GRADE 值的改变而变化,并回答思考题中的问题(2)。若实验用 DBMS 不支持在更新语句中嵌套相关子查询,如何实现该更新操作?

建议执行此操作前,保持待更新的表 SC 与备份表 SC1 中的数据一致,在一个查询窗口中执行更新操作,打开另一个查询窗口对备份关系表进行查询,来比较分析。

【例 12-3-6】 在学生表 S 中增加"选课门数"属性,并统计每个学生所选修的课程数量,将结果存入该属性中。

该操作首先要用对象资源管理器或 ALTER TABLE 语句为学生表 S 增加"选课门数"属性列,再利用 UPDATE 语句为该属性列赋值。

思考如何获得待更新学生元组的选课门数? 实验用 DBMS 是否支持直接将获得的结果赋值给"选课门数"属性?

(3) 利用 DELETE 语句从关系表中删除元组。

要从关系表中删除满足条件的元组,可使用 DELETE 语句。

语句的一般格式为

```
DELETE
FROM   <表名>
[WHERE  <元组选择条件> ];
```

语句使用过程中需注意如下问题。

① DELETE 语句只能对一个关系表做删除,不能在 FROM 后有多个表名,而且删除的是整个元组。

② 若无 WHERE 子句,则表示删除指定表中的所有元组,但不删除表定义,表定义仍在数据字典中。

③ 当需要其他表的信息确定待删除元组时,可在 WHERE 子句的元组选择条件中嵌套子查询来实现。DBMS 对在 DELETE 语句中嵌套子查询的支持问题同 UPDATE 语句。

【例 12-3-7】 删除成绩低于所有课程平均成绩的选课元组。

该更新操作可在 DELETE 语句的 WHERE 子句中嵌入子查询来确定待删除元组,即利用比较操作符嵌入一个独立子查询实现。

DBMS 对该更新操作的实现结果,可通过查询删除前所有课程的平均成绩、满足条件的元组、删除操作的执行情况以及删除操作后的选课关系表信息查看,并与执行删除操作前的选课表中的数据进行对比,分析平均成绩的计算是否随选课表中某元组的删除而发生变化,并回答思考题中的问题(2)。若实验用 DBMS 不支持在删除语句中嵌套独立子查询,如何实现该更新操作?

建议执行此操作前,保持待更新的表 SC 与备份表 SC1 中的数据一致,在一个查询窗口中执行更新操作,打开另一个查询窗口对备份关系表进行查询,来比较分析。

【例 12-3-8】 删除所有成绩为空值的选课元组。

该更新操作只需在 DELETE 语句的 WHERE 子句正确判断 GRADE 值是否为 NULL。

3) 设置 DBMS 数据修改和删除的处理策略

在对数据库进行更新操作时,DBMS 会根据关系表定义中的完整性约束条件,对用户发出的操作请求进行检查,若不满足完整性约束条件,则 DBMS 会拒绝执行该操作或采用其他处理方法。

比如,对于关系表中的外键,在被参照表中删除元组或修改元组的主键值,可能会破坏参照完整性;而在参照表中插入元组或修改元组的外键值,也可能会破坏参照完整性。当上述可能破坏参照完整性的操作发生时,DBMS 一般采取以下策略进行处理。

① 拒绝执行(NO ACTION)该操作。在系统中,该策略通常为默认策略。

② 产生级联(层叠)操作(CASCADE)。当在被参照表中删除元组或修改元组的主键值时,删除参照表中的参照元组或修改参照表中参照元组的外键值。

③ 设置为空值(SET NULL)。当在被参照表中删除元组或修改元组的主键值时,则将参照表中参照元组的外键值置为空。若在参照表中该外键为表的主属性,或在表的定义中约束其不能为空,则不能执行该策略。

④ 设置默认值。当在被参照表中删除元组或修改元组的主键值时,则将参照表中所有参照元组的外键值置为默认值。默认值需在表定义时进行约束。

一般情况下,当更新操作可能破坏参照完整性时,系统采用默认策略,即拒绝执行。如果希望系统采用其他策略,则可以在定义表时显式地说明,参见实验 12.1 中 CREATE TABLE 语句中 FOREIGN KEY 约束的介绍;也可以在对象资源管理器中对已定义的外键进行修改,修改其更新操作规则,参见 13.1.5 节“关系表模式的定义和修改”中有关外键的内容。

【例 12-3-9】 在对象资源管理器中查看选课表 SC 中外键 SNO 属性的更新操作规则,分别在不同的更新策略下执行如下的更新操作。

① 将学生表 S 中某个在选课表 SC 中有选课信息的学生的学号修改为未使用的新学号。

② 删除学生表 S 中某个在选课表 SC 中有选课信息的学生元组。

查看执行操作后表 SC 的变化情况,或不能执行操作的反馈信息,并加以分析。

4) 创建与验证触发器

(1) 创建触发器。

对于不能利用 CREATE TABLE 语句定义的完整性约束,DBMS 通过定义触发器可提供动态的数据完整性约束功能。

不同的 RDBMS 实现触发器的语法略有不同。在 SQL Server 中建立触发器的语句格式为

```
CREATE  TRIGGER  <触发器名>
  ON  <表名>
  {[FOR|AFTER]|INSTEAD OF}  {[INSERT][,][UPDATE][,][DELETE]}
  AS
    < SQL 语句>;
```

定义触发器时需注意如下问题:

① 该语句可在一个基本表上创建由 INSERT、UPDATE 和 DELETE 操作(触发事件)触发的触发器。触发器有如下类型:

- INSTEAD OF 触发器:这类触发器一般用来取代定义中的触发事件。触发事件发生后,不执行该触发事件,即不对数据库进行更新操作,而是执行触发器中的 SQL 语句。

- FOR|AFTER 触发器:这类触发器中的 SQL 语句将在触发事件执行之后的数据库状态上执行,主要用于数据更新后的处理和检查。

② 定义中的 SQL 语句是触发器主体,由一条或多条 SQL 语句作为一个独立的单元被执行,是一个事务,具有原子性。对于 AFTER 触发器,可用 DBMS 支持的过程语言对触发事件的结果进行判断,反馈对事件的处理结果信息,或使用 ROLLBACK 语句撤销触发器主体中的事务对数据库的更新等。

③ 在触发器主体的 SQL 语句中,可以使用 DBMS 在触发事件发生后生成的两个特殊的临时表,如在 SQL Server 中,这两个特殊的表分别称为 Inserted 表和 Deleted 表。这两个表的结构与触发器的表结构相同,是建在内存中的逻辑表,当向触发器表中插入元组时,新插入的元组会被插入 Inserted 表和触发器表中;当从触发器表中删除元组时,触发器表中需要删除的元组将被移入 Deleted 表中;UPDATE 操作相当于先执行 DELETE 操作,删除需要修改的元组,再执行 INSERT 操作,插入修改之后的元组,因此 UPDATE 操作要用到 Inserted 和 Deleted 两个表。触发器主体事务完成后,这两个临时表将自动删除。

对已创建的触发器可进行修改。SQL Server 修改触发器的一般语句格式为

```
ALTER  TRIGGER  <触发器名>
  ON  <表名>
  {[FOR|AFTER]|INSTEAD OF}  {[INSERT][,][UPDATE][,][DELETE]}
  AS
    < SQL 语句>;
```

触发器不需要时要删除,一次可删除多个触发器。删除语句格式为

```
DROP  TRIGGER  <触发器名>[,…];
```

（2）参照实验 DBMS 提供的触发器模板，编辑并执行满足一定功能的触发器，激活触发器事件。

【例 12-3-10】 在"学生选课"数据库的学生表 S 上创建删除触发器，实现在表 S 中删除元组时，级联（CASCADE）删除表 SC 中该元组主键值对应的所有元组。

需要在关系表 S 中创建一个 AFTER DELETE 触发器，从表 S 中删除学生元组后，也删除表 SC 中该学生的选课元组。

【例 12-3-11】 在"学生选课"数据库的选课表 SC 上创建一个触发器，保证 SC 表中一次只能插入或修改一条选课元组，并且每门课程选修的人数不超过 5 人。要求，当向选课关系 SC 中插入选课元组或修改选课元组时，具体执行如下操作：

① 如果插入或修改的选课元组多于一条，则提示"不允许一次插入/修改多条选课元组！"。

② 如果已经有 5 人选修了该课程，则插入操作不能执行，打印"超过选修该课程的人数上限！"。

③ 当修改某选课元组的课程号时，检查已选该课程的人数，如果已经有 5 人选修了该课程，则打印"超过选修该课程的人数上限！"，这个更改不能执行。

④ 若以上情况均未发生，则可以进行更新操作，删除表 SC 中移入 Deleted 表中的元组，即待修改元组，插入 Inserted 表中的元组，即修改后的新元组或插入的新元组。

因此，需要创建一个 INSTEAD OF 触发器，触发器创建后，任何企图往选课关系表 SC 中插入选课元组或更改 CNO 值的操作都被这个触发器截获，并且触发事件（即 INSERT 和 UPDATE 操作）不再进行，而执行触发器体中的 SQL 语句。SQL 语句中需使用流程控制语句 IF…ELSE 和信息输出语句 PRINT。

5．注意事项

若实验过程中出现不能正确执行的操作，则需注意系统反馈信息，通常有以下两方面的原因。

（1）输入的数据与表定义中的数据类型不一致，违反实体完整性和定义中的数据约束。

（2）进行 UPDATE 和 DELETE 操作时违反参照完整性约束。

6．思考题

（1）为什么不能随意删除被参照表中的元组或更改元组的主键值？ 如果需要如此，怎样处理？

（2）针对例 12-3-5 和例 12-3-8 的操作结果，判断实验用 DBMS 在更新语句中是否支持嵌套一个独立子查询或相关子查询？ DBMS 对更新语句中子查询的处理是否先于更新操作？ 更新操作的结果是否依赖于元组被处理的顺序？ 聚集函数是否处理空值？ GRADE 值为 NULL 的元组是否满足更新条件，是否被更新？

（3）在"学生选课"数据库上完成如下操作，并思考相关问题。

建议操作中表的创建用 CREATE TABLE 语句完成，便于后续的修改使用。数据的更新可采用任一方式完成。

① 构造新表 R,并进行更新操作。

a. 新建学生所在系表 D,表中包含系名称(DN)和系主任(DD)两个属性,系名称的值来源于表 S,需为系主任属性赋值。根据学生表的信息,完成所在系表 D 的更新。

b. 将"学生选课"数据库的表 S、SC 和表 D 的信息存储到一个新关系表 R 中。

表 R 中的属性定义与表 S、SC 和 D 中的属性定义保持一致,确定表 R 的主键,表 R 的元组信息可通过查询表 S、SC 和 D 再插入的方式完成。浏览该表,分析有什么问题?

c. 分别往表 R 中插入一个学生的信息、一个系的信息,结果如何?分析反馈信息,说明原因。

d. 若要修改一个学生的所在系,应如何操作?若将一个学生的系主任进行修改,如何操作?分析该操作可能带来的问题。

e. 若一个学生只选修了一门课程,想将该学生的选课信息删除,可否实现?如何做才能实现,会带来什么后果?

② 将学生选课信息(即原表 SC 的信息)从表 R 中分离存储到表 R1 中,其余信息(即学生及所在系信息)存储到表 R2 中,并进行更新操作。

a. 生成新表 R1 和 R2,并完成信息的分离存储。

表 R1 和 R2 中的属性定义与表 R 中的属性定义保持一致,确定表 R1 和 R2 的主键,然后再插入来自表 R 的数据。浏览两个表,分析有什么问题?并与表 SC、S 和 D 中的数据比较。

b. 继续尝试插入一个学生的信息、一个系的信息,结果如何?与前面①中的操作结果比较。

c. 若要修改一个学生的所在系,应如何操作?若将一个学生的系主任进行修改,应如何操作?与前面①中的操作比较。

d. 若一个学生只选修了一门课程,想将该学生的选课信息删除,可否实现?与前面①中的操作比较。

③ 将学生所在系(即原表 D 的信息)从表 R2 中分离到表 R4 中,其余信息(即学生信息)存储到表 R3 中,并进行更新操作。

a. 生成新表 R3 和 R4,并完成信息的分离存储。

表 R3 和 R4 中的属性定义与表 R2 中的属性定义保持一致,确定表 R3 和 R4 的主键,然后再插入来自表 R2 的数据。浏览两个表,分析是否还有什么问题?并与表 S 和 D 中的数据比较。

b. 继续尝试②中可能还有问题的更新操作,分析操作是否还有问题,与前面②中的操作比较。

12.4 视图的定义及操作

1. 实验目的

掌握视图定义语句的语法格式和语句功能,能够创建满足要求的视图,能够通过视图实现数据库的查询和更新,进一步理解视图的概念和作用。

2. 实验内容

(1) 利用 SQL 进行视图的创建、修改和删除。

（2）利用 SELECT 语句对视图进行查询。

（3）利用 INSERT、UPDATE 和 DELETE 语句通过视图对关系表进行更新,验证 WITH CHECK OPTION 选项的作用。

3. 实验准备

（1）实验用微机已安装好实验用 DBMS。

（2）创建包含实验数据的实验数据库。本实验以实验 12.1 中创建的"学生选课"数据库为例进行阐述,其他数据库可做类似功能的对应操作。

（3）启动 DBMS 服务器,视情况决定是否附加实验用数据库。

若系统中未加载实验数据库,则要将实验 12.1 中分离的数据库或其他存储在磁盘上的实验数据库附加到系统中。若前面的实验已对加载的实验数据库进行了大量的更新,尤其是修改了关系模式定义,则建议重新加载。

（4）在查询编辑器中打开查询窗口,选择实验数据库。

4. 实验方法与步骤

视图作为数据库对象,可在对象资源管理器和查询编辑器中分别采用不同方式创建和维护。本实验主要在查询编辑器中使用命令方式进行。

1）利用 SQL 进行视图的创建、修改和删除

（1）创建视图。

在查询编辑器中使用命令方式定义视图的 SQL 语句格式为

```
CREATE  VIEW  <视图名> [(<属性列名 1> [,<属性列名 2>, …])]
AS 子查询
[WITH CHECK OPTION];
```

视图定义语句的执行会产生数据库上的一个对象,视图的定义会存入数据字典中。

语句使用过程中需注意如下问题:

① 视图的属性列名或者全部指定或者全部省略。如果省略,则该视图的属性列名由子查询中的 SELECT 子句的目标列确定。但在 SELECT 子句目标列含有聚集函数、列表达式、多表查询产生的同名属性列,以及想为某些列使用更合适的名称时,需要指明视图的属性列名。

② 子查询可以是任意复杂的 SELECT 语句,但有的 DBMS 不支持子查询中含有 ORDER BY 子句和 DISTINCT 选项等。

③ WITH CHECK OPTION 选项表示对视图进行更新操作时,要检查待更新的元组是否满足视图定义中的子查询所含的谓词条件。

【例 12-4-1】 创建"计算机"系的学生视图 VIEW1。

此视图定义中的子查询要求用 SELECT ＊ FROM S WHERE SD='计算机'表示。

【例 12-4-2】 创建"计算机"系的学生视图 VIEW2,属性包括学号、姓名、出生日期。

【例 12-4-3】 创建"计算机"系的学生视图 VIEW3,属性包括学号、姓名、所在系、出生日期。

【例 12-4-4】 创建"计算机"系的学生视图 VIEW4,属性包括学号、姓名、出生日期、选课门数。

【例 12-4-5】 创建"计算机"系学生选课成绩视图 VIEW5,属性包括学号、姓名、课程名和成绩。

【例 12-4-6】 在 VIEW5 上创建"计算机"系学生平均成绩视图 VIEW6。

（2）修改视图。

视图是一个虚表,在数据库系统中只存放视图的定义,而不存放视图对应的数据。视图的修改可通过删除后再定义实现,也可以使用 ALTER VIEW 完成,其格式为

```
ALTER VIEW <视图名> [(<属性列名 1> [,<属性列名 2>, …]) ]
  AS 子查询
  [WITH CHECK OPTION];
```

该语句的功能可对已有的视图进行重新定义。

【例 12-4-7】 对前面创建的视图 VIEW2 进行修改,若视图定义中包含 WITH CHECK OPTION 选项,则将该选项删除,否则添加该选项。

（3）删除视图。

如果关系表的结构改变或被删除后,基本表上定义的视图可能已无法使用,则需要使用 DROP VIEW 语句删除这些视图,其 SQL 语句的一般格式为

```
DROP VIEW 视图名   [CASCADE];
```

如果该视图上还导出了其他视图,则需使用 CASCADE 选项,把该视图和由它导出的所有视图一起删除。

注:不同 DBMS 对 CASCADE 选项的支持程度不同,对其上还有导出视图的视图删除操作限制也不同。

【例 12-4-8】 将例 12-4-5 中创建的视图 VIEW5 删除。

SQL Server 2019 不支持 CASCADE 选项,可直接删除 VIEW5。在 VIEW5 上创建的视图 VIEW6 虽然仍存在,但已无法使用。

2）利用 SELECT 语句对视图进行查询

视图定义后,可用 SELECT 语句像对关系表一样对视图进行查询,查询的结果则是把视图定义中的子查询和对视图的查询结合起来,对基本表执行相应的查询。

【例 12-4-9】 对前面创建的视图 VIEW1、VIEW2、VIEW3 和 VIEW4 进行查询。

【例 12-4-10】 修改关系表 S 的结构,增加一列"选课门数"(不需要填充数据),重新执行例 12-4-9 中的查询。分析修改基本表的结构对表上创建的视图有何影响,若有不能再使用的视图,则进行删除。

3）利用 INSERT、UPDATE 和 DELETE 语句通过视图对关系表进行更新

视图更新指对视图进行 INSERT、UPDATE 和 DELETE 操作,通过视图对视图定义中的基本表插入元组、删除元组和修改元组的属性值。

【例 12-4-11】 通过例 12-4-2 中创建的视图 VIEW2,插入一个"计算机"系的学生元组。

通过修改视图定义是否包含 WITH CHECK OPTION 选项,看能否实现往学生表中插入"所在系"属性为"计算机"的元组? 通过查看关系表 S 和视图 VIEW2 进行分析。

【例 12-4-12】 通过例 12-4-3 中创建的视图 VIEW3,插入一个"计算机"系的学生元组。

通过修改视图定义是否包含 WITH CHECK OPTION 选项,看能否实现往学生表中插入

"所在系"属性为"计算机"的元组？通过查看关系表 S 和视图 VIEW3 进行分析。

【例 12-4-13】 通过例 12-4-4 中创建的视图 VIEW4，插入一个"选课门数"为 5 的学生元组。

插入操作可否实现？分析原因。

若前面已为关系表 S 增加了属性列"选课门数"，插入操作可否实现？分析原因。

【例 12-4-14】 修改关系表 S 的某一元组的"选课门数"的属性值，查看视图 VIEW4 对应元组的属性值，进行比较分析。

可否利用视图 VIEW4 为学生表 S 中的属性列"选课门数"赋值？如何做才能实现？

【例 12-4-15】 在各视图中删除一个元组，结果如何？分析原因。

5. 注意事项

在对视图的操作过程中需明确以下两点：

（1）视图是一个虚表，只是为用户提供了一个观察底层数据的窗口，通过视图看到的数据会随关系表中数据的变化而改变。

（2）用户可像操纵关系表一样操纵视图，但操作能否成功，还要看对视图的操作能否由 DBMS 转换为对相应基本表的操作。

6. 思考题

（1）通过完成实验，归纳总结如下问题。

① 视图的创建要注意哪些问题？

② 如何使定义的视图可以实现更新操作？

③ 视图的作用体现在哪些方面？

（2）在"学生选课"数据库上创建一个视图，属性包括每门课程的编号、名称、平均成绩和及格率。

12.5 授权控制

1. 实验目的

了解 DBMS 为实现系统的安全性提供的登录用户管理、数据库用户管理、角色及权限管理等功能，能够为数据库添加用户和角色；了解实验用 DBMS 提供的授权访问控制机制，掌握 GRANT、REVOKE 数据控制语句的语法格式和语句功能，使用 GRANT、REVOKE 语句对用户和角色进行权限管理；了解如何通过授予用户访问视图的权限提高数据的安全性。

2. 实验内容

（1）用户管理，DBMS 登录用户和数据库用户的创建与删除。

（2）权限管理，为数据库用户和角色授予权限，从数据库用户和角色收回权限。

（3）角色管理，为数据库添加和删除角色。

3. 实验准备

（1）实验用微机已安装好实验用 DBMS，了解 DBMS 的安全性机制。

（2）创建好包含实验数据的实验数据库。本实验以实验 12.1 中创建的"学生选课"数据库为例进行阐述，其他数据库可做类似功能的对应操作。

（3）启动 DBMS 服务器，视情况决定是否附加实验用数据库。

若系统中未加载实验数据库，则要将实验 12.1 中分离的数据库或其他存储在磁盘上的实验数据库附加到系统中。

（4）在数据库上定义有"计算机"系学生的视图 VIEW1。

4. 实验方法与步骤

本实验的用户管理、权限管理和角色管理基于 SQL Server 的对象资源管理器和查询编辑器进行。

1）用户管理

SQL Server 用户安全认证采用两层模式：第一层是访问 SQL Server，需要验证连接人员的有效 SQL Server 账号（登录用户名），登录用户可访问多个数据库；第二层是访问数据库，登录用户映射到每个数据库上的用户账号（数据库用户名），从而获得访问数据库的权限，才能对数据库进行权限许可内的操作。

本实验需要 SQL Server 身份验证模式选择"混合模式"，登录用户可通过 Windows 用户账户直接连接 SQL Server，或提供登录名和登录密码采用 SQL Server 身份验证模式连接 SQL Server。

（1）创建和删除 SQL Server 登录用户。

【例 12-5-1】 为 SQL Server 添加登录用户 SJY。

以管理员身份连接 SQL Server，在对象资源管理器中，先在服务器的"安全性"中添加登录用户，用户登录名为 SJY，选择 SQL Server 身份验证方式，输入密码。也可将登录用户映射为一个数据库用户，并选择默认数据库。

操作成功后，后续以用户 SJY 的身份登录，则生成新的服务器连接。选择创建的登录用户，可对其执行删除操作。

【例 12-5-2】 在查询编辑器中为 SQL Server 添加一个用自己名字命名的登录用户。

可在查询编辑窗口执行如下语句创建登录用户，需确认登录名和密码。

```
CREATE LOGIN <登录名> WITH PASSWORD='<密码>';
```

创建的登录用户可用如下命令删除。

```
DROP LOGIN <登录名>;
```

（2）创建和删除数据库用户。

登录用户需映射到数据库用户，才能获得访问数据库的权限，对数据库进行权限许可内的操作。

【例 12-5-3】 在对象资源管理器中为"学生选课"数据库添加用户 teacher1。

在"学生选课"数据库的"安全性"中添加用户 teacher1，从已有的登录名中选择登录用户名，如 SJY。

注意：一个数据库上的多个用户不能映射到同一登录用户名。

【例 12-5-4】 在查询编辑器中为"学生选课"数据库添加用户 student1。

在查询编辑器中可使用 CREATE USER <用户名> 为数据库添加用户。

```
CREATE USER <用户名> WITHOUT LOGIN WITH DEFAULT_SCHEMA=DBO|FOR LOGZN <登录用户名>;
```

该语句为数据库添加一个非登录用户或对应某登录用户的数据库用户。在执行该语句前,应保证当前数据库是"学生选课"数据库,或使用 USE 语句打开数据库。

在查询编辑器中使用 DROP USER <用户名>命令删除添加的用户。

注:不同 DBMS 对用户名的要求不同。在 MySQL 中,用户名中还要包含主机名,限制用户访问 MySQL 服务器的位置,增加系统安全性。

2)权限管理

在查询编辑器中,可使用 GRANT 和 REVOKE 语句定义用户权限,形成授权规则。

GRANT 语句用于向用户授予权限,其一般格式为

```
GRANT <权限列表> [ON <数据库对象>]
  TO <用户列表>
  [WITH GRANT OPTION ];
```

该语句可将数据库对象上的多个权限同时授予多个用户。选项 WITH GRANT OPTION 表示被授权的用户可以将这些权限继续转授给其他用户。

语句使用过程中需注意如下问题:

① 数据库对象可以是数据库、基本表、表中记录、属性值、视图、索引等。实验主要以表为操作对象进行讨论。

② 不同数据对象的权限有所不同,一般包括对象定义(CREATE、ALTER、DROP)、对象的查询和更新(SELECT、INSERT、DELETE、UPDATE)等,有的 DBMS,如 MySQL 可用 ALL [PRIVILEGES]表示所有权限。若授予用户只对指定的属性列具有操作权限,则需将属性列表放在权限后的括号中。

③ 若权限是定义权限,如 CREATE TABLE,则数据库对象可省略。

授予的权限可以由 DBA 或其他授权者用 REVOKE 语句收回,其一般格式为

```
REVOKE [GRANT OPTION FOR ] <权限列表>
  ON <数据库对象>
  FROM <用户列表>
  [RESTRICT | CASCADE ];
```

该语句可从多个用户收回其所拥有的访问数据库对象的多个权限。其中:

- GRANT OPTION FOR:只把所列权限的授予权限从用户收回;
- CASCADE:把用户拥有的数据库对象上的权限及其所转授出去的权限同时收回;
- RESTRICT:限制级联收回,当用户没有将权限转授给其他用户时,才能收回用户的权限,否则系统拒绝执行收权操作。

对于 RESTRICT 和 CASCADE 选项,不同的 DBMS 支持程度和默认执行的选项不同。

用户可在对象资源管理器查看数据库对象的属性中的权限变化来确认操作结果。

【例 12-5-5】 在前面已创建的"学生选课"数据库的用户 teacher1、student1 基础上,以命

令方式依次完成如下授权操作,然后在对象资源管理器中查看执行结果。

① 授权用户 teacher1 对学生表 S 具有查询权限。

② 授权用户 teacher1 对选课表 SC 具有查询权限,对成绩属性具有修改权限,并具有将权限转授给其他用户的权限。

③ 收回用户 teacher1 对选课表 SC 中成绩属性的修改权限的授权权限。

④ 以用户 SJY 身份(即 teacher1)登录,把对选课表 SC 的查询权限授予用户 student1,再把对学生表 S 的查询权限授予用户 student1。操作结果如何? 给出分析结果。

⑤ 回到以管理员身份登录的服务器连接,收回用户 teacher1 对表 SC 的查询权限,操作能否执行,若不能执行,如何完成该操作? 查看操作完成后用户 student1 的权限。

⑥ 若数据库上定义有"计算机"系学生的视图 VIEW1(若没有,则创建),授予用户 teacher1 对"计算机"系的学生视图 VIEW1 具有查询和修改权限。以用户 teacher1 身份对该视图执行修改操作,然后对表 S 进行查询,查看修改结果。再以用户 teacher1 身份执行对表 S 的更新操作,将前面通过视图修改的内容再修改回去,操作结果如何? 给出分析结果。

查看数据库用户的权限配置和用户数据库的用户权限配置可参见 13.1.8 节中的"授予和收回数据库用户权限"内容。

3) 角色管理

对支持基于角色授权存储控制的 DBMS 可为一组具有相同权限的用户创建一个角色。可在对象资源管理器和查询编辑器中,分别采用不同方式创建角色,并进行角色的权限管理。

不同 DBMS 对基于角色授权的支持不同,SQL Server 使用的 TRANSACT SQL 中,实现对角色的创建、授权、权限收回语句的一般格式为

```
CREATE ROLE <角色名列表>;
GRANT <权限列表> ON <数据库对象> TO <角色名列表>;
REVOKE <权限列表> ON <数据库对象> FROM <角色名列表>;
```

角色是权限的集合,有的 DBMS(如 KingBase)将角色视同权限,采用相同格式的 GRANT 和 REVOKE 语句将角色授予用户或其他角色。TRANSACT SQL 中为用户授予角色权限和从用户收回角色权限是通过调用存储过程给角色添加或删除用户成员完成的。调用存储过程的语句格式为

```
EXEC sp_addrolemember <角色名>, <用户名>;
EXEC sp_droprolemember <角色名>, <用户名>;
```

【例 12-5-6】 在前面已创建"学生选课"数据库用户 teacher1 的操作基础上,以命令方式依次完成如下操作,然后在对象资源管理器中查看执行结果。

① 为数据库创建一个角色 teacher。

② 将对课程表 C 的查询和更新权限授予角色 teacher。

③ 将对课程表 C 的更新权限从角色 teacher 中收回。

④ 将数据库用户 teacher1 添加到角色 teacher 中,使其成为角色成员,并查看用户 teacher1 的权限。

⑤ 删除创建的角色 teacher,该操作能否实现? 给出分析结果。

⑥ 收回用户 teacher1 所拥有的角色 teacher 的所有权限,即 teacher1 不再是角色 teacher

的成员。

⑦ 若⑤中的操作没有实现,再次删除创建的角色 teacher,该操作能否实现?

注意:只能删除用户自定义的角色,DBMS 中的固定角色不能删除。

5. 注意事项

(1) 不同 DBMS 的安全性实现机制差异较大,必要时结合具体的 DBMS 的操作使用手册进行实验操作。

(2) 不同 DBMS 提供的数据库对象上的权限可能不同。

(3) 实验中涉及的有些操作只适用于 SQL Server。

6. 思考题

(1) 你使用的 DBMS 定义了哪几类用户,提供的用户登录方式有哪些?

(2) 你使用的 DBMS 是否支持基于角色的访问控制?

(3) 用户拥有的表上的权限和其拥有的表上所建视图的权限有何联系?

12.6　索引的创建

1. 实验目的

掌握索引定义语句的语法格式和语句功能,能够创建满足需要的索引,进一步理解聚集索引和非聚集索引的概念和作用。

2. 实验内容

(1) 利用 CREATE TABLE 语句创建表的同时创建索引。

(2) 利用 CREATE INDEX 语句单独为表增加索引。

(3) 删除索引。

3. 实验准备

(1) 实验用微机已安装好实验用 DBMS,了解 DBMS 创建表时是否支持在主键上创建聚集索引。

(2) 创建好包含实验数据的实验数据库。本实验以实验 12.1 中创建的"学生选课"数据库为例进行阐述,其他数据库可做类似功能的对应操作。

(3) 启动 DBMS 服务器,视情况决定是否附加实验用数据库。

若系统中未加载实验数据库,则要将实验 12.1 中分离的数据库或其他存储在磁盘上的实验数据库附加到系统中。

4. 实验方法与步骤

索引作为数据库对象,可在对象资源管理器和查询编辑器中分别采用不同方式创建和维护。本实验主要在查询编辑器中使用命令方式进行。在 SQL Server Management Studio 的工具栏内单击"显示估计的执行计划"按钮,查看查询的执行算法和估计的执行计划。

1）创建表的同时创建索引

在查询编辑器中，可在用如下 CREATE TABLE 语句创建基本表的同时基于主键创建索引。

```
CREATE   TABLE   <表名>
  (<属性列名 1> <数据类型> [<列级完整性约束条件> ]
  [,<属性列名 2><数据类型> [<列级完整性约束条件> ], …]
  [,<表级完整性约束条件> ]);
```

在基本表定义语句中，为主键添加 PRIMARY KEY［CLUSTERED｜NONCLUSTERED]列级完整性约束条件，或添加 PRIMARY KEY［CLUSTERED｜NONCLUSTERED]（＜属性列名组＞）表级完整性约束条件，可在定义关系表的主键的同时建立基于该主键的聚集或非聚集索引。其中：

- CLUSTERED：创建聚集索引；
- NONCLUSTERED：创建非聚集索引。
- 系统会自动创建以主键约束名命名的索引，与主键约束绑定。

不同 DBMS 的默认选项不同。在 SQL Server 中，默认在创建表的同时基于主键创建聚集索引，用户也可修改系统的默认配置。有的 DBMS 则不支持用户在定义表的同时基于主键显式创建索引，而是自动基于主键创建聚集索引。

【例 12-6-1】 在"学生选课"数据库上，依次执行如下操作，体会聚集索引和非聚集索引的不同。这里假设系统默认在关系表 S 上基于主键 SNO 创建了聚集索引。

① 用 CREATE TABLE 语句创建一个新关系表 S1，表结构与关系表 S 相同，在创建表的同时，基于主键 SNO 创建非聚集索引。

② 将关系表 S 的数据插入关系表 S1 中（可用带子查询的 INSERT 语句实现），并执行 SELECT ＊ FROM S1 查询。

③ 执行 SELECT ＊ FROM S 查询，并与对关系表 S1 的查询显示结果做对比。

④ 在两个表中分别插入两个相同的新元组，先插入的元组的学号要大于后插入的元组的学号。

⑤ 再执行前面对两个表的查询操作，观察插入的两个新元组在显示结果中所处的位置，说明原因。

⑥ 用 CREATE TABLE 语句再创建一个新关系表 S2，表结构与关系表 S 相同，但不定义表的主键，并将关系表 S 的数据插入关系表 S2 中。

⑦ 分别在关系表 S、S1 和 S2 上查询学号为 S10 的学生信息，比较查询的执行算法和估计代价。

⑧ 向关系表 S、S1 和 S2 中不断插入相同的元组，重复步骤⑦中的操作，了解索引在查询中的作用。

2）单独为表增加索引

在查询编辑器中，可用语句 CREATE INDEX 单独为关系表增加索引，其语句格式为

```
CREATE   [UNIQUE ] [CLUSTERED | NONCLUSTERED]   INDEX <索引名>
  ON <表名> (<属性列名 1> [<次序> ] [,<属性列名 2> [<次序> ], …])
  [其他参数];
```

语句使用过程中需注意如下问题：

① 索引名是对索引的标识，用于后续对索引的维护。

② 索引可以建在该表的一个或多个属性列上，各属性列名之间用逗号分隔。每个＜属性列名＞后面还可以用＜次序＞指定索引键值的排列次序，可选 ASC（升序）或 DESC（降序），默认为 ASC。

③ UNIQUE 表示该索引中不存在索引键值相同的索引项，即唯一性索引。

④ CLUSTERED｜NONCLUSTERED 表示要建立的索引是聚集索引还是非聚集索引，一般默认为 NONCLUSTERED。

⑤ 其他参数是与物理存储有关的参数，例如说明将索引创建到指定分区或文件组，如果不指定，则按 DBMS 默认配置。

【例 12-6-2】 在"学生选课"数据库上，依次执行如下操作，体会聚集索引的作用和单一性。

① 在关系表 S 上基于属性出生时间 SB 建立聚集索引，是否可以实现？说明原因。

② 若步骤①的聚集索引不能成功创建，改为创建基于 SB 属性的非聚集索引，是否可以实现？

③ 基于例 12-6-1 中已创建的学生关系表 S1（创建表的同时创建的是 SNO 上的非聚集索引），为关系表 S1 建立基于 SB 的聚集索引，是否可以实现？说明原因。

④ 若步骤③的索引成功创建，执行 SELECT ＊ FROM S1 查询，观察查询结果是否按照学生元组的出生时间属性值的先后顺序显示，并与关系表 S 的查询结果进行对比。

⑤ 分别在关系表 S 和关系表 S1 上查询在 2000 年 1 月 1 日以前出生的学生信息，查看该查询执行的算法和估计代价。

【例 12-6-3】 在"学生选课"数据库上，依次执行如下操作，体会索引在连接操作中的应用。

① 用 CREATE TABLE 语句创建一个新关系表 SC1，表结构与关系表 SC 的结构相同，但不定义表的主键和外键。

② 将关系表 SC 的数据插入关系表 SC1 中。

③ 分别基于关系表 SC 和 SC1，查询姓名为 XX 的同学的选课情况，比较查询的执行算法和估计代价。

3）删除索引

建立关系表的索引后，会生成相应的附属数据结构和数据文件，为避免系统为维护索引而降低系统操作性能，不再需要的索引应及时删除。可在对象资源管理器上直接删除关系表上的索引对象，也可用如下语句删除用语句 CREATE INDEX 创建的索引，语句格式为

```
DROP INDEX <索引名> ON <表名>；
```

或

```
DROP  INDEX <表名>.<索引名>；
```

【例 12-6-4】 删除例 12-6-2 中在关系表 S1 上基于属性出生时间 SB 所创建的聚集索引。

5. 注意事项

(1) 索引是在表上创建的，且只有表的拥有者才能在表上创建索引。

（2）DBMS 对每个表上最多能创建的非聚集索引数量、索引键的长度及所包含的属性列个数是有限制的,不同 DBMS 的限制不同。

（3）应根据查询需要创建索引,不用的索引应及时删除。

6．思考题

（1）为什么每个关系表上只能创建一个聚集索引?

（2）聚集索引和顺序文件有什么关系?

（3）若对关系表的查询结果是按元组的任意输入顺序显示的,则表上的索引情况是怎样的?

（4）从网上获取标准数据集,数据记录数可达上万条,建立相应的数据库表,仿照例 12-6-1 中的操作步骤,验证索引在查询中的作用和创建不同索引的效果。

12.7　事务及并发控制

1．实验目的

掌握定义事务的方法,进一步理解事务的概念和隔离性;了解实验用 DBMS 封锁技术的实现,理解封锁类型及作用,认识到死锁问题;了解多粒度封锁和隔离级别在实验用 DBMS 中的应用,掌握隔离级别的设置方法。

2．实验内容

（1）定义事务,理解 COMMIT 语句和 ROLLBACK 语句的作用。

（2）多粒度封锁的应用,理解封锁粒度的概念。

（3）隔离级别的设置与应用,体会不同隔离级别下的封锁协议及数据不一致问题。

3．实验准备

（1）实验用微机已安装好实验用 DBMS,了解 DBMS 提供的封锁模式和对隔离级别的支持。

（2）创建好包含实验数据的实验数据库。本实验以实验 12.1 中创建的"学生选课"数据库为例进行阐述,其他数据库可做类似功能的对应操作。

（3）启动 DBMS 服务器,视情况决定是否附加实验用数据库。

若系统中未加载实验数据库,则要将实验 12.1 中分离的数据库或其他存储在磁盘上的实验数据库附加到系统中。可利用对象资源管理器对数据库对象进行管理,定位数据库文件,进行附加数据库操作。

（4）为便于分析实验中操作的执行情况,在数据库中创建原有各关系表的备份,在运行每个例子中的事务前,利用备份表中的数据还原操作关系表的原始数据。

4．实验方法与步骤

1）定义事务

在关系型 DBMS 中,DBMS 默认每个 SQL 语句就是一个事务,同时允许程序员将一组 SQL 语句或整个程序定义为一个事务,用 SQL 命令 BEGIN TRANSACTION 标记事务的开始,以如下两种方式结束事务。

- 以 COMMIT 语句提交事务。COMMIT 语句表示事务正常结束,事务中的所有操作语句均已成功执行,其中对数据库的所有更新操作结果应写到磁盘上的物理数据库中,数据库进入一个新的正确状态。
- 以 ROLLBACK 语句回滚事务。ROLLBACK 语句表示事务在运行过程中发生了某种故障,事务不能继续执行,事务夭折(abort)前所有已完成的对数据库的更新操作结果应该撤销,使数据库恢复到该事务执行前的数据库状态。

(1) 默认事务的执行。

【例 12-7-1】 在"学生选课"数据库的课程表 C 中插入 3 门新课,假设拟执行如下 3 条插入语句:

```
INSERT INTO C(CNO,CN) VALUES ('C21', '软件工程');
INSERT INTO C(CNO,CN) VALUES ('C22', '通信原理');
INSERT INTO C(CNO,CN) VALUES ('C23', '多媒体技术');
```

① 如果最后一条语句中包含语法错误,假设为

```
INSERT INTO C(CNO,CN) VALUES ('C23',  , '多媒体技术');
```

同时执行这 3 条语句,查看语句的执行情况,分析执行结果,并思考在查询编辑器中 SQL 语句是解释执行的,还是编译执行的。

② 如果最后一条语句中包含语义错误,假设为

```
INSERT INTO C(CNO,CN) VALUES ('C21', '多媒体技术');
```

同时执行这 3 条语句,查看语句的执行情况,分析执行结果。

DBMS 默认把这 3 条语句看作 3 个事务,1 条语句不能执行,不影响其他语句的执行结果。

(2) 显式定义事务。

【例 12-7-2】 把例 12-7-1 中 3 条正确的插入语句定义在一事务中,先后以 ROLLBACK 和 COMMIT 两种不同方式结束事务,并在事务结束后执行对课程表 C 的查询,查看更新情况,说明 ROLLBACK 与 COMMIT 的不同。

2) 多粒度封锁的应用

一些 DBMS 为实现并发控制所采用的封锁技术提供不同的封锁粒度,既可将锁加在元组(行级锁)上,也可将锁加在关系表(表级锁)上,供不同的事务选择。用户可利用 DBMS 提供的多粒度封锁模式,根据事务对并发性和数据一致性的要求,合理选择封锁粒度和封锁类型,通过显式地为事务中的操作加锁,控制事务的并发执行。

不同 DBMS 实现的多粒度封锁模式并不相同,SQL Server 的多粒度封锁模式提供如下 5 种锁类型。

① NOLOCK 锁,仅用于 SELECT 语句,读数据前不用申请锁,允许事务读取未提交事务的数据,即有可能读取"脏"数据。

② TABLOCK 锁,在表上加共享锁,读完数据后立即释放锁,此类锁可以避免读"脏"数据,但存在不可重复读问题。

③ HOLDLOCK 锁,与 TABLOCK 锁一起使用,将共享锁保留到事务完成,不存在不可

重复读问题。

④ TABLOCKX 锁,在表上加排它锁。

⑤ UPDLOCK 锁,对表中的指定元组加更新锁,允许对这些元组进行更新操作。其他事务可以对同一表中的其他元组也加更新锁,但不允许对表加共享锁和排它锁。

SQL Server 的封锁操作是通过在 SELECT、INSERT、UPDATE 和 DELETE 等语句中添加 WITH 子句完成的。

【例 12-7-3】 在"学生选课"数据库上并发执行表 12-1 中的两个带有封锁操作的事务,理解在 DBMS 中封锁类型、封锁粒度的概念,认识到多粒度封锁技术在提高事务并发程度的同时,也会带来数据不一致的问题。

表 12-1 "学生选课"数据库上并发执行的事务

时 间	事务 T₁	事务 T₂

t0	`BEGIN TRAN T1`
	`  SELECT sno, grade`
	`  FROM sc WITH(TABLOCK)`
	`    WHERE sno = 's01';`	

t1		`BEGIN TRAN T2`
		`  UPDATE sc WITH(UPDLOCK)`
		`    SET grade = 100`
		`    WHERE sno='s01';`

t2	`SELECT sno, grade`
	`  FROM sc WITH(NOLOCK)`
	`  WHERE sno = 's01';`	

t3	`UPDATE sc WITH(UPDLOCK)`
	`  SET grade = 99`
	`  WHERE sno = 's02';`	

t4		`SELECT sno, grade`
		`  FROM sc WITH(TABLOCK)`
		`    WHERE sno = 's02';`

t5	`COMMIT TRAN T1`	

t6		`ROLLBACK`
		`SELECT sno, grade`
		`  FROM sc`
		`  WHERE sno = 's01';`

可在 SQL Server 的对象资源管理器上同时打开多个查询窗口来模拟并发事务的执行,在查询窗口 1 执行事务 T_1,在查询窗口 2 执行事务 T_2。

① t0 时刻:开始执行事务 T_1,对关系表 SC 中 SNO ='s01'的元组进行查询,使用 TABLOCK 锁,观察结果。

② t1 时刻:开始执行事务 T_2,修改学号为 s01 的学生的成绩为 100,使用 UPDLOCK 锁,语句是否可以执行,思考事务 T_1 在读完数据后是否释放了读锁。

③ t2 时刻:继续运行事务 T_1,使用 NOLOCK 锁查询 SC 表中学号为 s01 的元组,查询是否可以执行,事务 T_1 是否可读到事务 T_2 修改后的数据,即 SC 表中 SNO = 's01' 的元组的 GRADE 值是否被修改为 100。由于事务 T_2 还没有提交,因此事务 T_1 可能出现哪种数据不一致问题?

④ t3 时刻：事务 T_1 继续执行，使用 UPDLOCK 锁修改学号为 s02 的学生的成绩为 99。语句是否可以执行？思考此时事务 T_1 和事务 T_2 在关系表 SC 上加的更新锁是元组锁（行级锁），还是关系锁（表级锁）？

⑤ t4 时刻：继续运行事务 T_2，使用 TABLOCK 锁，对 SC 表中 SNO = 's02' 的元组进行查询，操作是否可以执行？分析原因。

⑥ t5 时刻：提交事务 T_1，在窗口 2 观察事务 T_2 的执行情况，分析事务 T_2 读取的数据是否是"脏"数据。

⑦ t6 时刻：回滚事务 T_2，并对事务 T_2 中修改的元组进行查询，事务 T_2 对 SC 表中 SNO = 's01' 的元组修改是否被撤销了？思考已提交的事务 T_1 是否已读取了事务 T_2 中间修改过的值，即"脏"数据。

分析实验结果，回答下列问题：

- SELECT 语句加 NOLOCK 锁，是否可使并发操作立即执行，是否会读取"脏"数据？
- TABLOCK 锁，是短期读锁还是长期读锁，是否可以避免读"脏"数据？
- UPDLOCK 锁，是细粒度锁（元组锁）还是粗粒度锁（表级锁）？

【例 12-7-4】 在"学生选课"数据库上并发执行表 12-2 中的两个带有封锁操作的事务，理解在 DBMS 中封锁类型、封锁粒度的概念，认识到多粒度封锁技术在提高事务并发程度的同时，也会带来数据不一致的问题。

表 12-2 "学生选课"数据库上并发执行的事务

时间	事务 T_1	事务 T_2

t0	`BEGIN TRAN T1`
	`  SELECT sno, grade`
	`    FROM sc WITH(TABLOCK)`
	`      WHERE sno = 's01';`	

t1		`UPDATE sc WITH(UPDLOCK)`
		`  SET grade=100`
		`    WHERE sno = 's01';`

t2	`SELECT sno, grade`
	`  FROM sc WITH(TABLOCK)`
	`    WHERE sno = 's01';`	

t3	`SELECT sno, grade`
	`  FROM sc WITH(TABLOCK HOLDLOCK)`
	`    WHERE sno = 's01';`	

t4		`UPDATE sc WITH(UPDLOCK)`
		`  SET grade = 0`
		`    WHERE sno = 's01';`

t5	`SELECT sno, grade`
	`  FROM sc WITH(TABLOCK HOLDLOCK)`
	`    WHERE sno='s01';`	

t6	`COMMIT TRAN T1`	

在 SQL Server 的对象资源管理器上同时打开 2 个查询窗口，在查询窗口 1 执行事务 T_1，在查询窗口 2 执行事务 T_2。

① t0 时刻：开始执行事务 T_1，首先使用 TABLOCK 锁，对关系表 SC 中 SNO = 's01' 的元组进行查询，观察结果。

② t1 时刻：开始执行事务 T_2，即执行一条更新语句，也就是一个隐式定义的事务，使用 UPDLOCK 锁修改学号为 s01 的学生的成绩为 100，语句是否可以执行？思考事务 T_1 在读完数据后是否释放了读锁。

③ t2 时刻：继续执行事务 T_1，再次执行与前面相同的查询操作，操作是否可以执行？得到的查询结果与前一次的查询结果是否一样？说明短期读锁可能存在哪种数据不一致问题？

④ t3 时刻：事务 T_1 继续执行，在 TABLOCK 锁前加保持锁，再次执行相同的查询操作，观察查询结果与 t2 时刻的查询结果是否一样？

⑤ t4 时刻：在查询窗口 2 重新执行一个新事务 T_2，仍是一个更新语句，该更新操作是否可以执行？分析原因。

⑥ t5 时刻：事务 T_1 再次执行与 t3 时刻相同的查询操作，查询结果与 t3 时刻的查询结果是否相同？与 t2 时刻的查询结果对比，说明 HOLDLOCK 锁的作用和 TABLOCK HOLDLOCK 锁的特性。

⑦ t6 时刻：提交事务 T_1，观察事务 T_2 的操作执行情况。

分析实验结果，回答下列问题：

- 使用 TABLOCK 锁，事务可以避免读"脏"数据，是否有不可重复读问题？
- TABLOCK 锁加上 HOLDLOCK 后，锁的特性发生了什么变化，是否有不可重复读问题？

3）事务的隔离级别

隔离级别表示一个事务在与其他事务并发执行时所能容忍的被其他事务干扰的程度。大多数商业 DBMS 允许由用户选择一个可以保证应用程序正确执行并且能够使并发度最大的隔离级别。不同的隔离级别，对应的封锁协议不同，即事务封锁的数据对象粒度、保持锁的时间不同。有的隔离级别要求将锁保持到事务提交的时候（长期锁），有的隔离级别只将锁保持到语句执行完就释放（短期锁）。ANSI 92 标准定义了 4 个隔离级别，用每个级别满足的数据一致性命名。

- READ UNCOMMITTED（读未提交）：事务没有获得读锁也可以执行读操作，即事务可以读取其他事务已经在其上加了写锁的数据。因此，该事务可能会读取没有提交事务所写的"脏"数据。
- READ COMMITTED（读提交）：事务读数据之前要获得数据对象上的读锁，事务只会读取其他事务提交后的数据，不会读取"脏"数据。但事务的读锁是短期锁，会出现不可重复读问题。
- REPEATABLE READ（可重复读）：由于事务要获取 SELECT 语句读取的查询结果中每个元组上的长期读锁，因此该事务对查询结果中元组的再次查询不存在不可重复读问题。但该 SELECT 语句的再次执行有可能检索到前次查询没有检索到的新元组，产生幻影现象。
- SERIALIZABLE（可串行化）：事务在进行所有数据对象的读操作之前都要求获得长期读锁，对关系表做查询，锁会加在关系表上，不会有幻影现象，事务的执行是可串行化的。

SQL 提供了在事务执行前或执行过程中对事务的隔离级别进行设置的功能，使得同一应用程序的不同事务中的操作可以在不同的隔离级别下执行。在事务定义中设置隔离级别的语句格式如下：

```
SET TRANSACTION ISOLATION LEVEL <隔离级别>;
```

语句中的隔离级别可是 ANSI 标准中 4 个隔离级别类型中的任何一个。

SQL Server 完全兼容 ANSI 92 标准定义的 4 个隔离级别，默认隔离级别是读提交(READ COMMITTED)。

【例 12-7-5】 在"学生选课"数据库上并发执行表 12-3 中的两个事务，观察两个事务在默认隔离级别，即 READ COMMITTED 隔离级别下并发执行的情况，分析操作的封锁情况，以及事务的并发性和数据的不一致性问题。

表 12-3 "学生选课"数据库上并发执行的事务

时间	事务 T_1	事务 T_2
t0	BEGIN TRAN T1 SELECT * FROM sc;	

t1		BEGIN TRAN T2
		    UPDATE sc
		        SET grade = grade+2
		        WHERE sno = 's01';
		    SELECT * FROM sc;

t2	SELECT * FROM sc;	
t3		COMMIT TRAN T2

在 SQL Server 的对象资源管理器上同时打开 2 个查询窗口，在查询窗口 1 执行事务 T_1，在查询窗口 2 执行事务 T_2。

① t0 时刻：开始执行事务 T_1，首先对关系表 SC 进行查询，观察查询结果。

② t1 时刻：开始执行事务 T_2，修改学号 SNO 为 s01 的学生的成绩并查询更新结果，观察操作是否可以执行，SC 表中 SNO ='s01'的元组的 GRADE 值是否被更新？说明此时事务 T_1 的锁操作情况。

③ t2 时刻：继续运行事务 T_1，再次执行与前面相同的查询操作，查询是否可以执行？说明事务 T_2 此时的锁操作情况，思考事务 T_1 是否会读取"脏"数据。

④ t3 时刻：提交事务 T_2，同时查看事务 T_1 的执行情况，查询结果中 SNO 值为 s01 的元组的 GRADE 值与前一次查询是否一致，思考事务 T_1 是否出现了不可重复读现象。

分析实验结果，判断可否得出如下结论：

SQL Server 的默认隔离级别为 READ COMMITTED(读提交)，该隔离级别读锁是短期锁，只保持到语句执行完毕，事务不会读取"脏"数据，但会出现不可重复读现象。

【例 12-7-6】 在"学生选课"数据库上并发执行表 12-4 中的 3 个事务，观察一个在 REPEATABLE READ(可重复读)隔离级别下的事务，与两个在默认隔离级别 READ COMMITTED(读提交)下的事务并发执行的情况，分析操作的封锁情况，以及事务的并发性和数据的不一致性问题。

表 12-4 "学生选课"数据库上并发执行的事务

时间	事务 T_1	事务 T_2	事务 T_3
t0	SET TRANSACTION 　ISOLATION LEVEL 　REPEATABLE READ; BEGIN TRAN T1 　SELECT * FROM sc 　　WHERE sno = 's01';		
t1		BEGIN TRAN T2 　SELECT * FROM sc 　　WHERE sno = 's02'; 　UPDATE sc 　　SET grade = grade+2 　　WHERE sno = 's02'; 　SELECT * FROM sc 　　WHERE sno = 's02'; 　UPDATE sc 　　SET grade = grade+2 　　WHERE sno = 's01';	
t2	SELECT * FROM sc 　WHERE sno = 's01';		
t3			INSERT INTO sc 　VALUES('s01', 'c01', 70);
t4	SELECT * FROM sc 　WHERE sno = 's01';		
t5	COMMIT TRAN T1		
		SELECT * FROM sc 　WHERE sno='s01';	

在对象资源管理器上同时打开 3 个查询窗口,分别在查询窗口中依次执行事务 T_1、事务 T_2 和事务 T_3。

① t0 时刻:开始执行事务 T_1,首先设置事务的隔离级别为 REPEATABLE READ(可重复读),然后对 SC 表中学号 SNO = 's01' 的元组进行查询,观察查询结果。

② t1 时刻:在默认隔离级别下执行事务 T_2,在修改学号 SNO= 's02' 的学生成绩的语句前后,分别查询满足更新条件的元组,比较更新前后的查询结果,查看更新是否可以实现。然后再修改学号 SNO= 's01' 的学生的成绩,操作能否执行? 分析结果,说明事务 T_1 此时的锁操作情况。

③ t2 时刻:继续执行事务 T_1,重新对 SC 表中 SNO = 's01' 的元组进行查询,操作是否可以执行,查询结果与前次查询是否一致?

④ t3 时刻:在查询窗口 3 中执行事务 T_3,即一个单语句事务操作,向 SC 表中插入一个学号为 s01 的学生的选课元组,操作是否可以执行?

⑤ t4 时刻:继续执行事务 T_1,重新对 SC 表中 SNO = 's01' 的元组进行查询,操作是否可以执行? 查询结果与前次查询是否一致? 是否可看到事务 T_3 插入的元组,存在幻影现象?

⑥ t5 时刻:提交事务 T_1,查看在查询窗口 2 中事务 T_2 中的更新操作执行情况,查看更新操作的结果,是否可看到事务 T_3 插入的元组?

分析实验结果,判断可否得出如下结论:

在 REPEATABLE READ(可重复读)隔离级别下,读锁是元组锁、是长期锁,读锁保持到事务提交。运行在该隔离级别下的事务不会出现不可重复读问题,但会产生幻影现象。

可以对例子中的并发事务设置不同的隔离级别,进一步理解不同隔离级别下事务的干扰程度、并发效率以及锁的使用。

5. 注意事项

(1) 不同 DBMS 提供的封锁机制,对多粒度封锁和隔离级别的支持有所不同,要结合具体的 DBMS 的操作使用手册进行实验操作。

(2) 在事务中继续执行事务中的后续操作时,需在查询窗口中将前面的语句删除,或对准备执行的语句进行选择再执行,否则要重复执行前面的语句。

(3) 指定事务的隔离级别后,事务中的所有语句都运行于该隔离级别上,并一直保持到事务结束或将隔离级别设置为另一个级别。

6. 思考题

(1) 运行于某隔离级别上的事务,若只想改变某单个语句的封锁行为,而不遵守该隔离级别的封锁协议,也不影响事务中的其他语句,如何操作?

(2) 在 SQL Server 的对象资源管理器上同时打开两个查询窗口,分别在查询窗口中执行表 12-5 给出的"学生选课"数据库上并发执行的事务,其中查询窗口 1 中的事务 A 使用多粒度封锁方式,查询窗口 2 中的事务 B 使用隔离级别保证事务的隔离性。请思考如下问题,并在 SQL Server 上验证自己的结论。

① 在 t1 时刻,事务 B 的 SELECT 语句能否及时执行? 为什么?
② 在 t2 时刻,事务 B 的 SELECT 语句能否及时执行? 为什么?
③ 在 t3 和 t4 时刻,事务 B 的 SELECT 语句查询得到的结果是否一致? 为什么?
④ 在 t5 时刻,事务 A 的 UPDATE 语句能否及时执行? 为什么?

表 12-5 "学生选课"数据库上并发执行的事务

时间	事务 A	事务 B

t0	BEGIN TRANSACTION
	  SELECT *
	    FROM sc WITH(TABLOCKX);	

t1		SET TRANSACTION ISOLATION LEVEL READ UNCOMMITTED; BEGIN TRANSACTION SELECT * FROM sc;
t2	ROLLBACK	SET TRANSACTION ISOLATION LEVEL READ COMMITTED; SELECT * FROM sc;
t3		SELECT * FROM sc WHERE sno='s01';

	BEGIN TRANSACTION
	  UPDATE sc WITH(UPDLOCK)
	    SET grade=100
	    WHERE sno='s01';
	COMMIT TRANSACTION	

时间	事务 A	事务 B
t4		SELECT * FROM sc 　WHERE sno='s01'; SET TRANSACTION ISOLATION LEVEL REPEATABLE READ; SELECT * FROM sc 　WHERE sno='s01';
t5	UPDATE sc WITH(UPDLOCK) 　SET grade=95 　WHERE sno='s01';	COMMIT TRANSACTION

12.8 数据库的转储与加载

1. 实验目的

了解 DBMS 为适应各类环境及应对各类故障提供的数据库的转储与加载方法,掌握利用这些方法实现数据安全保护的思路措施,理解数据库恢复、全备份和差异备份等概念,了解在数据库恢复过程中事务日志的作用。

2. 实验内容

针对用户数据库完成下列操作:
(1) 数据库的分离和附加。
(2) 数据库的备份与还原。
(3) 数据库的数据导入和导出。
(4) 数据库 SQL 脚本的生成与执行。

3. 实验准备

(1) 实验用微机已安装好实验用 DBMS 和 Excel,了解实验用 DBMS 提供的实现数据安全保护的方法。
(2) 创建好包含实验数据的实验数据库。本实验以实验 12.1 中创建的"学生选课"数据库为例进行阐述,其他数据库可做类似功能的对应操作。
(3) 在磁盘上创建实验目录,将实验数据库文件存储在该目录下。
(4) 启动 DBMS 服务器。

4. 实验方法与步骤

在 SQL Server 的对象资源管理器中,可在创建的用户数据库对象上执行"任务"操作中的"分离""备份""还原""导入数据""导出数据""生成脚本"等操作,在"数据库"对象上执行"附加""还原数据库""还原文件和文件组"等操作,实现不同应用环境下数据库的转储与加载。

1) 数据库的分离与附加

数据库的分离是将在 DBMS 中创建的数据库从 DBMS 中删除并以数据库文件的形式存

储在磁盘上,分离的数据库通常默认在创建数据库时指定的文件保存路径(如 C：\Program Files \Microsoft SQL Server\MSSQL15.MSSQLSERVER \MSSQL \Data)中生成.mdf 数据文件和.ldf 日志文件。在分离数据库时,应勾选"删除连接"选项,保证数据库不在使用中。若数据库是在 DBMS 中附加上来的数据库,分离后会更新原来的数据库文件。

分离出来的数据库可以被附加到其他服务器连接中,附加是将以数据库文件形式存储在磁盘上的数据库装入 DBMS 中,相当于在 DBMS 中创建数据库,与创建数据库不同的是,数据库不是空库,而是包含分离前数据库中所创建的所有数据库对象。

【例 12-8-1】 利用对象资源管理器,基于实验数据库,完成如下操作。

① 将实验目录中的实验数据库附加到 DBMS 中。

② 对数据库进行某种程度的更新,可以更新属性值,也可以修改关系表模式结构。

③ 对已更新的数据库进行分离,查看相应的数据库文件的更新时间。

④ 将该数据库再附加到 DBMS 中,查看已做的更新是否存在,验证其是否为分离出去的数据库。

具体操作参见 13.1.9 节中的"分离与附加数据库"。

2) 备份和还原数据库

(1) 数据库的备份。

数据库的备份是创建一个与数据库自身分离的备份数据库,生成备份文件,存放在更安全的存储介质上。

备份时可进行完全备份,复制整个数据库,也可进行差异备份,只复制上次完全备份后更新过的数据。有些 DBMS(例如 SQL Server)还可备份数据文件和文件组,而不是备份完整数据库。备份的内容除了数据库,还有事务日志。

SQL Server 中,数据库的备份操作除了在对象资源管理器中进行(参见 13.1.9 节中的"备份和还原数据库"),还可在查询编辑器中利用 BACKUP 语句完成备份操作。BACKUP 语句格式为

```
BACKUP {DATABASE | LOG} <数据库名>
  {FILE=logic_file_list | FILEGROUP=filegroup_list}
  TO {DISK | TAPE} = '<physical_backup_device_name>'
  [WITH DIFFERENTIAL ];
```

说明:

- DATABASE 指明进行数据库备份。若加上 FILE＝logic_file_list,则指明要进行文件备份,logic_file_list 为要备份的文件的逻辑文件名列表;若加上 FILEGROUP＝filegroup_list,则指明要进行文件组备份,filegroup_list 为要备份的文件组列表。
- LOG 指明进行事务日志备份。每次数据库完全备份之后,都会启动一个新的日志,对日志备份得到上一次日志备份后生成的新日志的备份。
- TO DISK 指明转储备份到磁盘,TO TAPE 指明转储备份到磁带,physical_backup_device_name 指定了用来存储备份的存储路径和物理存储文件。
- WITH DIFFERENTIAL 选项指明进行数据库或文件(组)的差异备份,不用于日志备份,若缺省,则为完全备份。差异备份是在完全备份的基础上进行的,每次差异备份的基准是最近一次完全备份。

（2）数据库的恢复（还原）。

利用备份进行恢复需要装入最近转储的数据库备份（离故障发生时刻最近的转储备份）和有关的日志文件备份。

数据库的恢复操作除了在对象资源管理器中进行，还可在查询编辑器中完成数据库的恢复。在 SQL Server 中，可使用 RESTORE DATABASE 语句完成数据库的恢复操作，其语句的一般格式为

```
RESTORE DATABASE <数据库名>
  {FILE=logic_file_name|FILEGROUP=logical_filegroup_name}
  FROM {DISK|TAPE} = '<physical_backup_device_name>'
  [WITH
    [ [, ]{NORECOVERY|RECOVERY} ]
    [ [, ]REPLACE ]
  ];
```

- DATABASE 指明进行数据库恢复。FILE = logic_file_name 指明要恢复的数据文件名称；FILEGROUP = logical_filegroup_name 指明要恢复的包括多个数据文件的文件组名称。
- {DISK | TAPE} = '＜physical_backup_device_name＞'指定要恢复的数据库备份文件。
- NORECOVERY 指定恢复操作不撤销备份中任何未提交的事务，若后续还有恢复操作，则选择此项，此时数据库处于不一致的状态；RECOVERY（默认）指定恢复操作撤销备份中任何未提交的事务，系列恢复操作的最后一个恢复操作选择此项，之后数据库将处于某个一致性状态。
- REPLACE 指定删除现有系统中具有相同名称的数据库，再创建指定的数据库及其相关文件；若没有该选项，则进行安全检查以防止意外重写现有的数据库。

利用日志备份恢复日志的操作语句的一般格式为

```
RESTORE LOG <数据库名>
  FROM {DISK|TAPE}='<physical_backup_device_name>'
    [WITH
    [ [, ]{NORECOVERY|RECOVERY} ]
    [ [, ]STOPAT=date_time
  | [, ]STOPATMARK='<mark_name>' [AFTER datetime ]
  | [, ]STOPBEFOREMARK='<mark_name>' [AFTER datetime ]
    ] ];
```

说明：

- {DISK | TAPE}= 'physical_backup_device_name' 指定数据库日志备份文件。
- NORECOVERY | RECOVERY 选项指定本次恢复操作是否撤销备份中任何未提交的事务，所有的中间恢复步骤都选择 NORECOVERY 选项，最后一个恢复操作选择 RECOVERY 选项。
- STOPAT = date_time 指定将日志恢复到指定日期和时间点处。
- STOPATMARK | STOPBEFOREMARK 指定将日志恢复到指定的标记处（包括|不

包括该标记)。如果省略 AFTER datetime,则恢复操作将在含有指定的第一个标记处停止;如果指定 AFTER datetime,则恢复操作将在 datetime 时间之后的指定的第一个标记处停止。

【例 12-8-2】 基于实验数据库,用命令方式完成如下操作。

① 查看系统中的实验数据库数据,生成实验数据库的完整备份,查看备份文件的存储。

② 对实验数据库进行修改,例如添加一个表,或在某个表中插入或删除元组,生成实验数据库的差异备份 1 和日志备份 1,查看备份文件的存储。

③ 对实验数据库再次进行修改,插入或删除某个表中元组,生成实验数据库的差异备份 2,查看备份文件的存储。

④ 对实验数据库再次进行修改,插入或删除某个表中的元组,并生成日志备份 2。

⑤ 删除数据库或数据库中的数据。

⑥ 还原数据库的完整备份。

⑦ 再继续还原数据库的差异备份 1。

⑧ 再继续还原数据库的差异备份 2。若操作成功,是否可以省略步骤⑦?

⑨ 再继续还原日志备份 1,操作结果如何? 继续还原日志备份 2,操作结果如何? 查看数据库是否与备份前一致。

⑩ 在步骤⑥之后直接还原日志备份 1 和日志备份 2,操作结果如何? 查看数据库是否与备份前一致。

3) 数据的导入和导出

数据的导出实现将数据库中的数据以另一种数据格式进行存储,可以是另一个 DBMS 所支持的数据库文件,实现不同 DBMS 间的数据转换,也可以是一个 Excel 文件,或文本文件等,实现在非数据库系统中使用数据。数据的导入则恰恰相反。

在进行数据的导入和导出时,一般要保证数据源和目标存在,如将 SQL Server 中的一个数据库中的数据导出到 Excel 文件中,则要先创建一个 Excel 文件。而将一个 Excel 文件中的数据导入数据库中,也必须在 SQL Server 中先创建一个数据库。

【例 12-8-3】 利用对象资源管理器,基于实验数据库,完成如下操作。

① 将实验数据库中各表的数据导出到 Excel 表格 TEST 中,并查看 TEST 表中的数据是否与数据库一致。

② 新建数据库 TEST,将 TEST 表中的数据导入数据库 TEST 中,查看数据库中的数据,并与实验数据库进行比较。

具体操作参见 13.1.9 节中的"导出和导入数据"。在操作过程中思考: 数据库 TEST 中没定义表结构是否可以? 是否需要在数据导出时生成数据库结构的 SQL 脚本文件,并在数据导入前先定义数据库结构?

4) 数据库 SQL 脚本的生成与执行

一些 DBMS 可生成当前用户数据库及其基本表对应的 SQL 脚本文件,生成的 SQL 脚本主要包括数据库对象创建语句和数据插入语句,生成的脚本文件可在其他 DBMS 执行,利用脚本中的 SQL 语句,创建数据库和加载数据。

例如,在 SQL Server 中,可利用用户数据库的"任务"中的"生成脚本"操作,生成当前用户数据库对象及数据对应的 SQL 脚本文件,可选择脚本包含数据库架构中所有对象的创建语句或数据的插入语句。生成的脚本文件可利用 SQL Server Management Studio 打开并执行。

5) MySQL 中数据库的备份与还原

在 MySQL 中,数据库备份是利用应用程序 mysqldump 生成当前用户数据库或基本表对应的 SQL 脚本文件,其命令参数格式如下:

```
mysqldump -u <用户名> -p[<密码>] [选项] <数据库名列表> [--tables 表名列表] > 脚本文件名
```

其中,选项可用于指定备份时脚本中是否包含数据库的创建和使用语句、是否备份数据库中的数据等。

数据库的还原利用脚本文件使用 mysql 命令还原数据库,其命令格式如下:

```
mysql -u <用户名> -p[<密码>] < 脚本文件名>
```

执行还原数据库命令前,需检查脚本内容是否包含数据库的创建语句,若无,则要先创建数据库,再执行还原命令。

【例 12-8-4】 利用对象资源管理器,基于实验数据库,将已在 SQL Server 上创建的"学生选课"数据库转移到 MySQL 上。

可在 SQL Server 的用户数据库上执行任务操作菜单中的"生成脚本"功能得到 SQL Server 脚本文件,从脚本中提取出数据库结构创建语句和数据插入语句,并形成符合 MySQL 语法规则的 MySQL 脚本文件,在 MySQL DBMS 上执行 MySQL 脚本文件即可实现数据库转移。具体操作参见 13.1.9 节中的"生成数据库对象脚本"。

5. 注意事项

(1) 不同的 DBMS 提供的数据安全恢复功能有所不同,必要时结合具体的 DBMS 的操作使用手册进行实验操作。

(2) 4 种数据安全恢复方式适用的场合不同,实验中应认真体会,从而指导实际应用。

(3) 差异备份是在全备份的基础上进行的,每次差异备份的基准是最近一次全备份。事务日志的增量备份基于前一次日志备份。

6. 思考题

(1) 从 DBMS 是否需要先创建数据库、是否需要定义数据库结构、是否需要确定备份文件的格式,以及适用的场合等方面比较 4 种数据安全恢复方式。

(2) 假设某企业的数据库每周日晚 12 点进行一次全库备份,每天晚上 12 点进行一次差异备份,每小时进行一次日志备份,数据库在周五早晨 7 点 30 分左右发生安全事故并毁坏。假设系统用的 DBMS 是 SQL Server,应如何进行恢复,使数据库最接近真实状态?

12.9 存储过程和函数

1. 实验目的

基于实验用 DBMS,能够利用其提供的 SQL 创建和执行存储过程,以及定义和调用函数,理解存储过程和函数的概念和作用。

2. 实验内容

（1）存储过程的创建与执行。
（2）函数的定义与调用。

3. 实验准备

（1）实验用微机已安装好实验用 DBMS，了解 DBMS 支持的 SQL 的变量定义及流程控制功能。
（2）创建好包含实验数据的实验数据库。本实验以实验 12.1 中创建的"学生选课"数据库为例进行阐述，其他数据库可做类似功能的对应操作。
（3）启动 DBMS 服务器，视情况决定是否附加实验用数据库。
若系统中未加载实验数据库，则要将实验 12.1 中分离的数据库或其他存储在磁盘上的实验数据库附加到系统中。

4. 实验方法与步骤

存储过程（stored procedure）和函数（function）是一组预先编译好的、完成特定功能的代码。存储过程和函数可以把用户经常对数据库进行的业务操作或数据操作封装起来，并允许多个应用程序调用。存储过程和函数的主要不同之处在于：函数只能返回一个值，而存储过程可以返回多个值或不返回值。

本实验基于 SQL Server 支持的 Transact-SQL 进行用户自定义的存储过程和函数的定义与使用。

1）存储过程
简单的存储过程，如不带参数的存储过程，类似给一组 SQL 语句命名，然后在需要时反复调用执行，复杂的则带有输入和输出参数。

（1）存储过程的创建。
在 SQL Server 中可以使用模板资源管理器和对象资源管理器创建存储过程，还可以在查询编辑器中使用 CREATE PROCEDURE 语句创建存储过程。创建存储过程的常用语法为

```
CREATE PROCEDURE <过程名>   [@<参数名> <参数类型> [=<默认值> ] [OUTPUT ],…]
AS
  <SQL 语句组>
```

语句使用过程中需注意如下问题：
① 过程名不能以 sp_作为前缀，因 sp_默认为系统存储过程。
② @<参数名> <参数类型> [=<默认值>]为存储过程的形式参数名和参数的数据类型，以及默认值。参数名必须以@开头，参数既可以实现将值传递给存储过程体，也可以将存储过程体中的值传递出来。
③ OUTPUT 选项用于说明参数是给调用者返回存储过程体中的值的输出参数。
④ SQL 语句组为存储过程体，包含完成存储过程功能所要执行的 SQL 语句，多条语句可用 BEGIN 和 END 标识。
⑤ 在存储过程体中，可使用 RETURN 语句退出存储过程，并返回存储过程的状态值。RETURN 语句的语法格式为

```
RETURN   [<整数> ];
```

整数为存储过程返回的状态值,系统默认存储过程成功执行的状态值是 0。用户可为每种可能的错误情况设置一个整型状态值返回给应用程序。

注:除返回整型状态值外,不能用 RETURN 语句返回存储过程中的数据给应用程序。同时,建议在存储过程中根据错误情况提示执行失败信息。

(2)存储过程的调用。

创建的存储过程可用 EXECUTE 或 EXEC 命令执行,其语句格式为

```
EXEC|EXECUTE [@<局部变量名>=] <过程名> [ [@<参数名>= ]<参数值>,…]
```

语句使用过程中需注意如下问题:

① 存储过程可返回值,也可返回执行的状态信息。

② 存储过程可直接调用执行,也可嵌套在其他存储过程中执行,但不能直接在表达式中使用。

③ 若存储过程有返回的状态值,则需赋给局部变量,以获得过程执行状态信息。

(3)修改存储过程。

存储过程可以根据用户的要求进行修改。可在对象资源管理器中进行修改,也可在查询编辑器使用 ALTER PROCEDURE 命令直接修改定义存储过程的语句,其语句格式为

```
ALTER PROCEDURE <待修改过程名> [@<参数名><参数类型> [=<默认值> ] [OUTPUT ],…]
  AS
  <SQL 语句组>
```

(4)查看存储过程。

查看存储过程的创建和参数等信息,可执行语句 EXEC sp_help <存储过程名>。

(5)删除存储过程。

当不再使用某个存储过程时,需要把它从数据库中删除。可使用如下语句删除一个或多个存储过程,语句格式为

```
DROP PROCEDURE <存储过程名>[,…];
```

(6)创建存储过程拓展训练。

① 创建不带任何参数的存储过程。

此类存储过程主要根据数据库的当前状态,执行一系列固定的数据库操作,完成某一应用业务功能。

【例 12-9-1】 在"学生选课"数据库上创建一个存储过程,完成创建一个学生成绩汇总表,对学生的选课门数、课程平均成绩进行汇总,按平均成绩由高到低排序。

要求在存储过程体中先创建一个关系表,其中包含学生学号、姓名、选课门数、平均成绩信息,为实现按平均成绩由高到低排序,可在创建表的同时按平均成绩从高到低创建聚集索引。

该存储过程的调用只执行 EXECUTE <过程名> 即可,不需要输入参数。

② 创建带输入参数的存储过程。

此类存储过程主要根据输入参数的值,执行一系列相关的数据库操作,完成某一业务功能。

【例 12-9-2】 在"学生选课"数据库上创建一个存储过程,如 update_score,可根据学号、课程号查询学生该课程的成绩,并修改该课程的成绩。

创建该存储过程时,需在过程名后指明学号、课程号和课程新成绩等输入参数名称和数据类型;在存储过程体中,先根据输入参数学号、课程号在选课表 SC 中查询课程成绩,再对该课程成绩进行更新。

调用该存储过程时,需要给出输入参数值,如 EXECUTE update_score 's20','c14',100 或 EXECUTE update_score @SNO='s20', @CNO='c14', @GRADE=100。

③ 创建带输出参数的存储过程。

此类存储过程需要将存储过程体中的语句执行结果用带有 OUTPUT 选项的输出参数返回给调用者。

【例 12-9-3】 在"学生选课"数据库上创建一个存储过程,可根据课程名称获取选修某门课程的学生人数。

创建该存储过程时,需在过程名后指明输入参数课程名称和输出参数选课人数变量及数据类型,输出参数选课人数变量后应带有 OUTPUT 选项。在存储过程体中应有能给输出参数赋值的操作语句。

调用该存储过程前,需要在应用程序中先声明变量以接收存储过程的输出。执行存储过程后,为了解存储过程执行结果,可利用 SELECT @<变量名>语句显示输出值。

④ 创建一个返回执行状态的存储过程。

【例 12-9-4】 创建一个存储过程,接收课程号为输入参数,若存在相应的课程,则返回 0;若调用时没有给出课程号,则返回错误状态值 1;若给出的课程号不存在,则返回错误状态值 2;若为其他错误,则返回错误状态值 3。

在该存储过程体中,可使用分支控制语句对状态情况进行判定,并用 RETURN 语句返回相应的状态值。调用存储过程前需先声明一局部变量用来接收存储过程返回的状态值,根据调用存储过程后该局部变量的值,可使用 CASE 语句给出状态值对应的结果信息。

2) 函数

函数与存储过程一样,是 DBMS 内嵌的完成特定功能的存储模块,函数与存储过程的不同之处是,函数只有一个返回值。用户自定义函数可以返回标量数据类型(基本数据类型)的值,也可以返回表类型的值,分别称为标量值函数和表值函数。表值函数又可分为内联表值函数(inline table-valued function)和多语句表值函数(multi-statement table-valued function)。内联表值函数在调用时并不调用该函数,而是将该函数的代码插入函数调用处,既避免了重复书写代码,又省略了调用函数的过程。多语句表值函数则可以生成一个内存表,供多次调用。

(1) 标量值函数。

定义标量值函数的语句格式如下:

```
CREATE FUNCTION <函数名>
    ([<@参数名> [AS] <数据类型> [= <默认值> [READONLY]] [,…] ])
    RETURNS   <标量数据类型>
    [AS]
    BEGIN
        <函数体>
        RETURN <标量表达式>
    END
```

语句使用过程中需注意如下问题：

① 函数的输入参数和返回值的数据类型都是基本数据类型。

② READONLY 指定不能在函数定义中修改参数。

③ 函数体一般要定义一个局部变量，来获得返回值，并将其值返回。

标量值函数的调用可直接用 SELECT 语句，也可用 EXECUTE 语句，同时需指明函数的所有者，默认的所有者是 dbo。语句格式分别为

```
SELECT   [@<变量名>=]<所有者名>.<函数名>(实参1,…,实参n)
EXECUTE  [@<变量名>=]<所有者名>.<函数名>  实参1,…,实参n
```

或

```
EXECUTE  [@<变量名>=]<所有者名>.<函数名>   @<形参名1>=实参1,…,@<形参名n>=实参n
```

语句使用过程中需注意如下问题：

① 实参可以是已赋值的变量或表达式。

② 没有明确给形参赋值，实参顺序应与函数定义的形参顺序一致。

【例 12-9-5】 将例 12-9-3 创建的存储过程改为创建函数，即创建的函数能够根据课程名称获取选修该门课程的学生人数。

创建该函数时，需在函数名后指明输入参数课程名称和函数值类型为 int，并在函数体中将查询得到的该课程选课人数赋给返回值变量。

（2）内联表值函数。

定义内联表值函数的语句格式如下：

```
CREATE FUNCTION   <函数名>
  ( [ <@参数名> [AS] <数据类型> [= <默认值> [READONLY]] [,…] ])
  RETURNS TABLE
  [AS]
  RETURN (SELECT 语句)
```

语句使用过程中需注意如下问题：

① 内联表值函数没有函数体，函数返回的是位于 RETURN 子句中的 SELECT 语句的结果，是一个 TABLE 类型的值。

② RETURN 后的 SELECT 语句类似于视图定义中的子查询，只是这里的查询结果会因输入变量不同而不同，相当于视图参数化，使视图更加通用。对 SELECT 语句的限制如同对视图定义中的 SELECT 子句的限制。

内联表值函数的调用只能用 SELECT 语句，函数名出现在 FROM 子句中。

【例 12-9-6】 定义"学生选课"数据库上的内联表值函数，可查询学生的选课记录。

创建该函数时，需在函数名后指明输入参数学生学号或姓名，函数返回该学生的选课元组集合。

（3）多语句表值函数。

定义多语句表值函数的语句格式如下：

```
CREATE FUNCTION  <函数名>
  ( [ <@参数名> [AS] <数据类型> [= <默认值> [READONLY]] [,…] ])
  RETURNS  @<表变量名> TABLE <表结构定义>
  [AS]
  BEGIN
     <函数体>
     RETURN
  END
```

语句使用过程中需注意如下问题：

① 函数体内可包含多个语句，函数返回的是具有 RETURNS 子句定义的表结构的表，相当于一个返回单个结果集的存储过程。

② 在函数体内要有给表变量插入元组的语句。

表值函数的调用无须指明函数的所有者，如同基本表和视图一样，只能出现在 SELECT 语句的 FROM 子句中。

【例 12-9-7】 定义"学生选课"数据库上的多语句表值函数，可查询某系学生的选课门数、课程平均成绩。

创建该函数时，需在函数名后指明输入参数学生所在系，函数返回该系学生的选课元组集合。RETURNS 子句定义的表结构要有学生学号、姓名、选课门数和课程平均分等属性，属性的数据类型与数据库中学生表和选课表中的属性一致。函数体中应对学生关系表和选课表进行分组聚集统计，并将结果插入 RETURNS 子句的表变量中。

（4）函数的删除。

函数的删除如同其他数据库对象一样，使用 DROP FUNCTION 语句，格式为

```
DROP FUNCTION <所有者名>.<函数名> [,…];
```

5. 注意事项

（1）只能在当前数据库中创建存储过程和函数。

（2）创建存储过程和函数的权限默认为数据库所有者，该权限可以授予他人。

6. 思考题

（1）事务和存储过程的区别主要体现在哪些方面？

（2）自定义存储过程与函数的区别与联系如何？何时适合用存储过程？何时适合用函数？

（3）能否使自定义标量值函数可以返回多个值？如何实现？

12.10 数据库设计

1. 实验目的

掌握数据库设计的基本步骤和方法，可以利用辅助工具完成设计过程，加强对课程所学知识的综合运用。

2. 实验内容

基于给定的一个数据库设计和操作需求,完成如下内容:

(1) 数据库的概念结构设计。

(2) 数据库的逻辑结构设计。

(3) 数据库的物理结构设计。

(4) 数据库的实施。

(5) 数据库的操作实现。

3. 实验准备

(1) 拟定一个数据库设计和操作需求,要求数据库设计需求符合现实应用,有应用背景支撑,例如学籍管理系统、图书管理系统等;数据库操作内容要丰富,能充分体现所学的 SQL 语句的运用。

(2) 实验用微机已安装好实验用 DBMS,安装采用的数据库设计辅助工具,并熟悉工具的使用。

4. 实验方法和步骤

1) 数据库的概念结构设计

采用实体-联系模型(E-R 模型)进行数据库的概念结构设计,可利用辅助设计工具描述概念结构设计结果,即 E-R 图。

2) 数据库的逻辑结构设计

将概念结构设计结果按规则转换为关系数据库模式,也可利用辅助设计工具将用 E-R 图描述的数据库概念结构转换为关系数据库模式,定义各关系模式的属性的数据类型,以及主键和外键等。根据数据库支持的系统业务功能和范式要求等对关系模式进行优化。

3) 数据库的物理结构设计

用 SQL 定义语句定义关系表,并定义相关的完整性约束,可利用辅助设计工具对关系数据库模式转换生成定义语句。根据用户操作需求定义视图或创建索引。根据实验用 DBMS 的系统特性,确定数据库名称、文件大小,以及数据文件存储等。

4) 数据库的实施

在实验用 DBMS 上运行物理结构设计阶段生成的 SQL 语句,创建数据库及库中的表,以及有关视图和索引。在创建的数据库中插入或批量导入可用于后续数据库操作的数据,数据量要充足,元组及其属性值有多种可能性,能使指定各类查询有显示结果。

5) 数据库的操作实现

对创建的数据库进行各种指定的操作。操作可包括各类复杂条件的查询、分组统计、各种更新操作(带嵌套查询)等,根据系统业务定义事务、存储过程和函数等,根据操作需求定义有关的触发器,以及添加用户并授权等,在所创建的数据库对象上进行验证操作。

5. 注意事项

(1) 可根据实际情况确定是否使用辅助工具完成设计过程,避免因工具的使用而制约实验任务的完成,但工具的使用会提高工程化设计的能力。

（2）实验任务建议能在 4～8 学时完成。

6．思考题

（1）若在逻辑结构设计阶段没有对关系模式进行优化，则用关系数据库规范化理论对设计的数据库模式进行评估，同时结合后续的数据库操作，提出更优化的设计方案。

（2）若改变实验用 DBMS，则数据库设计的哪些方面会发生变化？

12.11　数据库应用系统设计

1．实验目的

进一步掌握数据库设计方法，了解数据库应用系统的数据库编程方法，以及应用程序设计及开发环境的配置等，加深对数据库系统概念和特点的理解。

2．实验内容

基于选定的小型数据库应用系统开发项目，完成以下应用开发内容：

（1）设计满足应用需求的数据库。

（2）基于已有的编程语言基础选择应用开发环境，设计满足系统业务功能的应用程序，实现对底层数据库的访问。

（3）选择与 DBMS 和应用程序开发工具配套的用户界面开发工具，设计友好的用户操作界面。

（4）配置相应的应用开发环境和系统运行环境，调试运行系统程序，实现系统业务功能。

（5）撰写满足规范要求的应用系统开发研制报告。

3．实验准备

（1）根据学习和生活环境的实际情况，拟定一个小型的数据库应用系统项目，可以是一个已存在的实际信息管理系统的仿真系统，如图书管理系统、学籍管理系统等，也可以是某个业务领域需要解决的数据管理问题的系统实现。

（2）确定完成项目的方式和时限，制订系统开发计划、任务分工等。

4．实验方法和步骤

1）应用系统需求分析

主要任务是实地考察待开发的应用系统的业务功能，准确了解与分析应用系统的功能、性能等综合需求和数据管理需求，包括应用系统必须提供的业务功能，满足的定时约束或容量约束，在数据库中需要存储和管理哪些数据，业务功能对数据的访问，对数据的安全性和完整性方面的要求，以及用户的存取权限的设置等。

要求提交用一组图表工具或文字描述的需求说明，以及系统的功能模块设计等。

2）应用开发环境和系统运行环境的配置

基于已有的编程语言基础选择应用开发工具；基于数据需求结果和设备配置等选择熟悉的 DBMS 的适合版本；基于用户操作的友好性选择界面设计工具。

目前较为常见的系统开发环境有：

（1）VC 开发环境（如 C++ 、C♯语言等），SQL Server 数据库管理系统。

（2）Eclipse 开发环境（Java 语言），SQL Server 数据库管理系统。

（3）Python 语言，MySQL 数据库管理系统。

3）数据库的设计

基于需求分析的结果，完成数据库的概念结构设计（E-R 图）、逻辑结构设计（基本关系表）和物理结构设计（关系表、视图和索引的定义语句）等。

要求数据库中的基本表能够准确存储所管理的数据对象的基本数据，以及体现对象之间联系的数据，定义正确的数据完整性约束（包括基本表的主键、外键等），创建必要的视图、索引、存储过程等。数据对象及其属性的命名要恰当、具有实际意义，数据类型要合适。

4）满足系统业务功能的应用程序设计与实现

主要实现如下功能：

（1）能对系统所管理的数据对象进行管理，能够添加、修改和删除数据对象的基本信息，可以一次更新一条信息，也可以批量更新多条信息。

（2）能够实现相关的业务操作，比如对数据对象的基本信息实现满足各种条件限制的查询、统计和更新等。

（3）能够将业务操作的结果反映到数据库中。

（4）功能操作通过系统界面完成，界面功能布局合理，有操作入口和提示，执行结果有反馈窗口和信息等。

要求程序代码的逻辑简明清晰、易读易懂、有适当的注解。采用面向对象方法编程更佳。

5）应用系统的程序运行调试和系统业务功能测试

编制仿真数据进行系统功能和数据库维护测试，对测试结果进行分析，定位问题，寻找解决方案。

6）应用系统开发研制报告撰写

对前面的各实验步骤完成的系统开发工作进行总结，形成项目设计研制报告文档。要求体现完成的工作内容，突出完成的成果，描述设计的思路和问题解决的方法，提供必要的佐证截图和数据图表等，附加关键内容的程序代码。

对尚未完成的工作和存疑之处给出问题分析和改进措施等。

5. 注意事项

（1）根据学生的先修基础和实践学时要求等，可对实验任务和要求做一定程度的修改。

（2）重视需求分析工作，论证成熟后再开始设计工作。

（3）数据库设计是关键步骤，要严格按数据库设计各阶段内容进行，要对设计结果进行范式等级判定分析和优化。

6. 思考题

对所设计的应用系统可以做哪些方面的移植？比如是否可更换底层的 DBMS？是否可改变系统运行环境等？如何实现系统的移植？

第 13 章 实验用 DBMS 介绍

常用的数据库管理系统（DBMS）比较多，如商用的 SQL Server、Oracle，开源的 MySQL 等，这些数据库管理系统的功能强大，性能稳定，常用于大中型企业的数据管理。基于实验内容和软件安装环境，实验用 DBMS 建议采用免费的 SQL Server Express 或 MySQL。

SQL Server 是 Microsoft 公司从 20 世纪 80 年代开始开发的数据库管理系统，之后 SQL Server 系列家族产品不断更新换代。SQL Server Express 是入门级的轻量版的 SQL Server，拥有核心的数据库功能，具有快速且易于掌握的特点，是学习和构建桌面及小型数据库应用系统的理想选择，适用于嵌入式应用程序客户端、轻型 Web 应用程序以及本地数据存储。如果需要更多的高级数据库功能，可将 SQL Server Express 无缝升级到更高的 SQL Server 版本。

MySQL 是一个多用户、多线程的小型关系型数据库管理系统。其因具有性能稳定、可靠、快速、管理方便以及支持众多平台的特点，已成为目前较流行的开源数据库管理系统之一。MySQL 广泛应用于互联网行业的数据存储，如电商、社交等网站数据的存储。

本章主要介绍与实验指导配套的 SQL Server 2019 Express，并简单介绍 MySQL Server 8.0 的基本操作。

13.1 SQL Server 2019 Express

SQL Server 2019 Express 的重要功能组件 SQL Server 配置管理器（SQL Server Configuration Manager）是 Microsoft 控制台管理单元，用于管理 SQL Server 服务、SQL Server 网络配置和 SQL Server 本机客户端配置。

SQL Server 2019 Express 没有提供对数据库的视图化操作界面，为便于初学者使用，成功安装 SQL Server 2019 Express 后，根据需要可继续安装 SQL Server 管理工具 SQL Server Management Studio。

SQL Server Management Studio 是一个组合了大量图形工具和丰富的脚本编辑器的集成环境，用于访问、配置、管理 SQL Server 的所有对象，便于开发人员和管理人员轻松访问 SQL Server。

13.1.1 系统软件安装

解压安装软件包后，执行安装启动文件（如 SETUP.EXE），会打开"SQL Server 安装中心"界面，如图 13-1 所示。

选择"安装"选项中的"全新 SQL Server 独立安装或向现有安装添加功能"进入安装配置过程，单击"下一步"按钮则采用默认配置，勾选"许可条款"界面中的"我接受许可条款"复选框，进入如图 13-2 所示的"功能选择"界面。

每一次系统软件的安装都会生成一个数据库实例，对应一个数据库服务器引擎，提供了一个用户（应用程序）与系统中数据库的交互环境。在一台计算机上可以安装和运行多个实例，

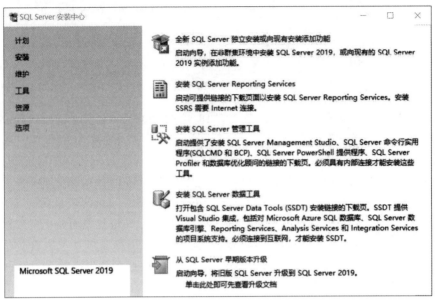

图 13-1　SQL Server 安装中心

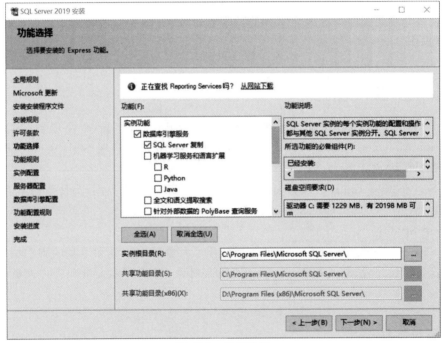

图 13-2　功能选择

以计算机名和实例名命名。

在"功能选择"界面中,可根据实际需要选择安装功能选项,如初学者可以取消"机器学习服务和语言扩展"功能的勾选,降低安装过程的复杂度,后期需要时再增加此项功能;可确定数据库实例的根目录路径。

在"实例配置"界面,如图 13-3 所示,需命名一个实例名称和实例 ID,可采用默认已经设置好的实例,也可以根据实际需要更改实例名和 ID。设置完成后再对服务器进行配置,可接收默认的账户、排序规则等的配置。

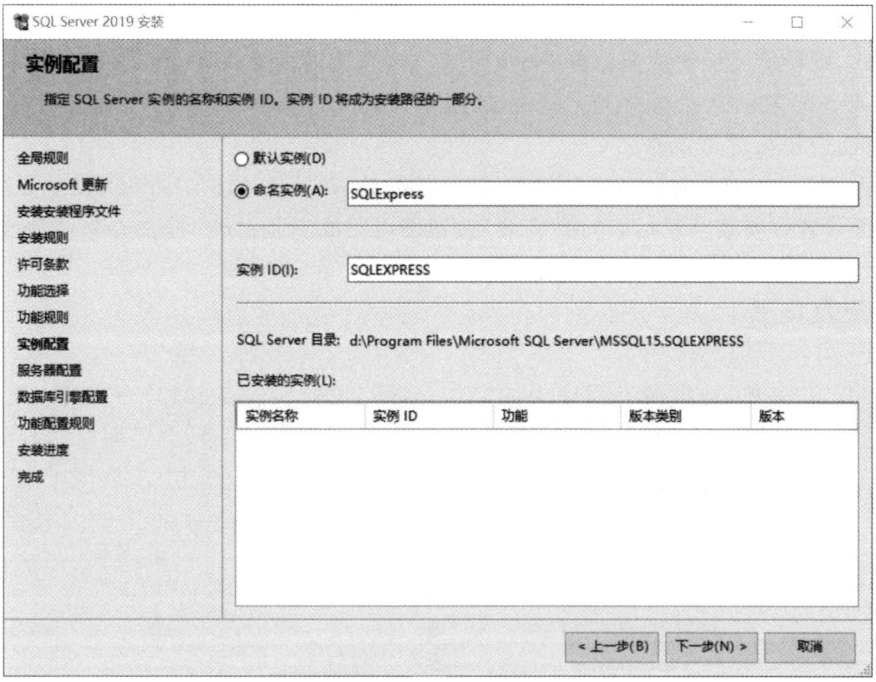

图 13-3　实例配置

SQL Server 2019 的基本服务类型包括数据库引擎、分析服务(Analysis Services)、报告服务(Reporting Services)、集成服务(Integration Services)等,其中数据库引擎是用于存储、处理和保护数据的核心服务,是服务器类型的默认选择项。

数据库引擎的配置包括指定身份验证模式、管理员、数据目录、TempDB、最大并行度、内存限制和文件流设置等,这些配置均可采用默认选项,如图 13-4 所示。用户既可以用合法的

图 13-4　数据库引擎配置

Windows 用户身份免密登录,也可以用 SQL Server 用户身份登录。如需使用 SQL Server 身份验证模式,则身份验证模式要选择"混合模式"选项,同时要为 SQL Server 系统管理员账户 sa 设定密码。配置完毕后,系统进行相应数据库系统文件及 SQL Server 程序所需组件的安装操作,可能需要花费几分钟。

SQL Server Management Studio 的安装比较简单,执行 SSMS-Setup-CHS.exe 文件,在安装配置界面设置好安装路径后,单击"安装"按钮即可完成安装。

13.1.2 配置管理

打开"开始"菜单,选择所有程序中的"Microsoft SQL Server 2019"→"SQL Server 2019 配置管理器",可打开 SQL Server Configuration Manager 功能界面,主界面左栏显示了"SQL Server 服务""SQL Server 网络配置"和"SQL Native Client 配置"等功能,如图 13-5 所示。

图 13-5　SQL Server Configuration Manager 主界面

选择"SQL Server 服务",右栏显示本地的 SQL Server 服务器名称及其代理等,右击服务器名称,弹出服务器上的操作选项,可完成服务器的启动、停止、暂停等操作,如图 13-6 所示。

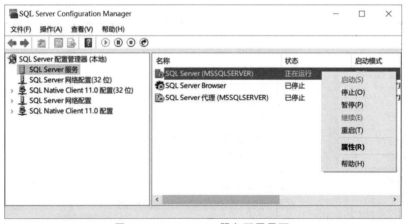

图 13-6　SQL Server 服务配置界面

选择图 13-5 中左栏的"SQL Server 网络配置"→"MSSQLSERVER 的协议",右栏显示 SQL Server 服务器提供的网络通信协议及当前状态,右击任一协议,可进行启用或禁用协议操作,如图 13-7 所示。

选择图 13-5 中左栏的"SQL Native Client 11.0 配置"→"客户端协议",右栏显示客户端

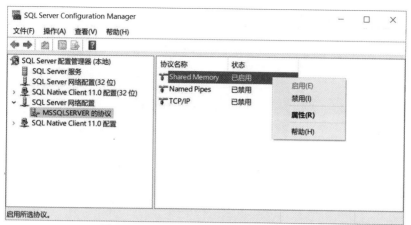

图 13-7　SQL Server 服务器网络协议配置

可使用的网络通信协议及当前启用状态,右击任一协议,可进行启用或禁用协议操作,也可以通过调整顺序改变协议使用的优先顺序,如图 13-8 所示。

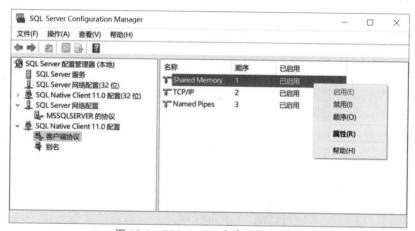

图 13-8　SQL Server 客户端协议配置

13.1.3　连接服务器

打开"开始"菜单,选择"所有程序"中的"Microsoft SQL Server Tools 18"→"SQL Server Management Studio 18",启动运行后,弹出"连接到服务器"界面,如图 13-9 所示。在"服务器名称"下拉列表中选择"<浏览更多…>",可在如图 13-10 所示的"查找服务器"界面中的"本地服务器"里选择本地(如本机 AA)上已安装的数据库实例(如 SQLEXPRESS)。在"身份验证"下拉列表中选择身份验证方式,若选择"Windows 身份验证",将采用已登录的 Windows 用户身份直接免密登录 DBMS;若选择"SQL Server 身份验证",则需要输入用户名和密码。

单击图 13-9 中的"连接"按钮,若用户身份合法,则完成与服务器的连接,进入 SQL Server Management Studio 的可视化图形管理界面,界面左侧是"对象资源管理器"窗口,如图 13-11 所示。

对象资源管理器中的管理对象主要有数据库、安全性、服务器对象等。这些管理对象以层次结构进行组织,文件夹名即管理对象名,展开文件夹,则显示管理的下一级对象。右击管理

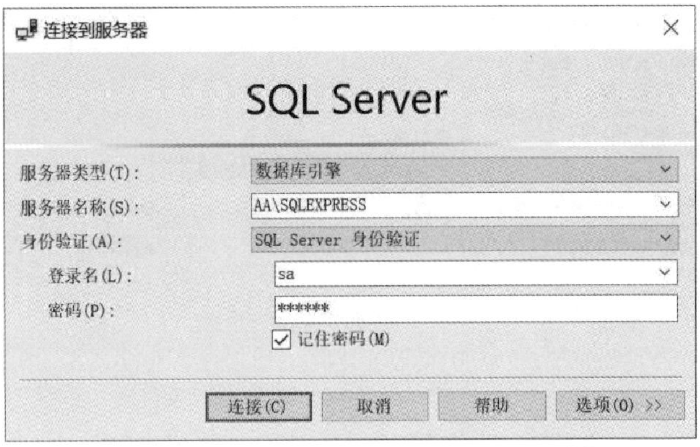

图 13-9　SQL Server Management Studio 登录

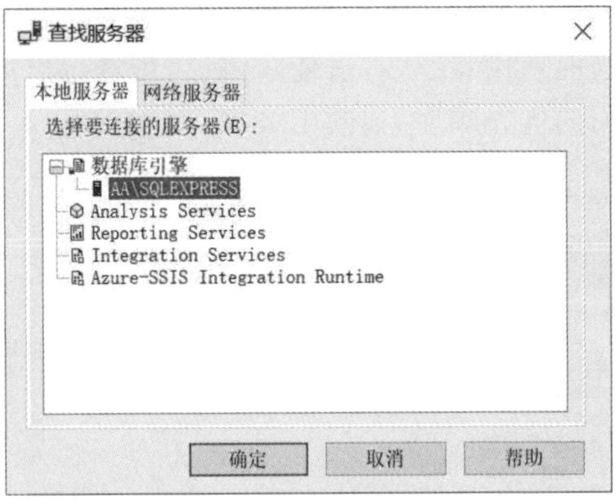

图 13-10　查找服务器

图 13-11　SQL Server Management Studio 主界面

对象名,可显示该对象上的操作菜单选项,选择操作选项则会弹出相应的操作界面。

在对象资源管理器中,右击当前登录的服务器,在弹出的操作菜单中可执行对当前服务器的连接、断开连接、停止、暂停、重新启动等操作,如图 13-12 所示。

选择"属性"选项,打开服务器属性配置界面,如图 13-13 所示,可完成如下对服务器所管理对象的内容的查看和配置。

图 13-12　服务器上的操作

图 13-13　服务器属性

（1）常规：列出服务器名称、DBMS 产品、操作系统平台、应用平台、版本、语言、内存、处理器、软件安装根目录等信息。

（2）内存：根据实际应用的需要，配置与修改服务器内存大小，使其达到最优化。

（3）处理器：对于多个处理器，通过设置最大工作线程数等参数，提升系统并发性。

（4）安全性：配置实现系统安全性的措施，包括身份验证方式、登录审核的内容、是否启用服务器代理账户等。

（5）连接：设置最大并发连接数、选择默认连接选项以及远程服务器连接等参数，以便提高系统的连接速率。

（6）数据库设置：设置所有数据库的参数信息，包括默认索引填充因子数、备份和还原时间、数据库文件存储位置等。

（7）高级：包括并行参数、网络参数等众多子项。

（8）权限：为登录名或角色授予或撤销权限等。

13.1.4　数据库的创建与管理

1. 新建数据库

在图 13-11 的 SQL Server Management Studio 主界面上右击对象资源管理器中的"数据库"对象，弹出如图 13-14 所示的操作菜单。可在当前服务器中新建用户数据库，附加一个从系统中分离出去的用户数据库，还原整个数据库，以及只还原若干文件或文件组等。

图 13-14　数据库对象上的操作

在图 13-14 所示的菜单中选择"新建数据库"选项，弹出"新建数据库"界面，如图 13-15 所示。

在"新建数据库"界面的"常规"选项卡中，可输入数据库名，如"学生选课"。数据库文件列表主要用来定义数据库的数据文件和日志文件的属性，包括文件类型、文件大小、存放位置等。单击位于"路径"列的"…"按钮，在弹出的文件选择器中进行数据库文件路径的选择。单击位于"自动增长/最大大小"列的"…"按钮，弹出的如图 13-16 所示的设置界面中包括 3 个选项。

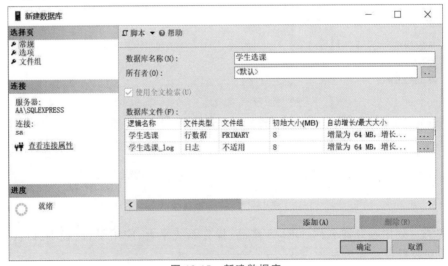

图 13-15　新建数据库

（1）"启用自动增长"复选框：选中该复选框后允许文件存满数据时自动增长。

（2）"文件增长"单选按钮：允许文件自动增长时，设置每次文件增长的大小。例如，选择"按百分比"选项，则文件按指定比例数增长，单位是%；选择"按 MB"选项，则可设置文件增长的固定大小，单位是 MB。

（3）"最大文件大小"单选按钮：设置当允许文件增长时，数据文件能够增长的最大值。选择"限制为"选项，可设置文件最大达到的固定值；选择"无限制"选项，可使文件无限增长，直到用完磁盘空间。

单击图 13-15 中的"确定"按钮，即可成功创建数据库。在对象资源管理器的"数据库"对象中会增加一个与所建数据库同名的用户数据库，如"学生选课"，如图 13-17 所示。

图 13-16 数据库文件自动增长设置

图 13-17 创建的用户数据库

在图 13-17 中，右击创建的用户数据库，在弹出的操作菜单中可执行对用户数据库的任务、重命名、删除、查看属性等操作，如图 13-18 所示。

对象资源管理器中，"数据库"对象中除通过创建、附加和还原来的用户数据库外，还包括 master、model、msdb 和 tempdb 等系统数据库，如图 13-19 所示。系统数据库中包括存储数据字典信息的系统表，用于支持 SQL Server 的运行与管理。

图 13-18 用户数据库上的操作

图 13-19 系统数据库

在 SQL Server 中,每个数据库至少具有两个存储的操作系统文件:一个数据文件(.mdf 文件)和一个日志文件(.ldf 文件)。

2. 查看和配置数据库属性

在图 13-18 中,选择"属性"操作选项,弹出"数据库属性"界面,如图 13-20 所示,可对数据库所管理的对象的如下内容进行查看和配置。

(1)常规:可以查看数据库的基本信息。

(2)文件:可以添加或修改数据库的数据文件和日志文件。

(3)文件组:可以查看或添加数据库的文件组。

(4)选项:可以查看或修改数据库的配置属性。

(5)更改跟踪:可以指定是否跟踪数据库的更改操作。

(6)权限:可以设置数据库的用户及其访问权限。

(7)扩展属性:可以向数据库添加自定义属性。

(8)查询存储:可以查看或修改数据库存储配置。

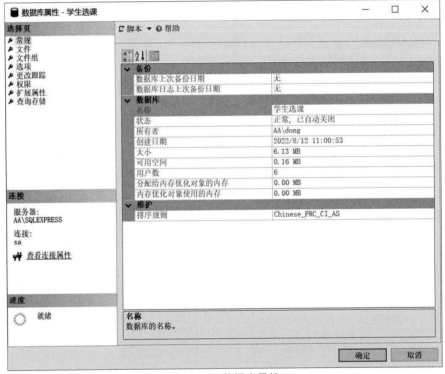

图 13-20 数据库属性

3. 删除数据库

当创建的数据库不再需要时,应及时删除。可在图 13-18 所示的操作菜单中选择"删除"选项,在图 13-21 所示的"删除对象"界面中实现对数据库的删除。待删除的数据库应处于关闭状态,即没有其他访问数据库的操作存在,因此,若删除失败,则可尝试勾选"关闭现有连接"选项,再单击"确定"按钮。

图 13-21　删除数据库

在对象资源管理器中,数据库的管理对象主要有数据库关系图、表、视图、外部资源、同义词、可编程性、Service Broker、存储、安全性等,如图 13-22 所示。后续主要对辅助课程实验的表、视图、可编程性和安全性等对象的操作进行介绍。

图 13-22　数据库的管理对象

13.1.5　关系表模式的定义和修改

1. 新建关系表

在图 13-22 中右击"表"对象,在弹出的快捷菜单中选择"新建"→"表"选项,如图 13-23 所示,弹出定义关系表模式界面,如图 13-24 所示,在此可定义关系表中包含的属性列、属性上的完整性约束,基于属性创建索引。

图 13-23　数据库中关系表上的操作

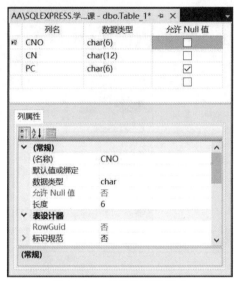

图 13-24　定义关系表模式

1) 添加属性列

定义关系表模式界面是一个表格,表格中的每一行定义新表(如课程表)的一列,包括列名、数据类型(长度)和是否允许 Null 值 3 项。选中表格中的某一行时,表格下面会显示该列的属性,用户可在此对列的属性进行修改。

定义关系表模式时应注意以下几点。

(1)"列名"列用于输入属性名,例如"编号""类别"等,列名标识类似于变量名,其命名规则与变量名一致。列名标识中不允许出现空格,一个关系表也不允许有重复的属性列名。

(2)"数据类型"列中的数据类型建议通过下拉菜单选择。对字符(char)类型需进一步确定长度,对定点数类型(如 DECIMAL)需进一步确定精度和小数位数等。

(3)"允许 Null 值"列用于设置是否允许属性列值为空值。

(4)"默认值或绑定"选项用于设置属性列的默认值。

(5)列属性的"标识规范"用于设置列是否具有新生行递增性、种子值(初始值)以及增量,以便 DBMS 可自动填写该列的值。具有标识性能的列的数据类型只能是 INT、SMALLINT、TINYINT、DECIMAL(p,0)或 NUMERIC(p,0),且不允许为空值。一个表只允许有一列具有标识性能。

(6)"列名"前的一列为标注列。钥匙图标说明该列或列组合是主键,黑三角图标说明所指行是当前选定的属性列。

2) 定义属性上的完整性约束

在图 13-24 所示的定义关系表模式界面中右击任一行或多行,则会弹出如图 13-25 所示的属性操作菜单。其中,"设置主键"或"删除主键"选项可定义或删除当前列为主键约束,钥匙图标会显示/消失;"插入列"选项可在当前列前插入一个新列;"删除列"选项可删除当前列;"关系"选项,可为新关系表定义外键;"CHECK 约束"选项,可为列值添加约束。

在图 13-25 所示的操作菜单中选择"关系"选项,弹出"外键关系"界面,如图 13-26 所示,单击"添加"按钮,可新增一个外键定义。在右侧的列表中选中"表和列规范",单击最右边的"…"按钮,弹出如图 13-27 所示的"表和列"界面,在此可配置外键及其参照的主键。在图 13-26

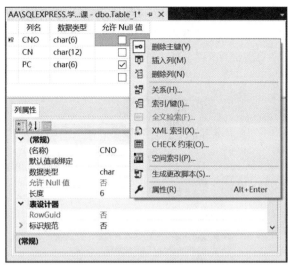

图 13-25　表中属性列的定义操作

中还可更改"INSERT 和 UPDATE 规范",设置主键进行更新和删除操作时外键的处理策略,可为无操作、层叠(级联)、设置空、设置默认值等。

图 13-26　外键关系

图 13-27　配置外键及其参照关系

在图 13-25 所示的操作菜单中选择"CHECK 约束"选项,弹出"检查约束"界面,如图 13-28 所示。单击"添加"按钮后新增约束,可在右侧的表中输入约束表达式、约束名称,以及约束的强制性作用。

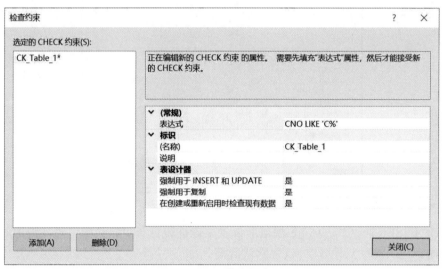

图 13-28　检查约束

3)创建索引

在图 13-25 所示的操作菜单中选择"索引/键"选项,弹出"索引/键"界面,如图 13-29 所示。单击"添加"按钮新增索引,可在右侧的表中输入索引名称、索引键列名等,设置"是唯一的"值,确定是否为唯一索引约束,设置"创建为聚集的"值,确定是否为聚集索引。

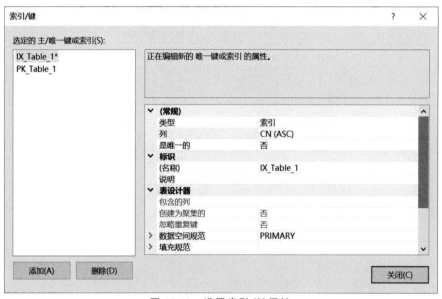

图 13-29　设置索引/键属性

4)模式定义保存和命名

关系表模式及其约束定义完成后,即可保存,在弹出的如图 13-30 所示的"输入表名称"界面中输入表名,如"C",单击"确定"按钮后,创建基本表工作就完成了。

图 13-30 新建表命名

2. 修改关系表模式定义

当需要修改已建好的基本表模式结构时,在对象资源管理器中右击该表对象,弹出如图 13-31 所示的操作菜单,选择"设计"选项,会弹出与新建表时相同的界面,修改方法与新建关系表时的方法一样。也可以展开需要修改的基本表下层对象,右击具体需要修改的对象,如在"键"上右击,并选择"修改"操作,如图 13-32 所示,弹出与创建该对象时相同的界面,直接修改原有设置即可。

图 13-31 已创建关系表上的操作

图 13-32 关系表下层对象上的操作

修改的结果需保存才能生效,若在保存时出现"阻止保存要求重新创建表的更改"问题,可在 SQL Server Management Studio 主界面打开菜单"工具"→"选项",在"设计器"的"表选项"中取消"阻止保存要求重新创建表的更改"的勾选,如图 13-33 所示。

13.1.6 关系表中数据的维护

在 SQL Server Management Studio 中,可直接对表进行数据的添加、修改和删除操作。在如图 13-31 所示的操作菜单中选择"编辑前 200 行",会出现图 13-34 所示的表数据更新界面。在该界面中,可看到当前表中的数据,数据以表格形式组织,每一行是一个元组。

插入一行元组时,直接在最后一条全是 NULL 值的记录上输入即可。输入结束后,将光

图 13-33　更新操作保存设置

图 13-34　表数据更新界面

标移至表格其他行上即可自动保存。

　　修改属性值时，直接对表中已有的数据进行更改，用新值替换原有值。

　　删除元组时，先选中要删除的行，再按 Delete 键或右击该行，在操作菜单中选择"删除"选项。为了防止误操作，SQL Server 将弹出警告框，要求用户确认删除操作。

　　可选中并右击表中的多个元组和属性，在弹出的快捷菜单中选择对当前选中的内容执行的操作，如剪切、复制等。如需确认更新的数据是否已保存，也可在空白处右击，从弹出的快捷菜单中选择"执行 SQL"选项，刷新表格中的数据。

13.1.7 视图的定义

视图定义在用户数据库上,右击用户数据库中的"视图"对象,在弹出的图 13-35 所示操作菜单上选择"新建视图"选项,可在打开的"添加表"界面中添加新视图中数据的来源表或视图等,如图 13-36 所示。

图 13-35 视图对象的操作

图 13-36 添加视图定义中的表

添加完成后,关闭"添加表"界面,可在图 13-37 所示的视图设计窗口中对视图进行详细设计。该窗口有 4 个子窗口,从上到下依次显示创建视图所需数据表、视图的属性列信息、定义视图的子查询语句、视图中的数据。

在数据表关系窗口中可勾选需要在视图中显示的属性列,属性列信息窗口自动填充选中的属性列,可根据实际需要填写属性列在视图中的别名、排序类型、排序顺序等信息,通过鼠标拖动的方式,可调整数据列在视图中的显示顺序;数据表关系窗口和属性列信息窗口中的设置结果会自动在查询语句窗口产生创建视图的 SELECT 查询语句。右击图 13-37 所示窗口的任意位置,在弹出的快捷菜单中选择"执行 SQL(X)"即可生成视图并在最下方窗口中显示视图中的数据。

单击工具栏中的"保存"按钮,在如图 13-38 所示的保存界面中输入视图名称后,单击"确定"按钮即可保存视图。

13.1.8 用户和权限管理

SQL Server 用户安全认证采用两层模式:第一层是连接访问 SQL Server,需要验证连接人员的有效 SQL Server 账号(登录用户名)。SQL Server 登录用户的验证可通过 Windows 用户账户直接连接 SQL Server,或提供登录名和登录密码,采用 SQL Server 身份验证模式连接 SQL Server,登录用户可访问多个数据库;第二层是访问数据库,登录用户映射到每个数据库上的用户账号(数据库用户名),并获得访问数据库的权限,才能对数据库进行权限许可内的操作。

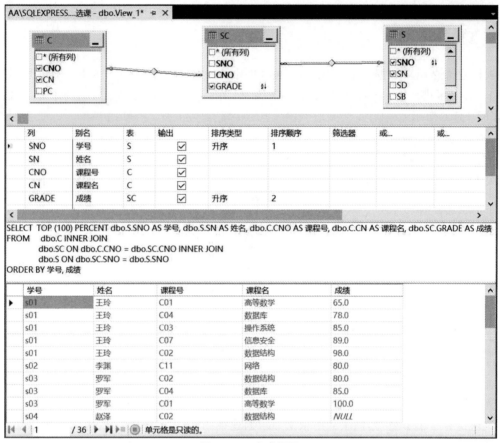

图 13-37　生成视图

1. 创建和删除登录用户

以管理员身份连接 SQL Server,在对象资源管理器的"安全性"对象下有一个"登录名"对象,如图 13-39 所示,在弹出的操作菜单中选择"新建登录名"选项,弹出如图 13-40 所示的"登录名-新建"界面,在"常规"选项卡中可输入用户登录名,如 SJY;可选择"SQL Server 身份验证"方式,并输入确认密码;可更改默认的数据库,如学生选课。单击"确定"按钮,即可成功创建登录用户,在"登录名"对象下可查看新增的登录名,如 SJY,如图 13-41 所示。

图 13-38　保存视图

图 13-39　登录名对象上的操作

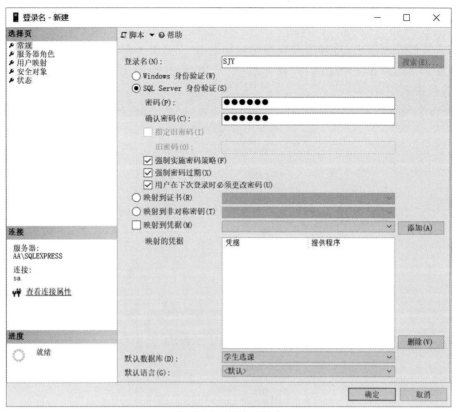

图 13-40　新建登录名

图 13-41　查看已创建的登录名

操作成功后,即可以用户 SJY 的身份登录服务器,首次登录时需根据提示修改登录密码。登录用户如需访问数据库,还需建立与数据库上的用户名之间的映射关系。

右击创建的登录账户,在弹出的操作菜单中选择"删除"选项,可对其执行删除操作将其删除。

2. 创建和管理数据库用户

在对象资源管理器中,打开用户数据库对象下的"安全性"对象,如图 13-42 所示,右击"用户"对象,在弹出的操作菜单中选择"新建用户"选项,打开如图 13-43 所示的"数据库用户-新建"界面进行信息配置。

图 13-42　用户对象上的操作

图 13-43　新建数据库用户

在"常规"选项卡中,输入新的用户名,如 SJY;单击"登录名"右边的"搜索"按钮,在如图 13-44所示的"选择登录名"界面中单击"浏览"按钮,在如图 13-45 所示的"查找对象"界面中勾选新数据库用户需要映射的登录名,如 SJY,依次确定后返回到"数据库用户-新建"界面,用户名一般与其映射的登录名相同。采用与选择登录名同样的操作方法,可为新数据库用户选择默认的架构,一般为 dbo,即数据库创建者所能访问的包含视图、表、函数等的数据库对象。

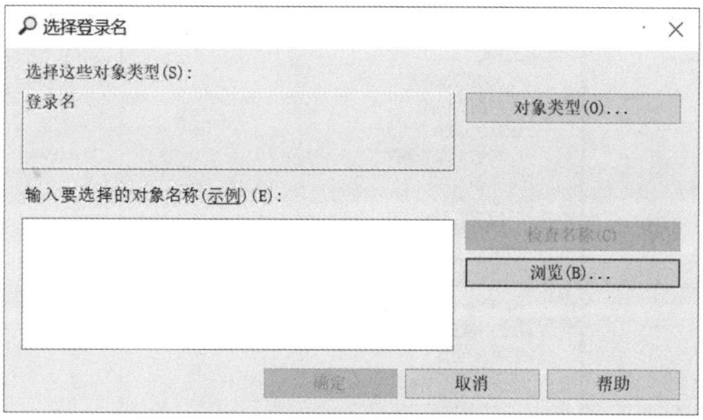

图 13-44　选择登录名

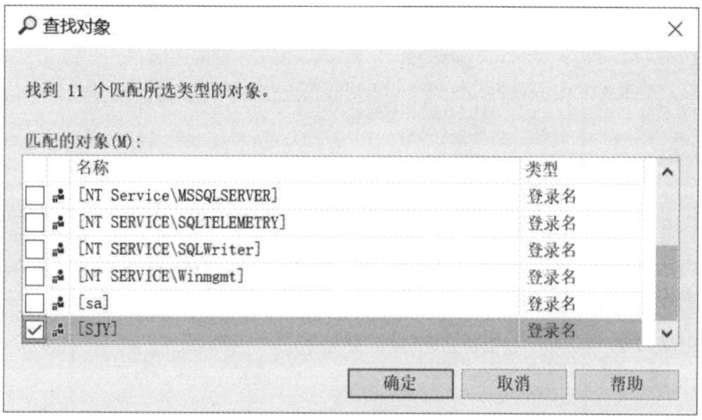

图 13-45　查找对象

图 13-43 所示"数据库用户-新建"界面中的"拥有的架构"选项可为数据库用户配置合适的架构,"成员身份"选项可将数据库用户加入若干角色中,"安全对象"选项可以查看或设置数据库用户拥有的安全对象及其权限,"扩展属性"选项可向数据库添加自定义的属性。

3. 添加和使用角色

SQL Server 为用户提供的角色类型包括服务器角色、应用程序角色和数据库角色。SQL Server 已有的服务器角色用于管理服务器上的用户权限,包含的成员都是登录账户,这些服务器角色不可修改或删除,也不可新增服务器角色。应用程序角色是用于管理应用程序对数据库访问的特殊角色;数据库角色用于管理数据库中的用户权限,分为固有的数据库角色和用户自定义的数据库角色。

在对象资源管理器中,展开需要创建角色的用户数据库对象,再依次展开"安全性"→"角色"对象,右击"数据库角色"对象,在弹出的快捷菜单中选择"新建数据库角色"选项,如图 13-46 所示。

在"数据库角色-新建"界面的"常规"选项卡中输入角色名称,如 teacher,指定 dbo 为该角色的所有者,可在"此角色拥有的架构"中勾选架构使该角色成为架构的拥有者,单击"添加"按钮可为角色添加成员,单击"确定"按钮后,可在对象资源管理器中的"数据库角色"对象中看到新创建的角色,如图 13-47 所示。

图 13-46　数据库角色上的操作

图 13-47　新建数据库角色

4. 授予和收回数据库用户权限

数据库用户对数据对象进行操作时,需要拥有相应的权限。权限的授予和收回操作可在数据库对象或者数据库用户的属性中进行配置。

数据库用户的权限配置,可在用户数据库的"安全性"对象下的"用户"对象中右击需要配置权限的用户名,在弹出的操作菜单中选择"属性"选项,如图 13-48 所示。在弹出的数据库用户属性界面的"安全对象"选项卡中单击"搜索"按钮,根据提示查找需配置的用户权限所涉及的数据对象,依次选中"安全对象"列表中已添加的每一个数据对象,并在界面下方显示的权限列表中勾选用户在该数据对象上可拥有的权限,如图 13-49 所示,确定后即可完成数据库用户的权限配置。

图 13-48　数据库用户上的操作

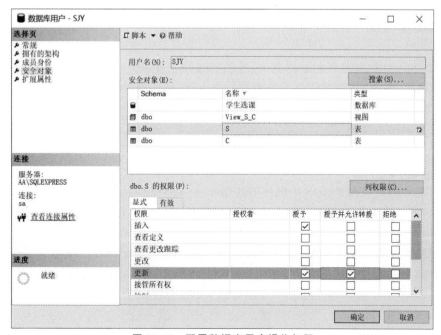

图 13-49　配置数据库用户操作权限

　　用户数据库的用户权限配置,可在图 13-20 的用户数据库属性界面的"权限"选项卡中,对该数据库的用户或角色进行权限的授予和收回操作,没有直接列出的用户或角色可通过单击"搜索"按钮进行搜索,并将其添加到"用户或角色"列表中,选中需要配置权限的用户或角色,例如用户 SJY,该用户当前拥有的权限均显示在界面的下方区域,可在此进行用户操作权限的设置,如图 13-50 所示。

图 13-50　配置数据库的用户权限

13.1.9　数据库的转储与加载

　　在 SQL Server 的对象资源管理器中,可在"数据库"对象上执行"附加""还原数据库""还原文件和文件组"操作,在创建的用户数据库对象上执行"任务"操作中的"分离""备份""还原""导入数据""导出数据""生成脚本"等操作,实现不同应用环境下数据库的转储与加载,达到对数据库的安全保护。

1. 分离与附加数据库

　　数据库的分离是将在 DBMS 中创建的数据库从 DBMS 中删除并以数据库文件的形式存储在磁盘上,分离的数据库通常存储在 DBMS 的默认目录中。在分离数据库前,应先执行删除数据库与系统的连接、更新统计信息等操作。

　　分离出来的数据库可以附加到其他的服务器连接中,附加是将以数据库文件形式存储在磁盘上的数据库装入 DBMS 中,相当于在 DBMS 中创建数据库,与创建数据库不同的是,数据库不是空库,其包含了分离前数据库中所创建的所有数据库对象。

　　1) 分离数据库

　　在图 13-51 所示的用户数据库的操作菜单中,选择"任务"→"分离"选项,弹出"分离数据库"界面,勾选分离选项"删除连接""更新统计信息",单击"确定"按钮即可完成数据库的分离,如图 13-52 所示。分离成功后,数据库不再显示在对象资源管理器中,并将数据库的最终状态存储在创建数据库时指定的文件保存路径(默认路径是 C:\Program Files\ Microsoft SQL Server\ MSSQL15.MSSQLSERVER\ MSSQL\ DATA)的数据库文件中,包括数据文件(.mdf 文件)和日志文件(.ldf 文件)。

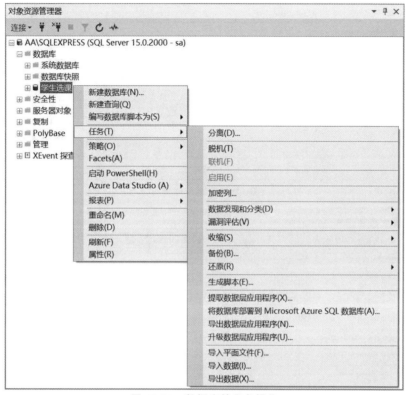

图 13-51　数据库的任务操作

图 13-52　分离数据库

2) 附加数据库

在图 13-14 所示数据库对象的操作菜单中选择"附加"选项,弹出如图 13-53 所示的"附加数据库"界面,单击"添加"按钮,在弹出的"定位数据库文件"界面中选择需要附加的数据库主文件,如图 13-54 所示。单击"确定"按钮,返回到"附加数据库"界面,显示待附加的数据库详细信息,如图 13-55 所示。单击"确定"按钮后即可在对象资源管理器的"数据库"对象中增加新的用户数据库。

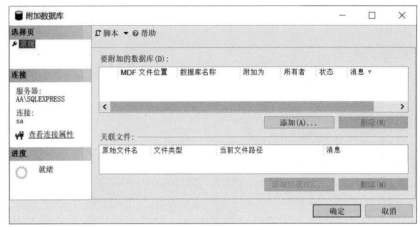

图 13-53　附加数据库

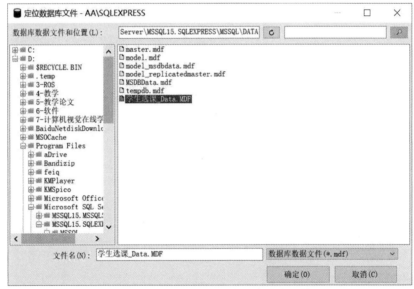

图 13-54　选择需要附加的数据库主文件

2. 备份和还原数据库

数据库的备份是创建一个与数据库自身分离的备份数据库,生成备份文件,存放在更安全的存储介质上。备份时可进行完全备份,复制整个数据库,也可进行差异备份,只复制上次完全备份后更新过的数据。有些 DBMS(如 SQL Server)还可备份数据文件和文件组,而不是备份完整数据库。备份的内容除了数据库,还有事务日志。当发生数据被破坏或丢失导致数据库无法使用时,可利用定期备份得来的数据库备份进行数据库的恢复,使数据库还原到最近一次备份时的数据库状态。

1)备份数据库

在图 13-51 所示数据库的操作菜单中选择"任务"→"备份"选项,在打开的"备份数据库"

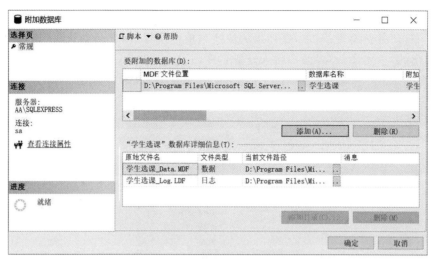

图 13-55　待附加的数据库详细信息

界面的"常规"选项卡中可设置备份类型,如图 13-56 所示,单击"添加"按钮后可选择备份目标,确定是备份到文件还是备份到设备上,如图 13-57 所示。

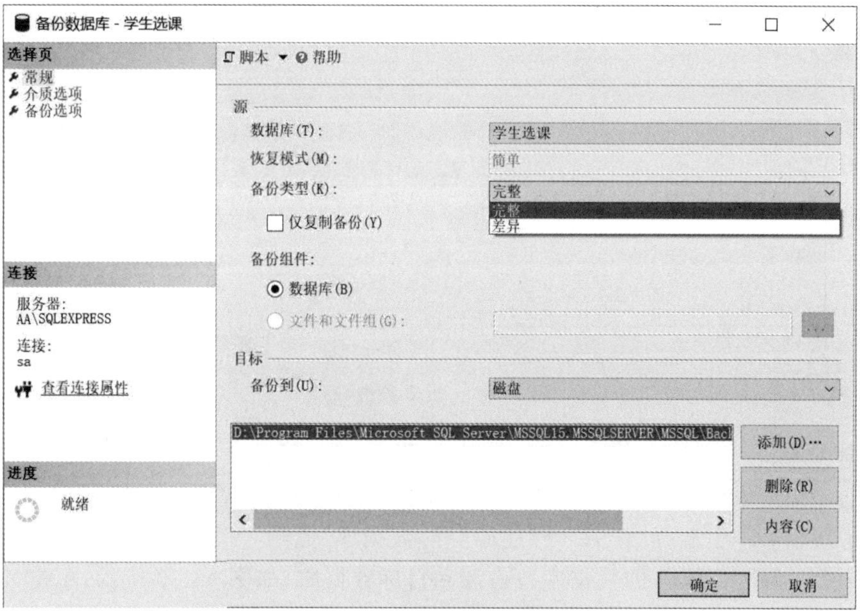

图 13-56　设置数据库备份

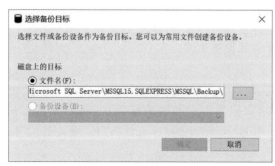

图 13-57　选择备份目标

若将数据库备份到备份设备上,则需提前创建备份设备,可在对象资源管理器中打开"服务器对象",右击"备份设备"对象,在弹出的快捷菜单中选择"新建备份设备"选项,如图 13-58 所示。在弹出的"备份设备"界面中输入设备名称,并在"文件"文本框中设置备份设备文件的存储位置,如图 13-59 所示。确定后即可在对象资源管理器的"备份设备"对象中新增一个备份设备。

图 13-58 备份设备上的操作

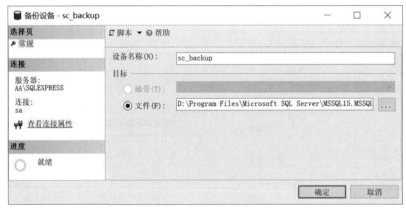

图 13-59 新建备份设备

2）还原数据库

在图 13-14 所示的"数据库"对象的操作菜单上选择"还原数据库"选项,或在图 13-51 所示的数据库操作菜单中选择"任务"→"还原"→"数据库"选项,在弹出的"还原数据库"界面的"常规"选项中配置还原操作的数据库备份源和目标数据库,如图 13-60 所示;单击"时间线"按钮可以打开"备份时间线"界面,查找和指定备份以便将数据库还原到某个时间点。在"文件"选项卡中可以定位数据库文件还原后的文件夹路径,如图 13-61 所示。在"选项"选项卡中可以指定还原数据库时是否覆盖现有数据库、是否撤销备份中未提交的事务等操作,如图 13-62 所示。确定所有配置后即可还原数据库。

3. 导出和导入数据

如果要将数据库里的数据导出到其他数据库中,或者生成 Excel 等形式文件,可利用图 13-51 所示的用户数据库的"任务"中的"导出数据"和"导入数据"操作完成。

1）导出数据

选择"导出数据"操作,可在如图 13-63 所示导出向导的"选择数据源"界面中选择数据源,

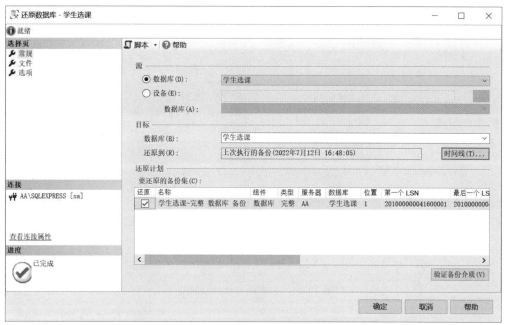

图 13-60　还原数据库常规设置

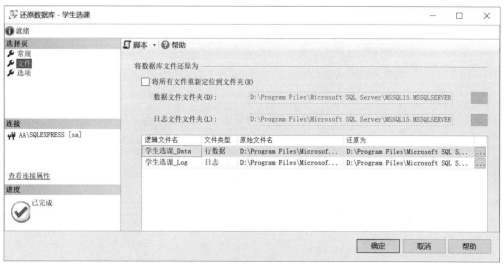

图 13-61　还原数据库文件设置

根据不同数据源的配置要求,输入服务器名称、用户名、密码、数据库等信息。

下一步则进入"选择目标"界面,确定将数据导出的目标源位置,并确定不同目标源的相应配置信息。例如,要将数据导出到 Excel 文件中,则在选择"Microsoft Excel"数据目标源后,需提供 Excel 文件的保存路径、文件版本等信息,如图 13-64 所示。

在下一步如图 13-65 所示的"指定表复制或查询"界面中,可选择"复制一个或多个表或视图的数据",或采用编写的 SQL 查询语句获取满足复制条件的数据。

如果选择"复制一个或多个表或视图的数据",则在下一步如图 13-66 所示的"选择源表和源视图"界面中勾选需要导出的表或视图;单击"编辑映射"按钮可对源对象和目标对象中的属性列的映射关系,以及是否删除原有目标对象等功能进行修改,确认后可运行并查看执行结果。

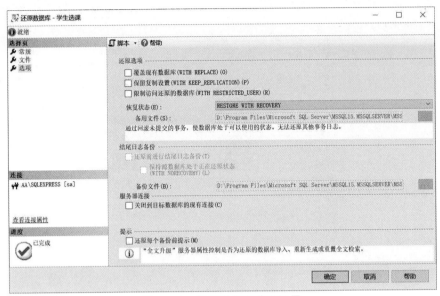

图 13-62　还原数据库选项设置

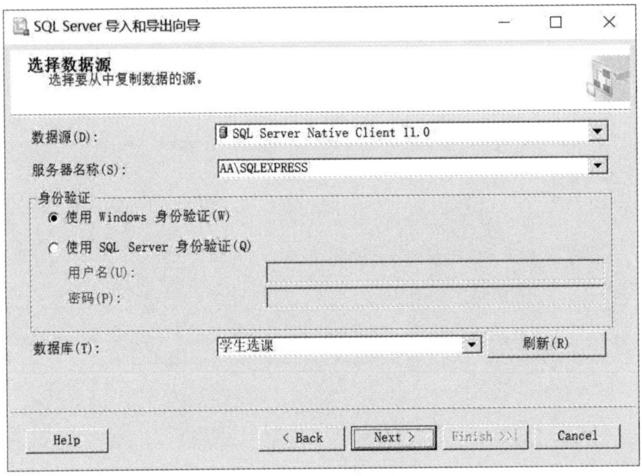

图 13-63　选择数据源

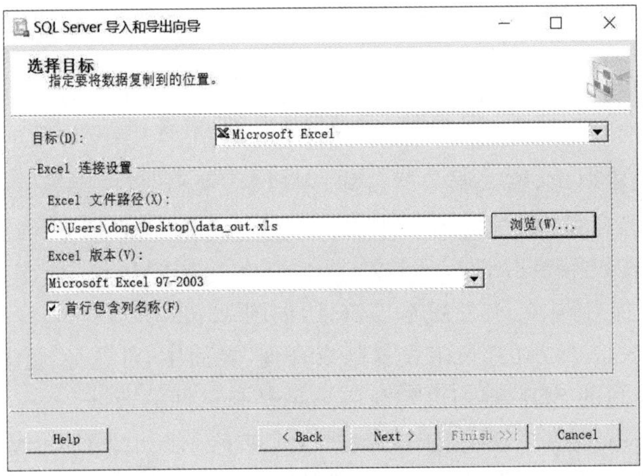

图 13-64　确定目标源

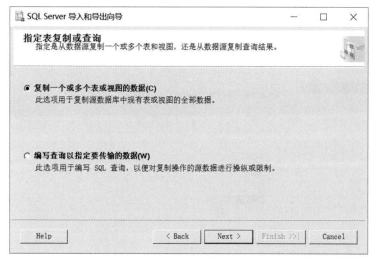

图 13-65　指定表复制或查询结果

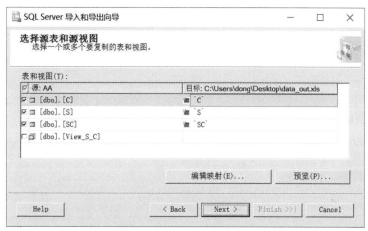

图 13-66　选择复制的源表和源视图

2）导入数据

导入数据的步骤与导出数据的步骤类似，也主要包括数据源的选择、目标数据库的选择及其合法用户的输入、需要导入的源数据表与数据库基本表之间的映射配置等，在此不再赘述。

4. 生成数据库对象脚本

选择图 13-51 所示的用户数据库操作菜单中的"任务"→"生成脚本"选项，可生成当前用户数据库对象及数据对应的 SQL 脚本文件。可在生成脚本界面选择为所有数据库对象还是某些具体的数据库对象生成脚本，如图 13-67 所示。

在如图 13-68 所示的"设置脚本编写选项"选项卡中单击"高级"按钮，可进一步设置保存脚本的方式，如可在"要编写脚本的数据的类型"选项中选择"架构和数据"，使脚本文件不仅包括数据库架构中所有对象的创建语句，还包括数据的插入语句，如图 13-69 所示。所有配置完成后，可实施脚本的生成并反馈生成结果是否成功。生成的脚本文件可利用 SQL Server Management Studio 打开并执行。

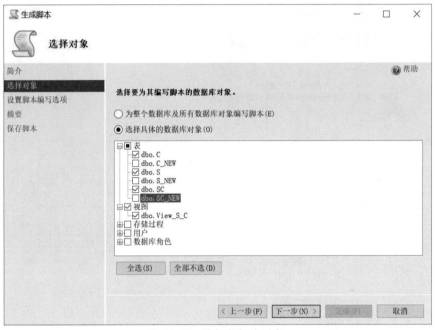

图 13-67 选择数据库对象

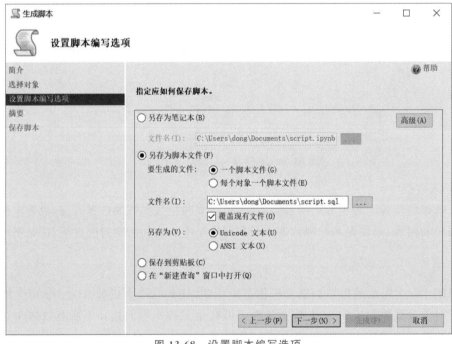

图 13-68 设置脚本编写选项

13.1.10 用 SQL 语句实现数据库操作

在图 13-18 所示的用户数据库操作菜单中选择"新建查询"操作,或直接选择工具栏中的"新建查询"功能,可打开如图 13-70 所示的查询窗口。

图 13-69　高级脚本编写选项

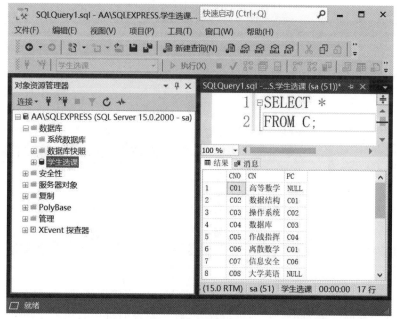

图 13-70　查询窗口

在查询窗口中可输入 SQL 语句,用 CREATE DATABASE 语句实现数据库的创建,用 CREATE TABLE、ALTER TABLE、DROP TABLE 语句实现数据库基本表的定义,用 INSERT、DELETE、UPDATE 语句实现对数据库中数据的更新,用 SELECT 语句实现对数据库中数据的查询,等等。

在一个查询窗口中可输入多条 SQL 语句使它们同时执行,也可选中待执行的语句,单击工具栏中的"执行"按钮或按功能键 F5 执行,在查询窗口的下方显示语句执行的结果和系统反馈的消息。若语句因语法错误等不能执行,则应分析反馈信息,修改对应的 SQL 语句,直至执行成功,如图 13-71 所示。

在 SQL Server Management Studio 界面上,可以同时打开多个查询窗口,在不同查询窗

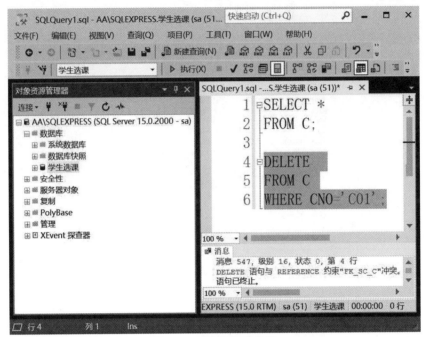

图 13-71　执行结果反馈

口执行不同的 SQL 语句,可用来模拟并发执行的事务,如图 13-72 所示。

图 13-72　多窗口并发事务

打开 SQL Server Management Studio 主界面中的"查询"菜单,可选择"查询选项"配置界面,对查询执行和查询结果的相关选项进行配置,以及对查询执行的相关操作进行了解。

13.2　MySQL Server 8.0

MySQL 数据库管理系统没有自带的图形化操作界面,可以在 Windows 命令窗口中操作 MySQL。为简化 MySQL 命令的输入,需要配置系统环境变量,在安装好的 MySQL Server 8.0 中找到 bin 文件夹,将其绝对路径(如 C:\Program Files\MySQL\MySQL Server 8.0\bin)添加到环境变量 PATH 中。

对于初学者,也可安装提供类似于 SQL Server 图形化操作界面的图形化管理工具,如 Navicat、Workbench 等。

13.2.1 MySQL 的安装

执行安装文件 mysql-installer-community-8.0.11.0.msi 打开安装向导界面,同意软件协议后进入如图 13-73 所示的"选择安装类型"界面,可勾选"Server only"选项只安装服务器的功能。

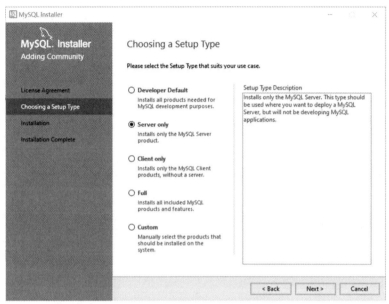

图 13-73 选择安装类型

安装完成后,需要对 MySQL 进行适当的配置。其中:

(1) Type and Networking 可采用默认的服务配置类型和网络配置,TCP/IP 端口号是 3306,勾选 Show Advanced Options 选项可进行详细配置,如图 13-74 所示。

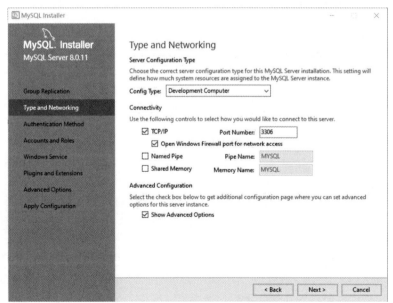

图 13-74 服务配置类型和网络配置

（2）Authentication Method 默认采用强密码加密机制进行身份验证，若现有应用程序无法升级到通过 MySQL 8.0 访问数据库，则需选择 Use Legacy Authentication Method（Retain MySQL 5.x Compatibility），采用 MySQL 5.x 的身份验证方法，如图 13-75 所示。

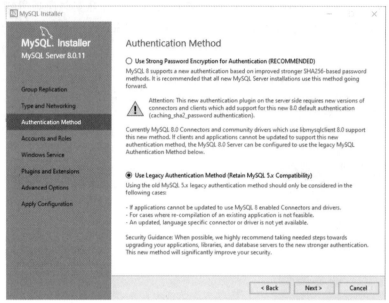

图 13-75　身份认证方式选择

（3）Accounts and Roles 需要为系统管理员 root 创建密码，还可创建数据库账户、备份账户等各种类型的账户，如图 13-76 所示。

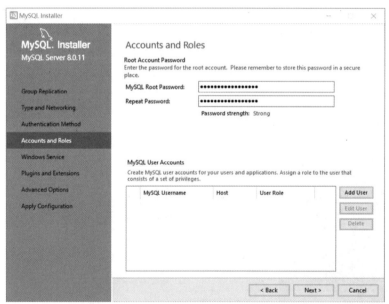

图 13-76　账户配置

（4）Windows Service 可采用默认服务名 MySQL80，也可根据实际需要更改为合适的名称，如图 13-77 所示。

配置结束并执行后即可完成 MySQL 的安装。

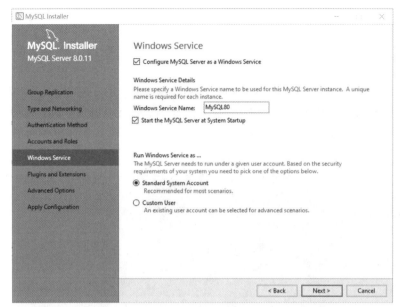

图 13-77　Windows 服务配置

13.2.2　MySQL 服务的启动与停止

同时按下 Win 键和 R 键,在打开的"运行"界面中输入 cmd 打开命令窗口,以管理员的身份启动或停止 MySQL 服务,若采用默认服务名 MySQL80,则分别执行 net start mysql80、net stop mysql80 命令,如图 13-78 所示。

图 13-78　MySQL 服务的启动与停止

13.2.3　MySQL 服务器的连接与断开

MySQL 服务启动后,客户端才能连接到 MySQL 服务器。非管理员用户请求连接时,需提供用户名和登录密码,如果客户端和服务器不在同一台计算机上,还需要指定服务器主机名。客户端连接 MySQL 服务的命令格式如下:

```
mysql [-h <主机名> ] -u <用户名> -p[<密码>]
```

命令中的字符"-h""-u""-p"分别表示主机名、用户名和密码,主机名是运行 MySQL 服务器的主机名,可以是 IP 地址,用户名是连接 MySQL 服务器的合法用户,登录密码与字符"-p"之间不能有空格。一般不建议在命令中直接给出密码,而是在命令执行后出现提示"Enter password:"时输入密码。

连接成功后,可以看到 MySQL 的版本信息和提示信息,并呈现"mysql>"接收输入命令状态。若要断开与 MySQL 服务器的连接,输入命令 quit(或\q)即可。

图 13-79 给出了以 root 用户身份连接本机 MySQL 服务器并断开服务的操作执行示例。

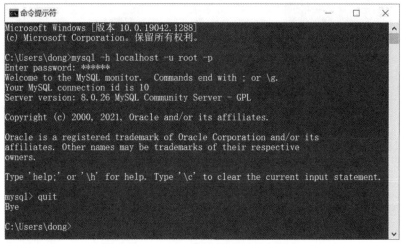

图 13-79　MySQL 服务器的连接与断开

13.2.4　数据库的管理

MySQL 在 Windows 命令窗口中通过输入 SQL 语句实现数据库的定义、基本表的定义、数据的查询和更新等操作,每条 SQL 语句只有输入结束符";"后才会被执行。

在 Navicat 等图形化工具中,数据库的管理操作与 SQL Server Management Studio 类似,这里不再赘述。

下面给出 MySQL 在 Windows 命令窗口中完成基本数据库管理的操作语句执行情况。

1. 定义数据库

成功连接 MySQL 服务器后,可利用如下的 SQL 语句完成数据库的定义和查看操作。
- CREATE　DATABASE　<数据库名>:创建新的数据库。
- SHOW　DATABASES:列出目前已有的数据库列表。
- USE　<数据库名>:切换当前数据库。
- SELECT　DATABASE():查看当前正在操作的数据库。
- DROP　DATABASE　<数据库名>:删除指定的数据库。
操作示例执行结果参考图 13-80。

2. 定义基本表

在 MySQL 中,可利用如下的 SQL 语句实现基本表的定义和查看。

图 13-80 数据库的定义与查看

- CREATE TABLE 语句：实现基本表的创建。
- ALTER TABLE 语句：实现对已有基本表进行修改。
- SHOW TABLES 语句：查看当前数据库已有的基本表。
- DESCRIBE 语句：查看基本表结构的详细设计信息。
- DROP TABLE 语句：实现基本表的删除。

操作示例执行结果参考图 13-81。

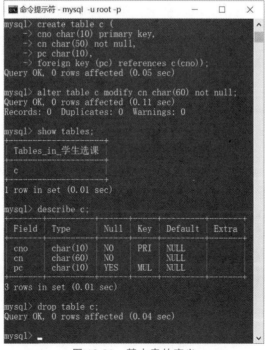

图 13-81 基本表的定义

3. 查询与更新数据

在 MySQL 中,可利用 SELECT 语句实现对数据库中数据的查询,用 INSERT 语句、UPDATE 语句和 DELETE 语句在关系表中分别插入元组、修改元组属性值和删除元组。操作示例执行结果参考图 13-82。

图 13-82　数据的查询与更新

4. 备份与还原数据库

在 MySQL 中,数据库备份可用安装目录下的 bin 子目录中自带的应用程序 mysqldump 生成当前用户数据库或基本表对应的 SQL 脚本文件。mysqldump 的命令参数格式如下:

```
mysqldump -u <用户名> -p[<密码>] [选项] <数据库名列表> [--tables 表名列表] > 脚本文件名
```

参数说明:

(1) 用户名为有备份权限的合法用户。

(2) 密码为备份用户登录密码,可以在 mysqldump 命令执行时根据提示提供,但字符"-p"不可省略。

(3) 可一次生成多个数据库结构或一个数据库的部分基本表的创建语句和数据插入语句,名称间用空格分隔;若备份所有数据库,可使用"--all-databases"代替列表。选项可用于指定备份时的额外要求,例如:

- --databases,要求脚本文件中要包含数据库的创建和使用语句。
- --default-character-set,指定默认的字符集,以避免出现无法识别的乱码。
- --no-data,指定只备份数据库的结构,脚本文件中不含数据插入语句。

(4) 脚本文件用于保存备份生成的 SQL 语句。

mysqldump 备份命令执行成功后,可在脚本文件中查看生成的 SQL 脚本是否符合要求。数据库的还原可使用脚本文件中的 SQL 语句实现。mysql 命令实现数据库还原的命令格式如下:

```
mysql -u <用户名> -p[<密码>] < 脚本文件名
```

　　执行还原数据库命令前,需检查脚本内容是否包含数据库的创建语句,若不包含,则要先创建数据库,再执行还原命令。备份和还原数据库的操作示例执行结果参考图 13-83。

图 13-83　数据库的备份与还原

参考文献

［1］ 宋金玉.数据库原理与应用［M］.3 版.北京：清华大学出版社,2022.

［2］ 宋金玉,陈刚,赵成.数据库原理与应用(第 2 版)实验指导和习题解答［M］.北京：清华大学出版社,2015.

［3］ 王珊,萨师煊.数据库系统概论(第 5 版)习题解析和实验指导［M］.北京：机械工业出版社,2015.

［4］ 朗振红,廉彦平,文丽丽,等.SQL Server 2014 网络数据库案例教程［M］.北京：清华大学出版社,2017.

［5］ 王英英.SQL Server 2019 从入门到实践［M］.北京：清华大学出版社,2021.

［6］ 郑阿奇,刘启芬,顾韵华.SQL Server 教程［M］.3 版.北京：清华大学出版社,2015.

［7］ 钱雪忠,王燕玲,张平.MySQL 数据库技术与实验指导［M］.北京：清华大学出版社,2012.

［8］ 姚远.MySQL 8.0 运维与优化［M］.北京：清华大学出版社,2022.

［9］ 董付国.Python 程序设计［M］.3 版.北京：清华大学出版社,2020.

［10］ 嵩天,礼欣,黄天羽.Python 程序设计基础［M］.2 版.北京：高等教育出版社,2017.

［11］ 王亚平,刘伟.数据库系统工程师教程［M］.4 版.北京：清华大学出版社,2020.

［12］ 蒋宗礼.培养计算机类专业学生解决复杂工程问题的能力［M］.北京：清华大学出版社,2018.

图书资源支持

感谢您一直以来对清华版图书的支持和爱护。为了配合本书的使用，本书提供配套的资源，有需求的读者请扫描下方的"书圈"微信公众号二维码，在图书专区下载，也可以拨打电话或发送电子邮件咨询。

如果您在使用本书的过程中遇到了什么问题，或者有相关图书出版计划，也请您发邮件告诉我们，以便我们更好地为您服务。

我们的联系方式：

地　　址：北京市海淀区双清路学研大厦 A 座 714

邮　　编：100084

电　　话：010-83470236　 010-83470237

客服邮箱：2301891038@qq.com

QQ：2301891038（请写明您的单位和姓名）

资源下载：关注公众号"书圈"下载配套资源。

资源下载、样书申请

书圈

图书案例

清华计算机学堂

观看课程直播